智能系统与技术丛书

MATLAB Machine Learning

MATLAB与机器学习

[美] 迈克尔·帕拉斯泽克（Michael Paluszek）
斯蒂芬妮·托马斯（Stephanie Thomas） 著
李三平 陈建平 译

机械工业出版社
China Machine Press

图书在版编目（CIP）数据

MATLAB 与机器学习 /(美) 迈克尔·帕拉斯泽克 (Michael Paluszek),(美) 斯蒂芬妮·托马斯（Stephanie Thomas）著；李三平，陈建平译．—北京：机械工业出版社，2018.1（2019.6 重印）
（智能系统与技术丛书）
书名原文：MATLAB Machine Learning

ISBN 978-7-111-58984-6

I. M… II. ① 迈… ② 斯… ③ 李… ④ 陈… III. Matlab 软件－应用－机器学习 IV. TP181

中国版本图书馆 CIP 数据核字（2018）第 011589 号

MATLAB 与机器学习

出版发行：机械工业出版社（北京市西城区百万庄大街 22 号 邮政编码：100037）

责任编辑：迟振春　　责任校对：李秋荣

印　刷：北京市荣盛彩色印刷有限公司　　版　次：2019 年 6 月第 1 版第 4 次印刷

开　本：186mm×240mm 1/16　　印　张：19

书　号：ISBN 978-7-111-58984-6　　定　价：79.00 元

凡购本书，如有缺页、倒页、脱页，由本社发行部调换

客服热线：（010）88379426 88361066　　投稿热线：（010）88379604

购书热线：（010）68326294 88379649 68995259　　读者信箱：hzit@hzbook.com

FOREWORD

推荐序

对于很多读者来说，对MATLAB的利用可能还停留在单纯的仿真甚至矩阵运算方面。经过30多年的发展，MATLAB积累了大量工业级的工具箱，广度上涵盖通用科学计算、通信与信号处理、控制系统、金融等各个领域。在深度上，采用基于模型的设计方法，MATLAB已经在算法开发、系统设计、自动代码生成以及从单元测试到系统验证的各个方面，具备了成熟的流程和完整的功能。

在过去30年中，MATLAB一直活跃在数据分析领域。大量的用户使用MATLAB进行数据分析，以获取数据的特征（Data Analysis），并对未知输入进行预测（Data Analytics）。机器学习正是目前使用最为广泛的算法手段之一。

机器学习是一个系统工程，一个完整的数据分析流程包括数据的获取、数据清洗和探索、数据分析以及结果发布。这也是MATLAB作为统一开发环境的价值。在数据获取方面，MATLAB支持多种类型的数据输入，包括分布式文件系统、硬件设备、测试仪器、数据库等，足以应付大多数的机器学习场景。同时，不同领域的工具箱能够提供专业的数据预处理和可视化功能。随着技术的进步，数据的总量正在以指数的速度增长，MATLAB支持并行计算和云计算，能大大提升算法的研发效率。最后，MATLAB强大的嵌入式代码生成和发布能力，提供了算法结果的一键式发布能力，极大减少了后期算法移植的工作量。

繁荣的图书市场上，在MATLAB图书计划中注册的书籍已超过1800部，涉及MATLAB的方方面面。虽然在售的MATLAB图书远远超过这个数目，但本书仍是我们MATLAB图书计划里一百多部中文书籍中第一本关于机器学习的专著。本书由MathWorks中国技术专家陈建平和EMC研究院李三平博士翻译。

从自主系统的角度，本书对机器学习的原理进行了介绍。我们在接触大量MATLAB用户的过程中，发现领域专家想利用机器学习的手段对搜集的数据进行分析和预测，但不知如何快速开展工作。也有不少人通过网络了解到一些机器学习的算法描述，却苦于无法找到兼顾原理与工具的中文图书，在有效地选取最佳算法与进行分析和预测等实践方面存在困难。本书为这些读者提供了重要的指南，有助于他们快速开展工作，有效选取合适的算法，并进行分析和预测。

我相信本书在MATLAB与机器学习方面系统性的阐述能够对读者有所帮助。

周拥华
MathWorks中国技术经理

THE TRANSLATORS' WORDS

译　者　序

机器学习（Machine Learning）正在又一次成为人工智能（Artificial Intelligence）发展热潮中的焦点技术，它包括处理诸如图片、视频、语音、文字等感知数据的深度神经网络（Deep Neural Networks，DNN）技术，属于人工智能项目中基础和难点技术的自动控制和自动驾驶（Self-Driving）等。这些领域正在不断取得令人激动的技术成就。

MATLAB 是由美国 MathWorks 公司出品的商业数学软件，提供优秀的数值计算能力，并且利用工具箱（Toolbox）来增强对各种工业领域的适用性。本书则详细介绍了 MATLAB 对机器学习领域中关键技术的实现与应用，内容涵盖数据分类、面部识别、系统状态估计、自适应控制和自动驾驶等经典学习任务。书中对技术背景的解释清晰易懂，同时也给出了详尽的 MATLAB 实例代码。

中文市场上已有不少针对 MATLAB 数值计算和仿真的专著，但是专门针对在 MATLAB 中进行机器学习的专业书籍很少，本书刚好在这个方面填充了市场的空白。我们在和很多客户的沟通过程中，大家普遍反应对机器学习知其然，却不知其所以然；要把机器学习技术应用到具体工作中茫无头绪。这也是我们要翻译本书的主要动机，希望能够通过这本关于 MATLAB 与机器学习的专著，能够给有志于掌握机器学习原理的工程师和研究者提供一个扎实的台阶。

作者具有 20 多年 MATLAB 大型工业项目开发的实践经历和丰富的教学经验。书中全面涵盖了机器学习领域的关键技术内容，原理阐释简洁清晰。应用实例则以独特的“问题 - 方法 - 步骤”的形式呈现给读者，具有极强的针对性与实用性，非常便于读者以问题驱动的方式快速有效地展开学习。另外，本书从一个更加宽泛的角度（自主系统）入手，在介绍算法本身之外，也提供了对系统建模的原理性介绍，帮助读者从机器学习在工程领域的具体应用中受到启发。

倍感荣幸有机会成为本书的译者。事实上，翻译过程也是一次全新的学习过程，重新梳理知识框架，构建新的知识和技术的逻辑体系，加深对技术演进的理解。所以，我们向读者认真地推荐这本书，辅以代码编写、调试与运行实践，相信读者将会充分拓展、丰富自己的知识储备和技术领域，利用强大的 MATLAB 工具进入机器学习技术的快速演进中。

本书由北京 DELLEMC 中国研究院首席研究员李三平博士和 MathWorks 中国资深专家陈建平翻译，并有陈建平负责技术审校。

本书的翻译过程得到了机械工业出版社朱捷先生的大力帮助与支持，在此谨致以诚挚的感激。

限于译者的知识储备与语言表述，译文中不免有语意不够简洁清晰之处和疏漏之处，诚惶诚恐，望读者予以批评指正。

李三平　陈建平

2017 年 11 月 27 日

ABOUT THE AUTHORS

作者简介

Michael Paluszek 是普林斯顿卫星系统（PSS）公司总裁，该公司位于美国新泽西州普莱恩斯伯勒。Paluszek 先生于 1992 年创建了 PSS 公司，主要业务是提供航空航天咨询服务。他使用 MATLAB 开发了地球同步通信卫星的控制系统和仿真系统 Indostar-1，并于 1995 年推出了普林斯顿卫星系统公司的第一个商业 MATLAB 工具箱：航天器控制工具箱。从那时起，他已经先后为飞行器、潜水艇、机器人和核聚变推进系统等开发了工具箱和软件包，并且形成了覆盖范围广泛的公司产品线。他目前正在领导一个美国陆军小型卫星精密姿态控制的研究合同项目，并与普林斯顿等离子体物理实验室合作开发一个用于发电和太空推进的紧凑型核聚变反应堆。

在成立 PSS 公司之前，Paluszek 先生是位于新泽西州东温莎的通用电气公司（GE）宇航部门的工程师。在通用电气公司，他设计了全球地球空间科学极地消旋平台控制系统，并主导设计了 GPS IIR 姿态控制系统、Inmarsat-3 姿态控制系统和火星观测器 Delta-V 控制系统，这些系统的控制设计都使用了 MATLAB。Paluszek 先生还致力于 DMSP 气象卫星姿态确定系统的研发。Paluszek 先生参与了超过 12 颗通信卫星的发射任务，其中包括 GSTAR Ⅲ恢复任务，第一次使用电推进器将卫星转移到作业轨道。在 Draper 实验室工作期间，Paluszek 先生负责航天飞机、空间站和海底导航等工作。他的空间站工作包括基于控制力矩陀螺仪系统的姿态控制设计。

Paluszek 先生获得了麻省理工学院的电气工程学士学位、航空航天学硕士和工程学位。他发表了很多论文，拥有十多项美国专利。Paluszek 先生是 Apress 出版社出版的《MATLAB Recipes》一书的合著者。

Stephanie Thomas 是位于美国新泽西州普莱恩斯伯勒的普林斯顿卫星系统公司的副总裁。她分别于 1999 年和 2001 年从麻省理工学院获得航空航天学士学位和硕士学位。Thomas 女士于 1996 年在暑期实习期间加入 PSS 公司的 MATLAB 航天器控制工具箱开发项目，自那以后就一直使用 MATLAB 进行航空航天分析。在近 20 年的 MATLAB 实践经历中，她开发了许多软件工具，包括用于航天器控制工具箱的太阳能帆板模块；美国空军的近地轨道卫星操控工具

箱；用于Prisma卫星任务的碰撞监测Simulink模块；用MATLAB和Java编写的运载火箭分析工具。她开发了空间状态评估的新方法，例如用MATLAB和C++两种语言实现的数值算法，用来评估任意两颗卫星之间的一般会合问题。Thomas女士还为普林斯顿卫星系统公司的《Attitude and Orbit Control》教材编写做出了贡献，其中介绍了使用航天器控制工具箱（SCT）的案例，并编写了许多软件用户指南。她为来自澳大利亚、加拿大、巴西和泰国等不同国家的工程师进行了航天器控制工具箱培训，并为美国太空总署（NASA）、美国空军和欧洲航天局等提供MATLAB咨询服务。Thomas女士是Apress出版的《MATLAB Recipes》一书的合著者。2016年，Thomas女士因“核聚动力冥王星轨道探测器和登陆器”入选美国太空总署创新资助项目，被任命为美国太空总署NIAC研究员。

A B O U T T H E R E V I E W E R S

技术审校者简介

Jonah Lissner 是一名研究员，在理论物理、电力工程、复杂系统、超材料、地球物理和计算理论等领域积极推进博士和理学博士计划、奖学金、应用项目和学术期刊出版物等。针对假设建构、理论学习、数学与公理建模以及解决抽象问题的测试，他在经验主义和科学理性方面具有强大的认知能力。他的博士论文、研究出版物和项目、简历、期刊、博客、小说和系统等内容都罗列在网站 http://Lissnerresearch. weebly. com。

Joseph Mueller 博士专攻控制系统和轨迹优化。在博士论文中，他为平流层飞艇开发了最佳上升轨迹。他的研究兴趣包括健壮性最优控制、自适应控制、应用优化和规划决策支持系统，以及实现机器人车辆自主运行的智能系统。

在 2014 年年初加入 SIFT 公司之前，Mueller 博士在普林斯顿卫星系统公司工作了 13 年。期间，他担任 NASA、美国空军、美国海军和美国导弹防御局（MDA）的 8 个小型企业创新研究合同项目的主要研究员。他开发了用于最佳引导和控制编队飞行航天器和高空飞艇的算法，并为美国国防部开发了一个通信卫星行动规划工具的培训课程。

2005 年，在参与 NASA Goddard 太空飞行中心的研究项目时，Mueller 博士开发了 MATLAB 编队飞行工具箱。作为一个商业产品，它现已用于 NASA、欧洲航天局，以及世界各地的大学和航空航天公司。

2006 年，Mueller 博士为瑞典 Prisma 卫星发射项目开发了安全轨道导航模式的算法和软件。自 2010 年发射以来，该项目已经成功地执行了两个航天器的编队飞行任务。

Mueller 博士还在明尼苏达大学（双子城校区）航空航天工程与力学系担任客座教授。

Derek Surka 在航空航天领域拥有超过 20 年的专业经验，专注于空间态势感知、引导、导航和控制，以及分布式系统自治和编队飞行。Surka 先生将他在天文动力学、数据融合、估计与控制系统，以及软件开发方面的专业知识应用于各种军用、民用和商业领域客户的 20 多颗卫星和有效载荷任务中。Surka 先生是一位积极的跑步爱好者和铁人三项运动员，还是美国前国家混合冰壶赛冠军。

PREFACE

前　言

机器学习正在众多学科中变得愈加重要，它应用于工程领域中的自动驾驶汽车技术和金融领域中的股市预测，而医疗专业人员则使用它来辅助诊断。虽然许多优秀的机器学习软件包可以通过商业购买和开源软件渠道获得，但深入理解其中隐藏的算法原理仍然是很有价值的。进而，自己动手编程来实现算法则会更加受益匪浅，因为这样不仅能够深入了解商业和开源软件包中的算法实现方法，还能掌握足够的背景知识来编写定制化的机器学习软件以实现特定的应用需求。

MATLAB 的起源正是基于这样的目的。最初，科学家们使用 FORTRAN 语言编写数值软件来进行矩阵运算。当时，用户必须通过“编写 - 编译 - 链接 - 执行”的过程来使用计算机程序，整个过程非常耗时，且极易出错。MATLAB 则为用户提供了一种脚本语言，用户只须编写很少的几行代码，立即执行，便可以解决许多问题。MATLAB 的内置可视化工具可以进一步帮助用户更好地理解计算结果。编写 MATLAB 程序比编写 FORTRAN 程序更为高效和充满乐趣。

本书旨在帮助用户利用 MATLAB 解决一系列宽泛的学习问题。本书包含两部分：第一部分包括第 1 ~ 3 章，介绍机器学习的背景知识，其中包括学习控制，其内容通常与机器智能并不紧密相关，在书中我们采用“自主学习”一词涵盖所有这些学科。本书第二部分包括第 4 ~ 12 章，展示了完整的 MATLAB 机器学习应用示例。第 4 ~ 6 章针对性地介绍了 MATLAB 的相关功能，使得机器学习算法非常易于实现。其余章节则给出了应用示例。每一章都提供了特定主题的技术背景和如何实现学习算法的思路。每个示例都由一系列 MATLAB 函数支持的 MATLAB 脚本来实现。

本书适用于信息领域中对机器学习感兴趣的技术人员和开发者，也适用于其他技术领域中对如何利用机器学习和 MATLAB 来解决专业领域问题感兴趣的技术人员。

CONTENTS

目 录

第二部分　机器学习的 MATLAB 实现

PART 1

第一部分

机器学习概论

CHAPTER 1

第1章

机器学习概述

1.1 引言

机器学习属于计算机科学的一个分支，它利用已有数据对未来数据做出预测或响应。它与模式识别、计算统计学和人工智能等领域密切相关。机器学习在诸如人脸识别、垃圾邮件过滤，以及那些不可行或甚至不可能通过编写算法来执行任务的领域中发挥着重要的作用。

例如，早期尝试垃圾邮件过滤时，由用户定义规则来确定什么是垃圾邮件。成功与否取决于用户是否能够正确识别将电子邮件归类为垃圾邮件的特定属性（例如发件人地址或主题关键字），以及用户在对规则进行细微调整上愿意投入的时间成本。但是因为垃圾邮件发送者在预测过滤规则方面并不会有什么困难，这种方法的效果有限。现代系统使用机器学习技术取得了更大的成功。我们大多数人现在已经熟悉将指定邮件标记为“垃圾邮件”或“非垃圾邮件”的概念，我们认为邮件系统可以快速学习这些电子邮件的哪些特征将其标识为垃圾邮件，并阻止这类邮件继续出现在收件箱中。这些特征可以是IP地址、邮件地址、邮件主题或正文中关键字的任意组合，以及各种匹配规则。请注意该示例中的机器学习如何以数据驱动方式在你接收电子邮件并标记它时自主地、不断地更新自身的学习规则。

那么在更泛化的意义上，机器学习是什么呢？机器学习可以意味着使用机器（计算机硬件与软件）从数据中获得知识，也意味着赋予机器从环境中学习的能力。数千年来机器已用于帮助人类。考虑一个简单的杠杆，它可以使用岩石和一定长度的木头来构造，或者利用倾斜平面。这两台机器都能够完成有用的工作并且帮助人类，但它们并没有学习能力，因为它们都受自身的构建方式所限制。一旦建成，如果没有人类干预，它们就不能适应不断变化的需求。图1-1显示了早期不具备学习能力的简单机器。

这两台机器都能完成有用的工作，增强人类的能力。知识固化在它们的参数当中，也

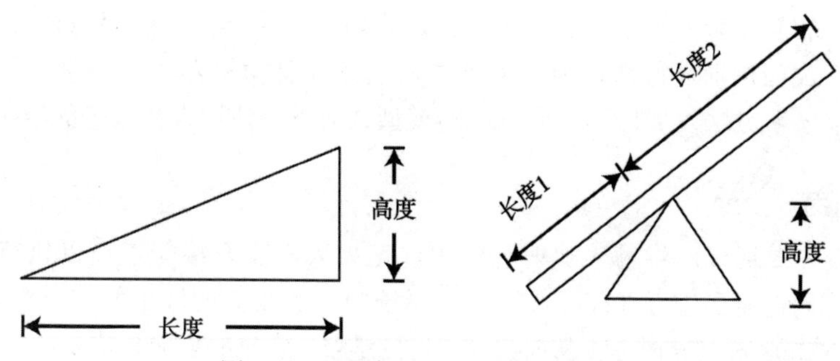

图1-1　不具备学习能力的简单机器

就是每个部件的尺寸。倾斜平面的功能由其长度和高度决定，杠杆的功能由长度和高度决定。这些由设计者选择的尺寸，本质上仍然是依赖于设计者所拥有的知识来进行构建的。

机器学习涉及在机器运行时可以改变的参数。在上述两个简单机器的情形中，知识是通过参数的设计植入其中的。在某种意义上，参数体现了设计者的想法。因此，知识是参数固定化的一种形式。这些机器的学习版本将会在评估机器运行情况后自动更改参数。机器将能够适应负载的移动或改变。尽管现代起重机仍然需要人的操作，但是它是适应负载变化的一个机器示例。起重机的吊臂长度可以根据操作者的需要而改变。

在本书中的软件环境下，机器学习指的是一个算法将输入数据转换为在解释未来数据时可以使用的参数的过程。构建学习过程的许多标准和方法源自优化技术，并且涉及诸多自动控制的经典领域。本章剩余的部分将介绍机器学习系统的术语和分类。

1.2　机器学习基础

本节介绍机器学习领域的关键术语。

1.2.1　数据

所有学习方法都是数据驱动的。数据集用于训练系统，这些数据集可以由人来收集，它们可以非常大。控制系统可以通过传感器收集数据并且使用这些数据来识别参数或者训练系统。

■ **注意**　当收集数据用于训练时，必须确保能够正确理解系统随时间的变化。如果系统结构随时间变化，则可能有必要在训练系统之前丢弃旧数据。在自动控制中，有时这称为估计器中的“遗忘因子”。

1.2.2　模型

模型在学习系统中广泛应用。模型提供了一个用于学习的数学框架。模型是由人类基于自己的观察和经验衍生出来的。例如，从上面看，一个汽车模型会是一个与标准停车位尺寸相匹配的矩形。通常认为由人类导出模型并且为机器学习提供了框架。然而，也有一些机器学习方法发展出了它们自己的模型，而没有使用人类派生的结构。

1.2.3　训练

一个系统需要训练以将输入映射到输出。正如人们需要接受培训以执行任务一样，机器学习系统同样需要进行训练。通过给予系统输入和相应的输出并修改学习机中的结构（模型或数据）来完成训练，从而完成映射的学习。在某些方面，这就像曲线拟合或回归。如果有足够多的训练数据，则当引入新输入时，系统应该能够产生正确的输出。例如，如果给人脸识别系统提供数以千计的猫图像，并告诉它哪些是猫，我们希望当输入新的猫图像时，它也会将它们识别为猫。当不能提供足够多的训练集或训练数据不够多样化时，问题就会出现。也就是说，在这个例子中输入数据不能全方位地表示猫的特征。

1.2.3.1　监督学习

监督学习意味着将特定的数据训练集应用于系统。监督学习过程，因为“训练集”是人类衍生的。但这并不一定意味着人们会主动验证结果的正确性。针对给定输入集，对系统输出进行分类的过程称为标记。也就是说，你明确地指出哪些结果是正确的，或者指明每组输入的预期输出结果。

生成训练数据集的过程会是非常耗时的。必须非常小心，以确保训练数据集提供充分的训练，以便系统能够对从现实世界收集到的数据产生正确的输出结果。训练数据集必须全面涵盖预期输入和期望输出。训练之后则利用测试数据集验证结果。如果结果不好，则将测试集并入训练集的循环之中，并重复训练过程。

我们以一个专门学习古典芭蕾舞技术的芭蕾舞演员为例。如果要求她跳现代舞，结果可能不尽如人意，因为舞者没有合适的训练集，即她的训练集不够多样化。

1.2.3.2　无监督学习

无监督学习不使用训练数据集，它通常用于在没有“正确”答案的数据中发现模式。例如，如果使用无监督学习来训练人脸识别系统，则系统会将集合中的数据聚类，其中一些可能是面部。聚类算法属于无监督学习。无监督学习的优点是，你可以学习到关于数据的某些事先并不知道的特征。它是一种在数据中发现隐藏结构的方法。

1.2.3.3　半监督学习

在半监督学习方法中，部分数据以标记训练集的形式存在，其他数据则不是[1]。事实上，通常只标记少量的输入数据，而大多数不标记，因为标记过程可能需要熟练技术人员的密集劳动。半监督学习利用小量的标记数据集来解释大量的未标记数据。

1.2.3.4　在线学习

在线学习系统不断地利用新数据来更新自己[1]。之所以称为“在线”，是因为许多学习系统使用在线收集的数据。它也称为“递归学习”。周期性地“批量”处理数据直到给定时间，然后再返回在线学习模式，这种方式对在线学习来说也是有益的。引言中所述的垃圾邮件过滤系统使用的就是在线学习方法。

1.3　学习机

图1-2展示了学习机的概念。机器获取来自环境的信息并对环境进行适应。请注意，输入可以分为产生立即响应的输入和用于学习的输入。某些情况下，它们是完全独立的。例如，对一个飞行器来说，高度测量值通常并不直接用于控制；相反，它用来帮助选择实际控制规则的参数。学习过程和常规操作所需的数据可能是相同的，但在某些情况下，学习需要单独的测量或数据。测量数据不一定意味着由诸如雷达或摄像头这样的传感器收集的数据，它可以是通过民意调查收集的数据、股票市场价格、会计分类账目数据，或通过任何其他方式收集的数据。机器学习则是将测量数据转换为用于未来操作的参数的过程。

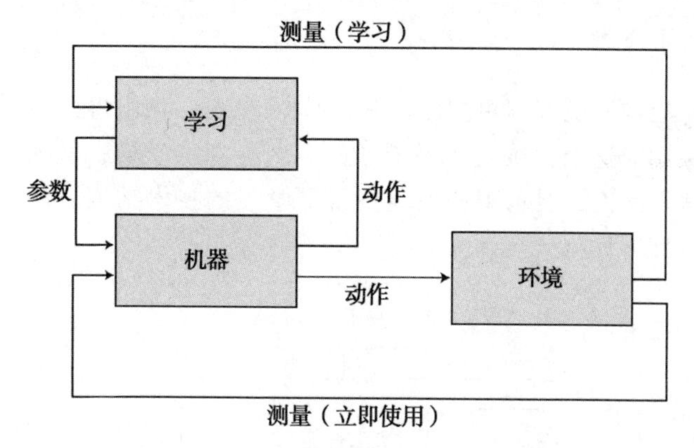

图1-2　感知环境并将数据存储在内存中的学习机

请注意，机器以行为或动作的形式生成输出。行为副本也可以传递到学习系统，使得它可以将机器行为的效果与环境的效果分离。这类似于前馈控制系统，它可以提高性能。

接下来将讨论几个例子来阐明学习机原理，包括医疗诊断、安全系统，以及航天器操控。

医生可能想更快地诊断疾病。她收集患者的检测数据，然后分析并给出诊断结果。患者数据可能包括年龄、身高、体重、历史数据，如血压读数和处方药，以及表现出的症状。机器学习算法将检测数据中的模式，使得当对患者执行新的检查时，机器学习算法能够提出诊断建议或者建议进一步检查以缩小病因的可能性范围。当使用机器学习算法时，希望每一次成功或者失败的诊断能够使它变得更好。在这种情形下，环境就是病人自己。机器使用数据生成动作，也就是新的诊断。该系统可以以两种方式构建。在监督学习中，测试数据和已知的正确诊断结果用来训练机器。在无监督学习中，数据将用于产生以前可能不知道的模式，并且可能导致诊断结果中包括通常不与那些症状相关的病症。

安全系统可以用来进行人脸识别。这时，测量数据是摄像机拍摄的人脸图像。从多个角度拍摄的面部图像用来训练系统。然后，用这些已知的面部图像来测试系统，并验证其成功率。在数据库中已有图像的人脸应该很容易被识别出，而那些数据库中不存在的则应该被标记为未知。如果成功率不可接受，可能需要更多的训练或算法本身需要做出调整。这种类型的人脸识别应用已经很常见，例如当在照片中“标记”朋友时，这种学习任务就会在 Mac OS X 系统中 Photos 程序的“面部识别”功能和 Facebook 应用中执行。

在航天器的精确操控中，需要知道航天器的惯性数据。如果航天器具有可以测量角速度的惯性测量单元，惯性矩阵就可以确定。这对机器学习来说是一个很棘手的问题。无论是通过推进器还是动量交换装置，施加到航天器的扭矩仅在一定程度的精度上是已知的。因此，如果可能，识别系统必须从惯性中分离出扭矩比例因子，而惯性只有在施加扭矩时才能确定，这就导致了激励的问题。如果要研究的系统不具有已知的输入，学习系统就无法学习；而且这些输入必须足以激励系统，才能够完成学习过程。

1.4 机器学习分类

本书中采用比通常所说范围更宽泛的机器学习视图。我们将机器学习扩展至包括自适应控制和学习控制。这个领域正在逐步形成一个独立的学科，但现在仍然是采用机器学习的技术和方法。图 1-3 展示了如何组织机器学习的技术结构。注意，这里创建了一个包含三个学习分支的标题——自主学习。

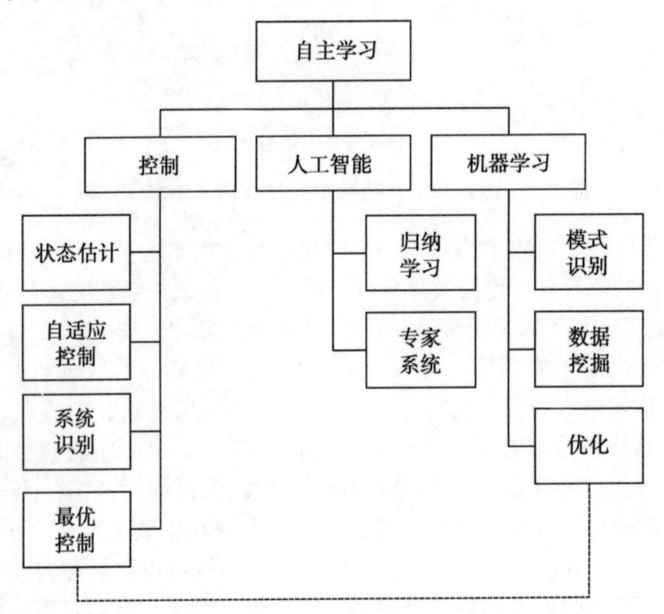

图 1-3 机器学习的分类体系。优化属于分类体系的一部分，因为优化结果可以是新的发现，例如新的航天器或者飞行器轨迹类型

我们把整个学科领域称为“自主学习”，这意味着在学习过程中没有人为干预的学习过程。

自主学习包括三个类别。第一类是控制，使用反馈控制来补偿系统中的不确定性或使系统表现不同于其通常的行为。如果没有不确定性，就不需要反馈。例如，如果你是一个橄榄球比赛中的四分卫，正要掷球给一个正在跑动的球员，而且假设你知道比赛中即将发生的一切。你清楚地知道这个球员某个时刻应该在哪里，所以你可以闭上眼睛，计数，然后把球抛到那个位置。假如球员技术熟练，你就会有100%的接球率！然而，更加真实的场景是，你观察球员，估计球员的速度，并抛球。这时你就正在应用反馈来解决问题。当然，这并不能构成一个学习系统。然而，如果现在你反复练习同一个动作，记录你的成功率，并使用这些信息调整你的投掷力度和时间，你就拥有了一个自适应控制系统，即“控制”列表顶部往下的第二个框。控制中的学习发生在自适应控制系统里以及系统识别的一般领域里。系统识别也是对系统的学习；最优控制可能不涉及任何学习过程。例如，所谓的全状态反馈产生最佳控制信号，但并不涉及学习。在全状态反馈中，模型和数据的组合告诉我们关于系统需要知道的一切。然而，在更复杂的系统中，无法测量所有状态，也不能获知全部参数，因此需要通过某种形式的学习来产生“最优”结果。

第二类自主学习是人工智能。机器学习的某些起源同样可以追溯至人工智能。人工智能研究领域的目标是使机器能够推理。虽然许多人会说目标是“像人一样思考”，但并不一定是这样。可能存在与人类推理不相似但是同样有效的推理方法。在经典的图灵测试中，图灵提出，计算机只需要在其输出中模仿一个人来成为“思维机器”，而不管这些输出如何生成。在任何情况下，智力通常涉及学习，因此学习能力是许多人工智能技术所固有的。

第三类是许多人认为属于真正学习过程的机器学习，利用数据产生解决问题的行为。机器学习的许多背景知识来自于统计学和优化理论。学习过程可以以批处理方式一次性完成或以递归方式持续进行。例如，在一个股票购买软件包中，开发者可能已经处理了几年（比如说2008年之前）的股票数据，并且用那些数据决定购买哪些股票。这种批处理学习方式的软件可能不会在金融崩溃期间工作得很好。递归学习方式的程序能够持续纳入新数据。模式识别和数据挖掘属于机器学习类别。模式识别在图像中寻找模式。例如，早期的AI Blocks World软件识别其视野当中的积木块，它可以在一堆积木块中找到某一个积木。数据挖掘则处理大量的数据并寻找其中的模式，例如，处理股票市场数据和发现具有强劲增长潜力的公司。

1.5　自主学习方法

本节介绍流行的机器学习技术，其中一些技术将应用在本书的示例中，其他则可以在MATLAB产品和开源产品中发现。

1.5.1 回归

回归是一种将数据拟合到模型的方法。模型可以是多维曲线。回归过程将数据拟合到曲线，产生可用于预测未来数据的模型。某些方法（例如线性回归或最小二乘法）是参数化的，因为拟合参数的数量是已知的。示例1-1和图1-4给出了一个线性回归学习的例子。该模型通过从直线 $y=x$ 开始并且向 y 添加噪声来创建，然后借助MATLAB的pinv伪逆函数使用最小二乘法拟合来重新构建直线。

示例1-1 线性回归

```
%% LinearRegression Script that demonstrates linear regression
% Fit a linear model to linear or quadratic data

%% Generate the data and perform the regression
% Input
x = linspace(0,1,500)';
n = length(x);

% Model a polynomial, y = ax2 + mx + b
a     = 1.0;      % quadratic - make nonzero for larger errors
m     = 1.0;      % slope
b     = 1.0;      % intercept
sigma = 0.1; % standard deviation of the noise
y0    = a*x.^2 + m*x + b;
y     = y0 + sigma*randn(n,1);

% Perform the linear regression using pinv
a     = [x ones(n,1)];
c     = pinv(a)*y;
yR    = c(1)*x + c(2); % the fitted line

%% Generate plots
h = figure('name','Linear Regression');
h.Name = 'Linear Regression';
plot(x,y); hold on;
plot(x,yR,'linewidth',2);
grid on
xlabel('x');
ylabel('y');
title('Linear Regression');
legend('Data','Fit')

figure('Name','Regression Error')
plot(x,yR-y0);
grid on
```

通过对矩阵 A 取逆，可以求解方程式

$$Ax = b \tag{1-1}$$

如果 x 和 b 的长度相同：

$$x = A^{-1}b \tag{1-2}$$

这个方法可行，因为A是一个方阵，但只有当A不是奇异矩阵时才有效。也就是说，它必须是可逆的。如果x和b的长度相同，仍然可以求出x的近似值，$x = x = \text{pinv}(A)\ b$。例如，在下面示例中的第一种情况下$A$是$2 \times 2$的；在第二种情况下，它是$3 \times 2$的，意味着有3个$x$和2个$b$。

```
>> inv(rand(2,2))

ans =

    1.4518   -0.2018
   -1.4398    1.2950

>> pinv(rand(2,3))


ans =

    1.5520   -1.3459
   -0.6390    1.0277
    0.2053    0.5899
```

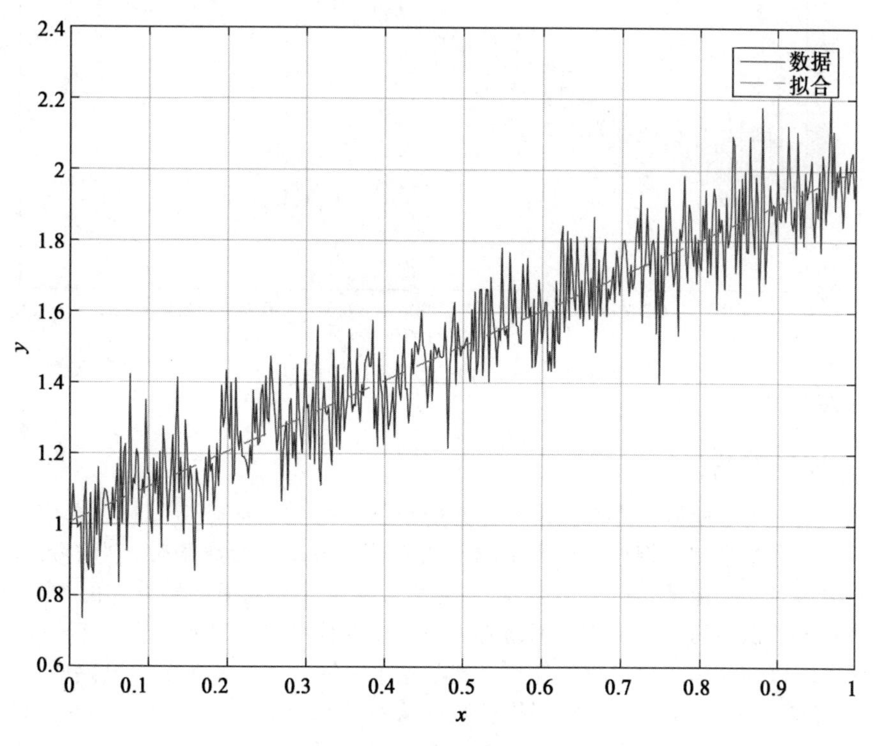

图1-4　线性回归学习

系统从数据中学习斜率和 y 截距等参数。数据越多，拟合越好。这时，模型

$$y = mx + b \tag{1-3}$$

是正确的。然而，如果它是错误的，拟合会很差。这是基于模型的学习方法的问题，结果的质量高度依赖于模型。如果能确定模型，那么应该使用它。如果不能，那么其他方法（例如无监督学习）可能会产生更好的结果。例如，如果添加二次项 x^2，会得到如图 1-5 中所示的拟合曲线。请注意，图中曲线的拟合程度并不如我们所想的那么好。

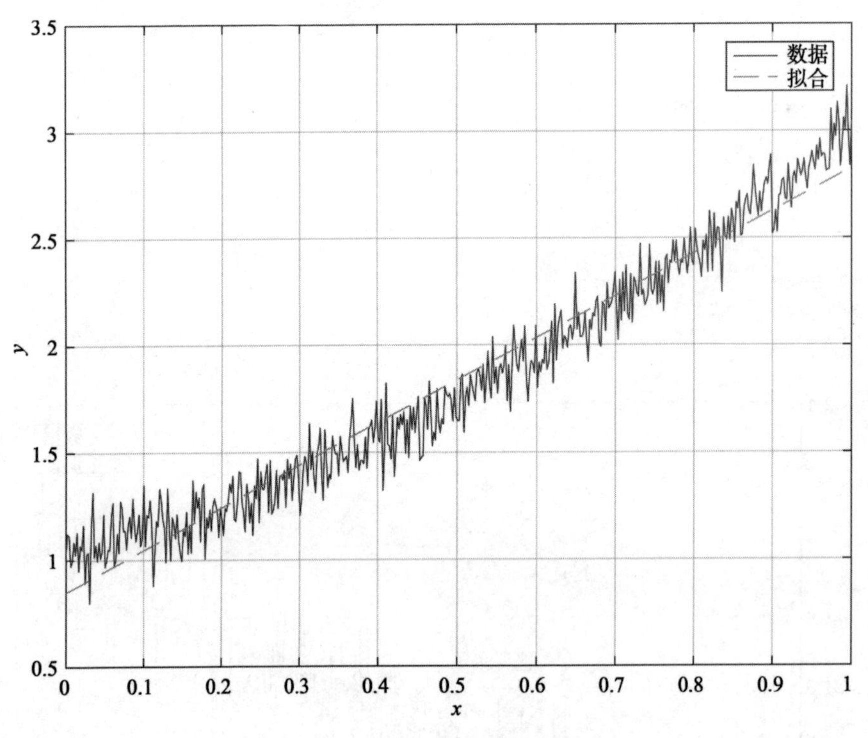

图 1-5 二次方程式的线性回归学习

1.5.2 神经网络

神经网络是用于模拟人类大脑中神经元的网络。每个“神经元”都具有用于从其输入确定输出的数学模型。例如，如果输出是具有值 0 或 1 的阶跃函数，当输入激励产生值为 1 的输出时，则神经元称为“触发”。然后大量神经元构成多层互连的神经元网络。神经网络是模式识别的一种形式。网络必须使用样本数据进行训练，但不需要先验模型。可以训练网络以估计非线性过程的输出，然后这个网络就构成了一个学习模型。

图 1-6 显示了一个简单的神经网络，数据从左至右流动，有两个输入节点和一个输出节点，中间有一个“隐藏”的神经元层。每个节点都有一组在训练期间不断调整的数字权重。

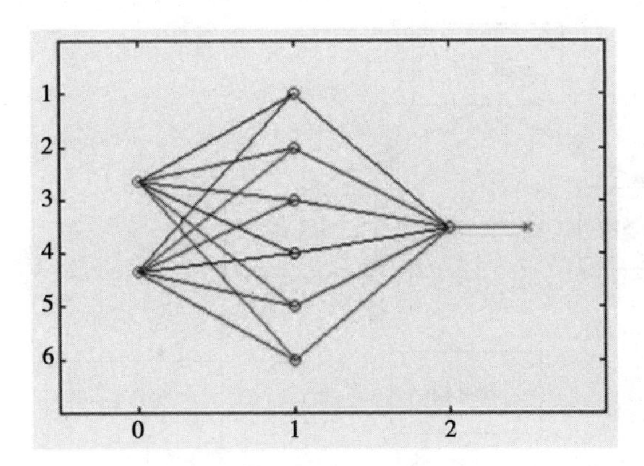

图1-6　包含一个中间层的神经网络，左侧是输入层，右侧是输出层

“深度”神经网络是在输入层和输出层之间具有多个中间层的神经网络。人工神经网络是目前相当活跃的一个研究领域。

1.5.3　支持向量机

支持向量机（SVM）属于具有关联学习算法的监督学习模型，其分析数据用于分类和回归分析。SVM训练算法构建模型以将数据分配到对应类别中。SVM的目标是基于训练数据产生预测目标值的模型。

在SVM中，输入数据在高维特征空间中的非线性映射是用核函数完成的。在特征空间中生成的分离超平面用来解决分类问题。核函数的形式可以是多项式、S形函数和径向基函数。最终的分类模型只需要训练数据的一个子集，称为支持向量[2]。训练是通过求解二次方程完成的，这可以用许多数值软件程序完成。

1.5.4　决策树

决策树是用于做出决策的树状图，它包含三种类型的节点：

1. 决策节点
2. 机会节点
3. 结束节点

学习过程遵循从开始节点到结束节点的路径。决策树易于理解和解释。决策过程是完全透明的，尽管有时非常大的决策树可能很难在视觉上跟踪。难点在于为一组训练数据找到最佳的决策树。

决策树包括两种类型——产生类别输出的分类树和产生数值输出的回归树。一个分类决策树的示例如图1-7所示，它用来帮助员工决定去哪里吃午饭。这棵树中只包含决策节点。

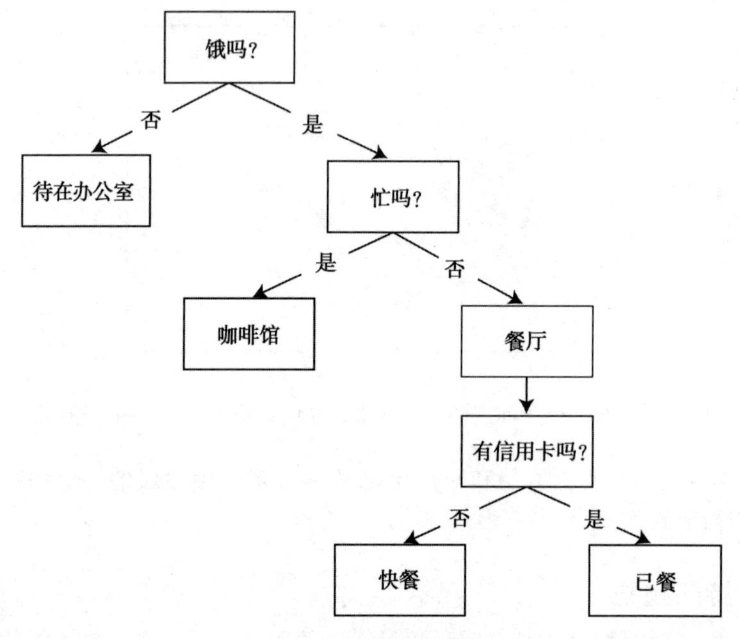

图 1-7　分类决策树

管理层也可以用这个决策模型来预测在午餐时间可以在哪里找到某个雇员。通过决策模型可以推测出员工的状态，其中包含对是否饥饿、是否忙、是否有信用卡等信息的判断。然而，如果雇员的决定中还有其他因素，例如某人的生日聚餐，这将使得该雇员选择去餐厅，那么这棵树将不再准确。

1.5.5　专家系统

专家系统也称为基于知识的系统，系统使用知识库来推理，并向用户呈现结果以及如何得到该结果的解释。建立专家系统的过程称为“知识工程”，其中需要包括懂得如何建立专家系统的知识工程师，拥有系统所需知识的领域专家。某些系统可以从数据中推导出规则，这将加速数据采集过程。

专家系统相对于人类专家的优点在于来自多个人类专家的知识可以纳入数据库中。另一个优点是系统可以详细地解释该过程，使得用户准确地知道结果是如何产生的。即使是领域专家也可能会忘记检查某些事情，而专家系统则将始终按部就班地在完整的数据库中进行检查，同时它也不受疲劳或情绪的影响。

知识获取是构建专家系统的主要瓶颈。另一个问题是，系统不能外推数据库中没有编程写入的知识。必须谨慎使用专家系统，因为它对不确定性的问题也将产生确定的答案。另外，解释机制也很重要，因为具有领域知识的人可以利用专家系统的解释来判断结果的可信度。

当需要考虑不确定性时，建议使用概率专家系统。贝叶斯网络（也称作信念网络）可以用作一个专家系统。它是一个表示一组随机变量及其依赖关系的概率图模型。在最简单的情形下，贝叶斯网络可以由专家来构建。情形变得复杂时，就需要利用机器学习方法从数据中生成。

参考文献

[1] J. Grus. *Data Science from Scratch.* O'Reilly, 2015.
[2] Corinna Cortes and Vladimir Vapnik. Support-Vector Networks. *Machine Learning*, 20:273–297, 1995.

CHAPTER 2

第2章 自主学习的历史

2.1 引言

上一章引入了自主学习的概念，将其分为三个领域：机器学习、控制和人工智能(AI)。本章将介绍每个领域是如何演变的。自动控制早于人工智能，然而，我们对自适应控制或学习控制更感兴趣。这是一个相对较新的发展领域，真正开始发展还是在人工智能仍处于基础研究的阶段。有时认为机器学习是人工智能的分支，然而，机器学习中使用的许多方法来自不同的技术领域，例如统计与优化。

2.2 人工智能

人工智能研究始于第二次世界大战之后不久[2]。早期的研究工作基于大脑结构、命题逻辑和图灵计算理论等知识。Warren McCulloch 和 Walter Pitts 根据阈值逻辑创建了神经网络的数学方程式，从而促使神经网络的研究分为两个方向。一个集中于大脑的生物过程，另一个则将神经网络应用于人工智能。已经证明任何函数都可以通过一组互相连接的神经元来实现，而且由此构成的神经网络具备学习能力。Norbert Wiener 于 1948 年出版的《Cybernetics》一书中描述了控制、通信和统计信号处理的概念。神经网络的下一个里程碑是 Donald Hebb 撰写的《The Organization of Behavior》，它将网络连接与大脑中的学习过程联系起来。这本书成为学习与自适应系统的发展起源。Marvin Minsky 和 Dean Edmonds 于 1950 年建立了第一台神经计算机。

1956 年，Allen Newell 和 Herbert Simon 设计了一个以非数值方式工作的推理程序 Logic Theorist (LT)。程序的第一个版本使用索引卡手动模拟，可以证明数学定理甚至能够促进人的推导过程。它完成了对《数学原理》(Principia Mathematica) 书中 52 个数学定理中的 38 个定理的证明。LT 使用启发式搜索树来限制搜索空间。LT 的计算机实现使用了IPL信息处理语言，正是IPL促成了之后Lisp语言的诞生。

Blocks World（积木世界）是第一次展示计算机在通用推理方面的一次尝试。积木世界是一个微型世界，一组积木块放置在桌子上，其中一些积木放置在其他积木块之上。人工智能系统将以某种方式重新排列积木块。放置在其他积木下面的积木块无法移动，直到其顶部的积木被移走。这是一个与河内塔不一样的问题。积木世界是一个重大的进步，它表明机器至少可以在一个有限的环境中进行推理。这个项目引入了计算机视觉技术，神经网络技术的实现工作也开始启动。

在“积木世界”与Newell和Simon的LT之后继续发展的技术称为一般问题解决器（GPS）技术。它旨在模仿人类解决问题的方法。针对有限类型的智力问题，它可以做到非常像人类那样去解决问题。虽然GPS解决了某些简单问题，如图2-1所示的河内塔问题，但是它不能解决现实世界中的很多问题，因为搜索过程会很快迷失在诸多可能性的无数个组合之中。

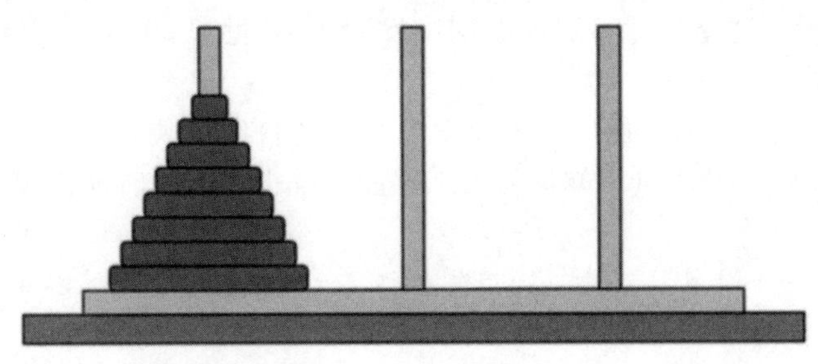

图2-1　河内塔。磁盘必须从第一个柱子上移动到最后一个，移动过程中不能将直径较大磁盘放在直径较小磁盘的顶部

1959年，Herman Gelernter编写了几何定理证明器，它可以证明那些相当棘手的定理。第一个游戏程序也是在这个时候编写的。1958年，John McCarthy发明了Lisp（LISt Processing）语言，其逐渐成为人工智能语言的代表。它现在作为Scheme和Common Lisp仍然可用。Lisp是在FORTRAN之后仅仅一年实现的。典型的Lisp表达式如下：

```
(defun sqrt-iter (guess x)
  (if (good-enough-p guess x)
      guess
      (sqrt-iter (improve guess x) x)))
```

这个表达式的作用是通过递归方式计算平方根。后来，建造了专用的Lisp机器。但是当通用处理器变得更快时，这些Lisp机器便又失去了人们的青睐。

麻省理工学院（MIT）提出利用分时技术来促进人工智能研究。McCarthy教授创建了一个假想的计算机程序Advice Taker。这是一个完整的AI系统，它可以体现一般世界的信息。它使用包括谓词演算在内的形式语言，例如它可以从简单的规则集中找出一条到机场的路线。被人们称作“人工智能之父”的Marvin Minsky在麻省理工学院开始从事“微型世界”的研究工作，使用简化模型促进对知识结构的理解和应用。在这些有限的领域中，人工智能可以很好地解决问题，如微积分中的闭合形式积分。

Minsky 和 Papert 撰写的《Perceptrons》一书是人工神经网络分析的基础。这本书促进了人工智能研究朝着符号处理的方向发展。该书指出，单个神经元不能实现例如“异或”这样的逻辑功能，但是书中错误地暗示多层网络也具有相同的问题。后来发现三层网络可以实现这样的逻辑功能。

20 世纪 60 年代人工智能研究开始尝试解决更具挑战性的问题，此时人工智能技术的局限性日益凸显。第一代语言翻译程序给出的翻译结果无法保持一致。通过对大量可能性进行尝试（例如国际象棋）来解决问题的方法遇到了计算能力的限制。Paluszek 先生（本书作者之一）在选修麻省理工学院著名的人工智能课程“Patrick Winston's 6. 034”时写了一篇论文，建议在国际象棋中使用模式识别技术以尽可能像人类棋手那样对棋盘模式进行可视化分析。但是事实证明，这并不是今天创造出国际象棋冠军电脑程序的方法。

随着问题变得越来越复杂，这种方法就变得愈加不合适，并且随着问题复杂性的增加，可能性的数量迅速增长。多层神经网络发明于 20 世纪 60 年代，但直到 20 世纪 80 年代才真正开始被人们重视。

20 世纪 70 年代开始研究使用竞争性学习机制的自组织映射[2]。神经网络研究的复苏发生在 20 世纪 80 年代。基于知识的人工智能系统也在同一时期提出。根据 Jackson[3] 的定义，

“专家系统是一个计算机程序，利用某些特定主题的知识进行表达和推理，以解决问题或提供建议。”

这包括可以存储大量专业领域知识的专家系统，这些系统也可能在其处理过程中包含不确定性。专家系统应用于医疗诊断和其他问题中。与人工智能技术不同，专家系统能够处理具有真实复杂性的问题并获得很好的性能。专家系统还能够解释自己的推理过程，这个特征在其应用中至关重要。有时这些统称为基于知识的系统，CLIPS 就是其中著名的开源专家系统。

神经网络的反向传播算法在 20 世纪 80 年代得到了重塑，促进了这个领域的不断发展。两方面的研究同步并进，一个是人类神经网络（即人类大脑），另一个是用于有效计算神经网络的算法的创建。这些努力最终促进了机器学习应用中深度学习网络的诞生。

随着开始基于严格的数学与统计分析技术来研究算法，人工智能在 20 世纪 80 年代取得了重大进展。隐马尔可夫模型 HMM 应用于语音中。与海量数据库相结合，它们实现了具有高鲁棒性的语音识别技术。机器翻译也有所改进。作为今天已知的第一种机器学习形式，数据挖掘也开始得到发展。国际象棋程序最初还需要通过专用计算机得到改善，如 IBM 的深蓝。随着计算能力的提高，超越大多数人类棋手的国际象棋程序已经完全可以在个人计算机上运行。

贝叶斯网络的形式化允许在推理问题中引入不确定性的应用。20 世纪 90 年代末引入“智能主体”的概念，搜索引擎、网上机器人和网站内容聚合器等都是互联网上使用智能主体的示例。

人工智能的前沿应用包括自动驾驶汽车、语音识别、规划与调度、游戏、机器人以及机器翻译。所有这些应用都基于人工智能技术，并且已经广泛使用。可以使用 Google Translate 将 PDF 文档翻译成任何语言。翻译结果虽然仍不完美，但已经足以满足许多用途。当然，可以确定的是人们不会用它来翻译文学作品!

人工智能的最新进展还包括 IBM 的 Watson。Watson 是一个问答计算系统，它具有先进的自然语言处理和大规模数据库的信息检索能力。2011 年 Watson 在问答竞赛节目 Jeopardy 中战胜了人类冠军选手，目前正应用于医疗领域。

2.3 学习控制

在 20 世纪 50 年代开始研究自适应控制或智能控制[1]以解决飞机控制的问题。当时的控制系统对于线性系统非常有效。飞行器动力学可以针对一个特定速度线性化。例如，水平飞行中总速度的简单方程为

$$m\frac{\mathrm{d}v}{\mathrm{d}t} = T - \frac{1}{2}\rho C_{\mathrm{D}} S v^2 \tag{2-1}$$

这说明质量 m 乘以速度的变化 $\frac{\mathrm{d}v}{\mathrm{d}t}$ 等于推力 T 减去阻力。C_{D} 是阻力系数，S 是受力面积(即产生阻力的面积)。推力用于控制。这是一个非线性方程，可以将其关于速度 v_{S} 线性化，使得$v = v_\delta + v_{\mathrm{S}}$，并得到

$$m\frac{\mathrm{d}v_\delta}{\mathrm{d}t} = T - \rho C_{\mathrm{D}} S v_{\mathrm{S}} v_\delta \tag{2-2}$$

这个方程式是线性的。可以用一个简单的推力控制法则来控制速度

$$T = T_{\mathrm{S}} - c v_\delta \tag{2-3}$$

其中，$T_{\mathrm{S}} = \frac{1}{2}\rho C_{\mathrm{D}} S v_{\mathrm{S}}^2$，$c$ 是阻尼系数，ρ 是大气密度，是关于高度的非线性函数。为了使线性控制能够工作，控制必须是自适应的。如果我们想要保证阻尼值一定，就是下式括号中的量，

$$m\frac{\mathrm{d}v_\delta}{\mathrm{d}t} = -(c + \rho C_{\mathrm{D}} S v_{\mathrm{S}}) v_\delta \tag{2-4}$$

我们需要知道 ρ、C_{D}、S 和 v_{S} 等参数。进而这就产生了增益调度控制系统，我们基于飞机在增益调度中的位置来测量飞行条件和调度线性增益。

20 世纪 60 年代，自适应控制技术取得了巨大进展。状态空间理论的发展使得多回路控制系统的设计变得更为简单，即控制系统使用不同的控制回路一次控制多个状态。通用状态 - 空间控制器的方程式为

$$\dot{x} = Ax + Bu \tag{2-5}$$

$$y = Cx + Du \tag{2-6}$$

$$u = -Ky \tag{2-7}$$

其中，A、B、C 和 D 是矩阵。如果 A 能够完全建模系统并且 y 包含关于状态向量 x 的所有信息，则该系统是稳定的。全状态反馈将是 $x = -Kx$，其中可以计算 K 以具有确定的相位和增益裕度（即对延迟的容忍度和对放大误差的容忍度）。这是控制理论的一大进步。在此之前，多回路系统必须单独设计，然后非常小心地把它们组合在一起。

学习控制和自适应控制可以基于共同的框架来实现，其中引入了卡尔曼滤波器，它也称为线性二次估计。

航天器需要自主控制，因为它们经常超出地面联系范围或时间延迟太长，无法有效地进行地面监督。第一个数字自动驾驶仪出现在阿波罗号航天器上。地球同步通信卫星是自动控制的，一个运营商可以同时控制数十个卫星。

系统辨识技术在确定系统参数（例如上文提到过的阻尼系数）方面取得了进步。自适应控制应用于实际问题中，例如 F-111 战斗机就有自己的自适应控制系统。自动驾驶仪也已经从相当简单的机械导向增强系统发展到可在计算机控制下起飞、巡航和降落的复杂控制系统。

20 世纪 70 年代完成了关于自适应控制的稳定性证明，并且很好地建立了线性控制系统的稳定性。然而，自适应系统本质上是非线性的，因而人们开始研究通用稳定控制器，并且在自适应控制的鲁棒性方面取得了进展。鲁棒性是系统处理假定已知参数变化的能力，参数变化有时可能是因为系统故障引发的。20 世纪 70 年代，数字控制变得越来越普遍，取代了由晶体管和运算放大器组成的传统模拟电路。

20 世纪 80 年代开始出现商业化的自适应控制器。大多数的现代单回路控制器都具有某种形式的自适应能力。人们也发现自适应技术同样可用于调节控制器。

最近出现了一种人工智能与控制技术融合的趋势。人们提出了新的专家系统，根据环境来确定使用什么算法（而不仅仅是参数）。例如，在滑翔机的有翼重入期间，控制系统针对轨道使用一个系统，在高海拔处使用另一个系统，在高马赫数期间使用第三个系统（马赫是速度与音速之比），而第四个则在低马赫数和着陆期间使用。

2.4 机器学习

机器学习是作为人工智能的分支发展起来的，但是其中的许多技术则历史悠久。托马斯·贝叶斯（Thomas Bayes）于 1763 年提出了所谓的贝叶斯定理，如下所示：

$$P(A_i \mid B) = \frac{P(B \mid A_i)P(A_i)}{\sum P(B \mid A_i)}$$

$$P(A_i \mid B) = \frac{P(B \mid A_i)P(A_i)}{P(B)} \tag{2-8}$$

这就是给定 B 时 A_i 的概率，其中假设 $P(B) \neq 0$。贝叶斯定理中引入了证据对信念的影响。回归技术则是由勒让德（Legendre）于1805年和高斯于1809年先后提出。

如2.2节所述，现代机器学习开始于数据挖掘，就是从数据中获得新的理解、新的知识的过程。在人工智能发展早期，有相当多的工作是关于如何建立从数据中进行学习的机器。然而，这些研究逐渐失去了人们的青睐，并于20世纪90年代被重塑为机器学习领域，其目标是使用统计学解决模式识别的实际问题。这得益于大量可用的在线数据以及开发人员可用的计算能力的巨大提升。机器学习与统计学密切相关。

在20世纪90年代初，Vapnik和同事发明了一种计算能力强大的监督学习网络，称为支持向量机（SVM）。这些网络可以解决模式识别、回归和其他类型的机器学习问题。

机器学习越来越广泛的应用领域之一是自动驾驶。自动驾驶利用自主学习的各个方面，包括控制、人工智能和机器学习。计算机视觉技术使用在大多数系统中，因为摄像头成本低廉，并且能提供比雷达或声呐（这些也是有用的）更丰富的信息。没有经过真实场景中的学习是不可能建立起真正安全的自动驾驶系统的，因此，这些系统的设计者将他们的汽车放在道路上并收集用于系统微调的真实场景数据。

机器学习的其他应用还包括利用高速股票交易和算法来指导投资。这些都在迅速发展，并已经可以供消费者使用。数据挖掘和机器学习用于预测各种人类和自然事件。互联网上的用户搜索行为用于跟踪疾病爆发。如果有潜在的大量数据，而互联网又使得收集大量数据变得容易，那么你就可以确定机器学习技术将应用于挖掘数据。

2.5　未来

今天自主学习的所有分支都在高速发展，许多技术已经应用在实际场景中，甚至包括低成本消费技术中的应用。几乎世界上每个汽车公司和许多非汽车行业公司都在努力完善自动驾驶技术。军事机构对人工智能与机器学习尤其感兴趣。例如，今天的作战飞机已经拥有智能控制系统，可以从飞行员手中接管飞机，以防止飞机撞向地面。

虽然完全自主的学习系统是许多领域的目标，但人和机器智能的相互融合也是一个活跃的研究领域。许多人工智能研究在探索人类大脑如何工作，这项工作将会使机器学习系统更加无缝地与人类进行融合。这对于涉及人类的自主控制是至关重要的，同时也能够增强人类自身的能力。

对机器学习来说，现在正是激动人心的时刻！我们希望这本书能带领你进入机器学习的世界！

参考文献

[1] K. J. Åström and B. Wittenmark. *Adaptive Control, Second Edition*. Addison-Wesley, 1995.
[2] S. Haykin. *Neural Networks*. Prentice-Hall, 1999.
[3] P. Jackson. *Introduction to Expert Systems, Third Edition*. Addison-Wesley, 1999.
[4] S. Russell and P. Norvig. *Artificial Intelligence: A Modern Approach, Third Edition*. Prentice-Hall, 2010.

CHAPTER 3

第 3 章

机器学习软件

3.1 自主学习软件

机器学习软件有很多来源。实现机器学习算法的软件是机器学习技术中不可或缺的一环，这些软件帮助用户从数据中学习，进而帮助机器去学习和适应他们的环境。本书会介绍一些可以立即使用的软件工具，但是，这些软件并不是为工业应用而设计的。本章介绍可以用于 MATLAB 环境的软件，包括各种专业和开源版本的 MATLAB 软件。本书可能不会涵盖所有可用的软件包，因为总是不断会有新的软件包出现，而较旧的软件包则可能会变得过时。

本章主要介绍通常称为“机器学习”的软件。它们提供统计功能以帮助我们洞察数据，用于“大数据”的分析环境中。书中还包括对自主学习系统其他分支工具箱的描述，例如系统辨识。系统辨识属于自动控制的一个分支，自动控制的目的是了解受控系统，允许更好和更精确地实施控制。

为了保证完整性，本章还包括一些与 MATLAB 兼容但需要额外步骤才能够在 MATLAB 内部使用的流行软件和工具，示例包括 R、Python 和 SNOPT。使用时都可以直接在软件包中使用 MATLAB 接口，并且将 MATLAB 用作前端对整个应用流程会非常有帮助。另外，用户还可以创建自己的集成软件包，其中包含 MATLAB、Simulink 和你自己选择的机器学习软件包。

你会注意到本章中也包括了优化软件。作为机器学习过程中的一个工具，优化技术用来找到最佳或者“优化”的参数集合。第 8 章中将会用到它。

如果我们的内容中没有包括你最喜欢的或者你自己开发的工具包，请不要失望！我们提前道歉！

3.2 商业化 MATLAB 软件

3.2.1 MathWorks 公司产品

MathWorks 公司销售很多机器学习软件包产品，在分类体系（图1-3）中它们属于机器学习分支。MathWorks 公司的产品提供用于数据分析的高质量算法以及用于可视化数据的图形工具。可视化工具是任何机器学习系统的关键部分。它们可以用于数据采集，例如用于图像识别或作为车辆自动控制系统的一部分，也可以用于开发期间的诊断与调试。所有这些软件包都可以相互集成并与其他 MATLAB 函数集成，以生成应用于机器学习中的强大系统。接下来将讨论的最适用的工具箱包括：

- 统计与机器学习工具箱
- 神经网络工具箱
- 计算机视觉系统工具箱
- 系统辨识工具箱

3.2.1.1 统计与机器学习工具箱

统计与机器学习工具箱提供用于从大量数据中获取趋势和模式的数据分析方法。这些方法不需要用于分析数据的模型。工具箱函数可以大致分为分类工具、回归工具和聚类工具。

分类方法用于将数据区分为不同的类别。例如，图像形式的数据可用于按照是否具有肿瘤对器官图像分类。分类学习通常应用于手写识别、信用评分和面部识别等问题中。分类方法包括支持向量机（SVM）、决策树和神经网络等。

回归方法允许基于当前数据构建模型预测未来的数据。在有新数据可用时可以持续更新回归模型。如果数据只使用一次来创建模型，那么它属于批处理方法。在数据可用时合并新数据的回归方法属于递归方法。

聚类方法在数据中发现自然分组，目标识别是聚类方法的一个应用。例如，如果想识别图像中的汽车，那么就去查找图像中属于汽车部分的关联数据。虽然汽车具有不同的形状和尺寸，但它们仍然有许多共同的特征。

工具箱具有许多功能来支持这些应用领域，也有许多功能可能并不完全适合。统计与机器学习工具箱是学习与 MATLAB 环境无缝集成的专业工具的一个很好的开始。

3.2.1.2 神经网络工具箱

MATLAB 神经网络工具箱是一个与 MATLAB 无缝集成的综合的神经网络工具。工具箱提供创建、训练和模拟神经网络的功能。工具箱包括卷积神经网络和深度学习网络。神经网络是计算密集型的，因为存在大量的节点和关联权重，尤其是在训练期间。如果你有另外一个 MATLAB 扩展工具——并行计算工具箱，神经网络工具箱就允许你在多核处理器和图形处理单元（GPU）上进行分布式计算。甚至可以使用 MATLAB 分布式计算服务器将其进一步扩展到计算机网络集群。与所有 MATLAB 产品一样，神经网络工具箱提供了丰富的图形和可视化功能，使得计算结果更加易于理解。

神经网络工具箱能够处理大型数据集，支持吉字节（GB）级或太字节（TB）级的数据。这使得其能够满足工业级应用问题和复杂研究的要求。MATLAB 还提供丰富的教学视频、网络研讨和教程，包括完整的深度学习应用资源。

3.2.1.3　计算机视觉系统工具箱

MATLAB 计算机视觉系统工具箱提供了开发计算机视觉系统的功能。该工具箱提供丰富的视频处理功能，也包括特征检测与提取功能。它还支持三维（3D）视觉，并可处理来自于立体相机的输入信息，同时还支持 3D 运动检测。

3.2.1.4　系统辨识工具箱

系统辨识工具箱为构建系统的数学模型提供 MATLAB 函数和 Simulink 模块。可以从输入/输出数据中识别传递函数，并对模型进行参数识别。工具箱同时支持线性与非线性的系统辨识。

3.2.2　普林斯顿卫星系统产品

我们自己的一些商业软件包也提供了自主学习范围内的工具。

3.2.2.1　核心控制工具箱

核心控制工具箱为航天器控制工具箱的控制和评估功能提供了包括机器人和化学处理等的一般工业动态示例。卡尔曼滤波器例程软件套装包括常规滤波器、扩展卡尔曼滤波器和无迹卡尔曼滤波器（UKF），其中无迹滤波器采用快速 σ 点计算算法。这些滤波器都可以处理动态更新的多个测量源数据。核心控制工具箱的附件包括成像模块和目标追踪模块。成像模块包括透镜模型、图像处理、光线追踪和图像分析工具。

3.2.2.2　目标追踪

目标追踪模块使用轨迹定向多假设检验（MHT）。当目标数量未知或发生变化时，这是一种用于将测量分配至目标轨迹的有效技术。它对于精确跟踪多个目标是绝对必要的。

许多情况下，传感器系统必须跟踪多个目标，例如在交通流量的高峰期，这将导致将测量与目标或轨迹相关联的问题。这是任何追踪系统在实际应用中的关键功能。

轨迹定向方法在接收到每次数据扫描之后将使用更新的轨迹数据重新计算假设。不同于基于各次扫描信息对假设进行维持和扩展，轨迹定向方法舍弃了在第 $k-1$ 次扫描上形成的假设。经过剪枝的轨迹将传播到下一次（即第 k 次）扫描，其中使用新的观察数据构造新的轨迹，并重新形成假设。假设的形成步骤被形式化为混合整数线性规划（MILP）问题，并使用 GNU 线性规划工具包（GLPK）求解。因为保留的轨迹评分中包含全部相关的统计数据，所以除了必须基于低概率将某些轨迹删除之外，并没有发生信息丢失。

MHT 模块使用一个强大的轨迹剪枝算法在一次计算步骤中执行剪枝。由于其速度快，因此并不需要专门的剪枝方法以获得更健壮、更可靠的结果。于是，轨迹管理软件非常简单。

核心控制工具箱包括卡尔曼滤波器、扩展卡尔曼滤波器和UKF。所有的卡尔曼滤波器都使用具有单独的预测和更新函数的通用代码格式。这就允许独立地使用两个计算步骤。每个卡尔曼滤波器都可以处理多个测量源数据和在不同时间到达的测量值。这三个卡尔曼滤波器可以独立使用或作为多假设检验系统的一部分来使用。UKF自动使用σ点，并且不需要对测量函数或测量模型的线性化版本进行求导。

基于马尔可夫跳变系统的交互式多模型（IMM）系统也可以用作MHT系统的一部分。IMM使用多个动态模型协助追踪机动目标，一个模型可以负责机动轨迹，而另一个则负责匀速运动。会把测量值分配至所有模型。

3.3　MATLAB开源资源

MATLAB开源工具是实现机器学习前沿技术很好的资源，例如机器学习软件包和凸优化软件包都是可用的开源资源。

3.3.1　深度学习工具箱

Rasmus Berg Palm的深度学习工具箱是一个用于深度学习的MATLAB工具箱。它包括深度信念网络（DBN）、堆叠自动编码机（SAE）、卷积神经网络（CNN）和其他神经网络函数。这些工具可以通过MathWorks File Exchange获得。

3.3.2　深度神经网络

在深度神经网络的研究中，Masayuki Tanaka将基于受限玻尔兹曼机堆叠而成的深度信念网络作为深度学习工具。它具有监督学习和无监督学习两种方式。同样，这些工具可以通过MathWorks File Exchange获得。

3.3.3　MatConvNet

MatConvNet实现了用于图像处理的CNN。它包括一系列已经预先训练好的卷积神经网络模型，可用于实现图像处理功能。

3.4　机器学习工具

有很多用于机器学习的开源和商业产品。这里介绍一些更受欢迎的开源工具，包括机器学习软件包和凸优化软件包。

3.4.1　R语言

R语言是用于统计计算的开源软件，它可以在Mac OS、UNIX和Windows系统中编译。它类似于贝尔实验室 John Chambers 和其同事开发的 S 语言。R 语言包括许多统计功能和图形技术。

可以使用 system 命令在 MATLAB 中以批处理模式使用 R，例如输入

```
system('R␣CMD␣BATCH␣inputfile␣outputfile');
```

将运行 inputfile 中的代码，返回结果存入 outputfile。然后可以将 outputfile 读入 MATLAB 中。

3.4.2 scikit-learn

scikit-learn 是用 Python 语言编写的机器学习库，其中包括一系列机器学习工具：

1. 分类
2. 回归
3. 聚类
4. 降维
5. 模型选择
6. 预处理

scikit-learn 广泛应用于数据挖掘与数据分析领域。

MATLAB 支持 Python 语言的参考实现 CPython。Mac 和 Linux 系统已经预装了 Python，Windows 系统用户需要自行安装 Python 发行版。

3.4.3 LIBSVM

LIBSVM[3] 是一个用于实现支持向量机 SVM 的开源库。它有一个大的支持向量机工具集合，其中包括许多来自于 LIBSVM 用户的扩展。LIBSVM 工具包括分布式处理与多核扩展。

3.5 优化工具

优化工具通常用作机器学习系统的一部分。优化器基于给定的一组对优化变量的约束条件实现代价函数的最小化，例如变量的最大值或最小值就是一种约束类型。约束和代价可以是线性或非线性的。

3.5.1 LOQO

LOQO[6] 是来自于普林斯顿大学的一个解决平滑约束优化问题的系统。问题可以是线性或非线性的，凸的或非凸的，约束的或非约束的。唯一真正的限制是定义问题的函数是平滑的（在由算法评估的点的位置）。如果问题是凸的，LOQO 能够求出一个全局最优解。否则，它会在给定起始点的附近求出局部最优解。

一旦将LOQO编译为mex文件，就必须给它一个初始估计和稀疏矩阵作为问题定义变量。也可以传递函数句柄，为计算过程的每次迭代提供动画功能。

3.5.2 SNOPT

SNOPT[4]是加州大学圣地亚哥分校用于解决大规模优化问题（包括线性和非线性）的软件包。它对于函数和梯度评估计算代价非常昂贵的非线性问题特别有效。函数需要是平滑的，但不必是凸的。SNOPT旨在利用了雅可比矩阵的稀疏性，有效地减小了所解决问题的大小。对于最佳控制问题，雅可比矩阵是非常稀疏的，因为矩阵中的行和列跨越大量的时间点，但只有相邻的时间点会有非零项。

SNOPT利用非线性函数和梯度值，所获得的解将是局部最优解（其可以是或不是全局最优解）。如果某些梯度未知，它们将通过有限差分来估计。通过弹性边界有条不紊地处理不可行的问题。SNOPT允许违反非线性约束并且使这种违反的总和最小化。如果只有一些变量是非线性的，或者主动约束的数量几乎等于变量的数量，则SNOPT在大型问题中的效率会得到提高。

3.5.3 GLPK

GLPK用于解决各种线性规划问题。它是GNU项目的一部分（https://www.gnu.org/software/glpk/）。解决线性规划最著名的公式为

$$Ax = b \tag{3-1}$$

$$y = cx \tag{3-2}$$

其中，希望求出x使得当其乘以A时等于b。c是成本向量，当其乘以x时给出了应用x的标量代价。如果x与b的长度相同，则解是

$$x = A^{-1}b \tag{3-3}$$

否则，可以使用GLPK来求解使得y最小的x。另外，GLPK还可以解决那些x只能是一个整数或者甚至只是0或1的问题。

3.5.4 CVX

CVX[2]是一个基于MATLAB的凸优化建模系统。CVX将MATLAB转换为一种建模语言，允许使用标准MATLAB表达式语法指定约束和目标。

在其默认模式下，CVX支持特殊的凸优化方法——规范凸编程（Disciplined Convex Programming，DCP）。在这种方法下，凸函数和集合是从它们的基本库开始，利用凸集分析的一小组规则构建的。使用这些规则表达的约束和目标将自动转换为规范形式并进行解决。CVX可以和SeDuMi等求解器一起免费使用，或者从CVX Research获得商业使用许可。

3.5.5 SeDuMi

SeDuMi[5]是用于优化二阶锥的MATLAB软件，目前由Lehigh大学负责开发。它可以

处理二次约束。SeDuMi 用于 Acikmese[1] 中。SeDuMi 是 Self-Dual Minimization 的简写，实现了在自对偶同质锥体中的自对偶嵌入式技术。这使得某些优化问题可以在一次迭代中得到解决。SeDuMi 可以作为 YALMIP 的一部分来使用，也可以作为独立软件包提供。

3.5.6 YALMIP

YALMIP 是由 Johan Lofberg 开发的免费 MATLAB 软件，为其他优化工具提供了一个易于使用的界面。它能够解释约束条件并且基于约束来选择优化工具，其中，SeDuMi 和 MATLAB 优化工具箱中的 fmincon 都是可用的工具。

参考文献

[1] Behcet Acikmese and Scott R. Ploen. Convex programming approach to powered descent guidance for Mars landing. *Journal of Guidance, Control, and Dynamics*, 30(5):1353–1366, 2007.

[2] S. Boyd. CVX: MATLAB software for disciplined convex programming. http://cvxr.com/cvx/, 2015.

[3] Chih-Chung Chang and Chih-Jen Lin. LIBSVM – A library for support vector machines. https://www.csie.ntu.edu.tw/~cjlin/libsvm/, 2015.

[4] Philip Gill, Walter Murray, and Michael Saunders. SNOPT 6.0 description. http://www.sbsi-sol-optimize.com/asp/sol_products_snopt_desc.htm, 2013.

[5] Jos F. Sturm. Using SeDuMi 1.02, a MATLAB toolbox for optimization over symmetric cones. http://sedumi.ie.lehigh.edu/wp-content/sedumi-downloads/usrguide.ps, 1998.

[6] R. J. Vanderbvei. LOQO user's manual version 4.05. http://www.princeton.edu/~rvdb/tex/loqo/loqo405.pdf, September 2013.

PART 2

第二部分

机器学习的 MATLAB 实现

CHAPTER 4

第4章

用于机器学习的 MATLAB 数据类型

4.1 MATLAB 数据类型概述

4.1.1 矩阵

默认情况下，MATLAB 中所有变量都是双精度矩阵。不需要显式声明变量类型。矩阵可以是多维的，通过在圆括号中使用基于 1 的索引访问。可以使用单个索引，按列方式或每个维度一个索引的方式来寻址矩阵元素。要创建一个矩阵变量，只须为其分配值即可，例如下面的 2×2 矩阵 a：

```
>> a = [1 2; 3 4];
>> a(1,1)
     1

>> a(3)
     2
```

可以简单地对没有特殊语法定义的矩阵进行加、减、乘和除等运算。矩阵必须符合所请求的线性代数运算的正确大小。使用单引号后缀 A' 表示转置，而矩阵幂运算使用运算符^。

```
>> b = a'*a;
>> c = a^2;
>> d = b + c;
```

默认情况下，每个变量都属于数值变量。可以使用 zeros、ones、eye 或 rand 等函数将矩阵初始化为给定数值，它们分别为 0、1、单位矩阵（对角线全为 1）或随机数。使用 isnumeric 函数来识别数值变量。

表 4-1 列出了与矩阵交互的主要函数。

表4-1　关于矩阵的主要函数

函　数	功　能	函　数	功　能
zeros	将矩阵初始化为零	isnumeric	判断是否为数值类型的矩阵
ones	将矩阵初始化为1	isscalar	判断是否为标量值（即1×1矩阵）
eye	初始化为单位矩阵	size	返回矩阵大小
rand、randn	初始化为随机数矩阵		

4.1.2　元胞数组

元胞数组是MATLAB独有的一种变量类型。它实际上是一个列表容器，可以在数组元素中存储任何类型的变量。就像矩阵一样，元胞数组也可以是多维的，并且在许多代码运行环境中都非常有用。

元胞数组用大括号{}表示。它们可以是任意维度，并且包含任意数据（包括字符串、结构和对象）。可以使用cell函数进行初始化，使用celldisp函数递归显示内容，像矩阵一样使用圆括号访问数组子集。下面是一个简短的示例。

```
>> c = cell(3,1);
>> c{1} = 'string';
>> c{2} = false;
>> c{3} = [1 2; 3 4];
>> b = c(1:2);
>> celldisp(b)
b{1} =
string

b{2} =
     0
```

使用大括号访问元胞数组将按照元素的基本类型返回。当使用圆括号访问元胞数组的元素时，将返回另一个元胞数组，而不是元胞内容。在MATLAB帮助功能中使用一种特殊的逗号分隔列表来突出显示作为列表来使用的元胞数组。代码分析器还将建议以更有效的方式来使用元胞数组。例如，替换

```
a = {b{:} c};
```

为

```
a = [b {c}];
```

元胞数组对于字符串集特别有用，许多MATLAB字符串搜索函数针对元胞数组（如strcmp）进行了优化。

使用iscell来判断变量是否为元胞数组。使用deal来操作结构数组和元胞数组的内容。

表4-2总结了与元胞数组交互的主要函数。

表4-2 元胞数组的主要函数

函数	功能	函数	功能
cell	初始化元胞数组	iscellstr	判断元胞数组中是否只包含字符串
cellstr	从字符数组中生成元胞数组	celldisp	递归显示元胞数组的内容
iscell	判断是否为元胞数组		

4.1.3 数据结构

MATLAB 中的数据结构非常灵活，由用户来保证字段和类型的一致性。在向其分配字段之前，初始化数据结构并不是必需的，但最好是这样做，尤其在脚本中，以避免变量冲突。例如，替换

```
d.fieldName = 0;
```

为

```
d = struct;
d.fieldName = 0;
```

事实上，我们发现创建一个特殊函数来初始化在整个函数集中使用的较大结构通常是一个好主意。这类似于创建类定义。从函数生成数据结构，而不是在脚本中定义字段，意味着你始终拥有正确的字段。初始化函数还允许指定变量类型并提供样本或默认数据。记住，MATLAB 并不要求你声明变量类型，但是这样做并将其赋值为默认值，会使代码更加清晰。

■ **提示** *为数据结构创建初始化函数。*

分配一个附加的副本，便可简单地将数据结构转换为数组。字段必须保持相同的顺序，这是使用函数初始化结构的另一个原因。数据结构可以嵌套，且不受嵌套深度限制。

```
d = MyStruct;
d(2) = MyStruct;

function d = MyStruct

d = struct;
d.a = 1.0;
d.b = 'string';
```

MATLAB 现在允许使用变量作为动态字段名，即 structName（动态表达式）。这种方式提供了比 getfield 更好的性能，其中将字段名称作为字符串传递。这就允许用户构建各种结构编程方式。以前述代码片段中使用的数据结构数组为例，使用动态字段名来获取字段 a 的值，且这些值将在元胞数组中返回。

```
>> field = 'a';
>> values = {d.(field)}
values =

    [1]    [1]
```

使用 isstruct 来判断是否为结构变量，使用 isfield 来检查字段是否存在。注意，对于用 struct 初始化的结构体，即使没有字段，isempty 也将返回 false。

表 4-3 列出了结构体的主要函数。

表 4-3　结构体的主要函数

函　数	功　能	函　数	功　能
struct	初始化带或不带字段的结构体	fieldnames	获取元胞数组中结构体的字段
isstruct	判断是否为结构体	rmfield	从结构体中删除字段
isfield	判断字段是否存在于结构体中	deal	为结构体中的字段设置值

4.1.4　数值类型

MATLAB 默认在命令行或脚本中输入的任何数据都为双精度，也可以指定为其他数值类型，包括 single、uint8、uint16、uint32、uint64、logical（即布尔数组）。整数类型尤其适合在处理大型数据集（如图像）时使用。在代码中使用所需要的最小数据类型，尤其当数据集较大时。

4.1.5　图像

MATLAB 支持各种图像格式，包括 GIF、JPG、TIFF、PNG、HDF、FITS 和 BMP。可以直接使用 imread 读取图像，它可以根据文件扩展名自动识别图像类型或者使用 fitsread（FITS 代表 Flexible Image Transport System，由 CFITSIO 库提供接口）。imread 对于某些图像类型有特殊的语法，例如处理 PNG 格式中的 Alpha 通道，因此需要查看特定图像类型的可用选项。imformats 管理文件格式注册表，并允许通过提供具有读写功能的函数来指定新的用户定义类型的处理方式。

可以使用 imshow、image 或 imagesc 显示图像，其中 imagesc 将根据图像中的数值范围对颜色映射表进行缩放。

例如，我们将在第 7 章中使用一组猫的图像。下面使用 imfinfo 查看其中某个样本数据的图像信息。

```
>> imfinfo('IMG_4901.JPG')
ans =
             Filename: 'MATLAB/Cats/IMG_4901.JPG'
          FileModDate: '28-Sep-2016␣12:48:15'
             FileSize: 1963302
               Format: 'jpg'
        FormatVersion: ''
```

```
           Width: 3264
          Height: 2448
        BitDepth: 24
       ColorType: 'truecolor'
 FormatSignature: ''
 NumberOfSamples: 3
    CodingMethod: 'Huffman'
   CodingProcess: 'Sequential'
         Comment: {}
            Make: 'Apple'
           Model: 'iPhone␣6'
     Orientation: 1
     XResolution: 72
     YResolution: 72
  ResolutionUnit: 'Inch'
        Software: '9.3.5'
        DateTime: '2016:09:17␣22:05:08'
YCbCrPositioning: 'Centered'
   DigitalCamera: [1x1 struct]
         GPSInfo: [1x1 struct]
   ExifThumbnail: [1x1 struct]
```

接下来，如果使用 imshow 查看这个图像，则会显示一个警告，提示图像太大，不能在屏幕上完全显示，将按照 33% 的比例来显示。如果使用 image 来查看图像，会有一个可见的坐标轴。image 对于以每个像素作为元素个体显示二维矩阵数据来说是有用的。这两个函数都返回一个图像对象的句柄，只是坐标轴的属性不同。图 4-1 中显示了最终图像，注意右图中的坐标轴标签。

```
>> figure; hI = image(imread('IMG_2398_Zoom.png'))
hI =
  Image with properties:

           CData: [680x680x3 uint8]
    CDataMapping: 'direct'

  Show all properties
```

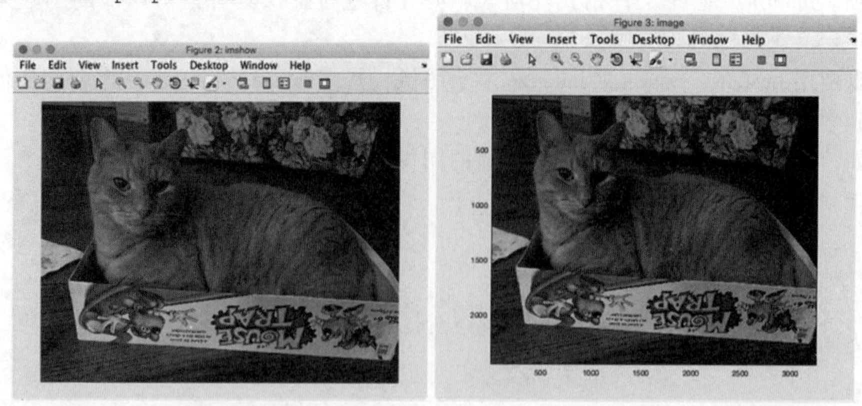

图 4-1　图像显示选项。左图使用 imshow 生成，右图使用 image 生成

表 4-4 列出了与图像交互的主要函数。

表 4-4 图像的主要函数

函 数	功 能
imread	读取各种格式的图像
imfinfo	收集图像文件的信息
imformats	判定结构体中是否存在一个字段
imwrite	将数据写入图像文件中
image	从数组中显示图像
imagesc	显示映射至当前色图的图像数据
imshow	显示图像，优化图形、坐标轴和图像对象属性，并将数组或文件名作为输入
rgb2gray	将 RGB 图像或真彩颜色图转换为灰度图
ind2rgb	将索引图像转换为 RGB 图像
rgb2ind	将 RGB 图像转换为索引图像
fitsread	读取 FITS 文件中的数据
fitswrite	将图像写入 FITS 文件
fitsinfo	在数据结构中返回有关 FITS 文件的信息
fitsdisp	对于文件中所有头文件数据单元（HDU）显示 FITS 文件元数据

4.1.6 数据存储

数据存储（datastore）允许用户与那些因为内容过大而内存无法容纳的数据文件进行交互。数据存储为各种不同类型的数据提供支持，诸如表格数据、图像、电子表格、数据库和自定义文件等。每个数据存储都提供函数来提取适合内存容量的较小数量的数据以供分析。例如，可以搜索图像集合中具有最亮像素或最大饱和度值的图像。使用猫的图像集合来作为例子。

```
>> location = pwd
location =
/Users/Shared/svn/Manuals/MATLABMachineLearning/MATLAB/Cats
>> ds = datastore(location)
ds =
  ImageDatastore with properties:
  Files: {
         '␣.../Shared/svn/Manuals/MATLABMachineLearning/MATLAB/Cats/
            IMG_0191.png';
         '␣.../Shared/svn/Manuals/MATLABMachineLearning/MATLAB/Cats/
            IMG_1603.png';
         '␣.../Shared/svn/Manuals/MATLABMachineLearning/MATLAB/Cats/
            IMG_1625.png'
          ... and 19 more
         }
 Labels: {}
ReadFcn: @readDatastoreImage
```

创建数据存储后，就可以使用适用的类函数与其进行交互。数据存储具有标准容器样式的函数，诸如 read、partition 和 reset。每种类型的数据存储都有不同的属性。DatabaseDatastore 需要数据库工具箱，并允许用户使用 SQL 查询。

MATLAB 提供了 MapReduce 框架，用于处理数据存储中的内存不足数据。输入数据可以是任意数据存储类型，输出是键 - 值对数据存储。map 函数处理块中的数据存储输入，而 reduce 函数计算每个键的输出值。mapreduce 可以通过与 MATLAB 并行计算工具箱、分布式计算机服务器或编译器共同使用来进行加速。表 4-5 提供了使用数据存储的主要函数。

表 4-5　数据存储的主要函数

函　数	功　能	函　数	功　能
datasetore	为大型数据集合创建数据存储	ImageDatastore	图像数据的数据存储
read	从数据存储中读取数据子集	TabularTextDatastore	表格文本文件的数据存储
readall	读取数据存储中的全部数据	SpreadsheetDatastore	用于电子表格文件的数据存储
hasdata	检查数据存储区中是否还有更多数据	FileDatastore	自定义格式文件的数据存储
reset	重置为默认值	KeyValueDatastore	键 - 值对组数据的数据存储
partition	引用数据存储中的一个分区数据	DatabaseDatastore	数据库连接，提供数据库工具箱
numpartitions	预估一个合理的分区数		

4.1.7　Tall 数组

Tall 数组是 MATLAB R2016b 发行版中的新功能，它允许数组中拥有超出内存大小的更多的行。可以使用它们来处理可能有数百万行的数据存储。Tall 数组可以使用几乎任意 MATLAB 类型作为列变量，包括数值数据、元胞数组、字符串、时间和分类数据。MATLAB 文档提供了支持 Tall 数组的函数列表。仅当使用 gather 函数显式请求在数组上的操作结果时才会对其进行求值。histogram 函数可以与 Tall 数组一起使用，并将立即执行。

MATLAB 统计和机器学习工具箱、数据库工具箱、并行计算工具箱、分布式计算服务器和编译器都提供了额外的扩展来处理 Tall 数组。有关此新功能的详细信息，请在帮助文档中使用以下主题进行检索：

- Tall 数组
- 使用 Tall 数组进行大数据分析
- 支持 Tall 数组的函数
- 索引和查看 Tall 数组元素
- Tall 数组的可视化
- 其他产品中的 Tall 数组扩展

- Tall数组支持、使用说明和限制

表4-6给出了使用Tall数组的主要函数。

表4-6　Tall数组的主要函数

函数	功能	函数	功能
tall	初始化Tall数组	tail	访问Tall数组的最后一行
gather	执行请求的操作	istall	检查数组类型是否为Tall数组
summary	在命令行界面中显示摘要信息	write	将Tall数组写入磁盘
head	访问Tall数组的第一行		

4.1.8　稀疏矩阵

稀疏矩阵中的大多数元素为0，它属于一种特殊类别的矩阵。它们通常出现在大型优化问题中，并被许多工具箱使用。矩阵中的0被“挤压”出来，MATLAB只存储非0元素及其索引数据，使得完整矩阵仍然可以重新创建。许多常规MATLAB函数（如chol或diag）保留输入矩阵的稀疏性。表4-7给出了稀疏矩阵的主要函数。

表4-7　稀疏矩阵的主要函数

函数	功能	函数	功能
sparse	从完整矩阵或从索引与值列表中创建稀疏矩阵	spy	可视化稀疏模式
issparse	判断矩阵是否为稀疏矩阵	spfun	选择性地将函数应用于稀疏矩阵的非0元素
nnz	稀疏矩阵中非0元素的数目	full	将稀疏矩阵转换为完整模式
spalloc	为稀疏矩阵分配非零空间		

4.1.9　表与分类数组

表是MATLAB R2013b发行版本中引入的一个新数据结构，它允许将表格数据与元数据共同存储在一个工作区变量中。它是一种用来存储可以输入或从电子表格中导入的数据并与之进行交互的有效方式。表格中的列可以被命名、分配单元和描述，并作为数据结构中的一个字段来访问，即T.DataName。有关从文件创建表的信息，请参阅readtable，或者在命令窗口中尝试Import Data按钮。

分类数组允许存储离散的非数值数据，并且经常在表中用于定义行组。例如，时间数据可以按照星期几来分组，地理数据可以按照州或县来组织。它们可以使用unstack在表中重新排列数据。

还可以使用join、innerjoin和outerjoin将多个数据集合并为单个表，这些都是使用数据库的常用操作。表4-8列出了使用表的主要函数。

表 4-8 表的主要函数

函 数	功 能	函 数	功 能
table	在工作区中创建包含数据的表	categorical	创建离散分类数据的数组
readtable	从文件中创建表	iscategorical	判断是否为分类数组
join	通过变量匹配来合并表	categories	数组中的分类列表
innerjoin	两个表的内联接，只保留表中的匹配行	iscategory	判定是否为指定类别
outerjoin	外联接，保留两个表中的所有行	addcats	将数组添加至类别数组中
stack	将多个表变量的数据堆叠到一个变量中	removecats	从分类数组中删除类别
unstack	将单个变量中的数据拆分至多个变量中	mergecats	合并分类数组中的类别
summary	计算并显示表的摘要数据		

4.1.10 大型 MAT 文件

可以访问大型 MAT 文件的部分内容，而无须使用 matfile 函数将整个文件加载至内存中。这将创建一个对象，对象连接到所请求的 MAT 文件而无须加载文件内容。只有在请求特定变量或变量的一部分时，才会加载数据。也可以动态添加新的数据到 MAT 文件中。

例如，可以加载在后面章节中生成的神经网络权重的 MAT 文件。

```
>> m = matfile('PitchNNWeights','Writable',true)
m =
  matlab.io.MatFile

  Properties:
      Properties.Source: '/Users/Shared/svn/Manuals/MATLABMachineLearning/
          MATLAB/PitchNNWeights.mat'
    Properties.Writable: true
                      w: [1x8 double]
```

既可以使用对象 m 访问之前卸载的 w 变量的部分数据，也可以在对象中添加一个新的变量 name。

```
>> y = m.w(1:4)
y =
     1     1     1     1
>> m.name = 'Pitch␣Weights'
m =
  matlab.io.MatFile

  Properties:
      Properties.Source: '/Users/Shared/svn/Manuals/MATLABMachineLearning/
          MATLAB/PitchNNWeights.mat'
    Properties.Writable: true
                   name: [1x13 char]
                      w: [1x8  double]
>> d = load('PitchNNWeights')
d =
       w: [1 1 1 1 1 1 1 1]
    name: 'Pitch␣Weights'
```

对于未加载的数据，例如结构数组和稀疏数组，进行索引时有一些限制。此外，matfile需要使用7.3版本的MAT文件，自R2016b版本开始，这不是通常情况下save操作的默认值。必须使用matfile创建MAT文件以利用这些特征，或在保存文件时添加标志选项 - v7.3´。

4.2 使用参数初始化数据结构

4.2.1 问题

使用一个特殊的函数来定义数据结构总是一个好主意，你在代码库中将其作为类型来使用，类似于编写类，但是开销更少。然后，用户可以重载其代码中的单个字段，但是有一种替代方法可以一次设置多个字段：使用初始化函数，它能够处理参数对的输入列表。这就允许你在初始化函数中进行其他处理。此外，参数字符串名称可以比你选择创建字段的名称更具描述性。

4.2.2 方法

实现参数对最简单的方法是使用varargin和switch语句。或者，可以编写一个inputParser，它允许指定必需的和可选的输入以及命名参数。在这种情况下，必须编写单独用于验证的函数或匿名函数，可以将其传递给inputParser，而不仅仅是添加验证代码。

4.2.3 步骤

我们将使用第12章中为汽车仿真开发的数据结构作为示例。函数头部列出了输入参数以及可用的输入维度和单位。

```
%% AUTOMOBILEINITIALIZE Initialize the automobile data structure.
%
%% Form:
%  d = AutomobileInitialize( varargin )
%
%% Description
% Initializes the data structure using parameter pairs.
%
%% Inputs
% varargin:  ('parameter',value,...)
%
% 'mass'                                    (1,1) (kg)
% 'steering angle'                          (1,1) (rad)
% 'position tires'                          (2,4) (m)
% 'frontal drag coefficient'                (1,1)
% 'side drag coefficient'                   (1,1)
% 'tire friction coefficient'               (1,1)
% 'tire radius'                             (1,1) (m)
% 'engine torque'                           (1,1) (Nm)
```

```
% 'rotational inertia'                          (1,1) (kg-m^2)
% 'state'                                       (6,1) [m;m;m/s;m/s;rad;rad/s]
```

该函数首先使用一组默认值创建数据结构，然后处理由用户输入的参数对。参数处理完成之后，使用尺寸和高度计算出两个面积。

```
function d = AutomobileInitialize( varargin )

% Defaults
d.mass          = 1513;
d.delta         = 0;
d.r             = [  1.17 1.17 -1.68 -1.68;...
                    -0.77 0.77 -0.77  0.77];
d.cDF           = 0.25;
d.cDS           = 0.5;
d.cF              = 0.01; % Ordinary car tires on concrete
d.radiusTire      = 0.4572; % m
d.torque        = d.radiusTire*200.0; % N
d.inr           = 2443.26;
d.x             = [0;0;0;0;0;0];
d.fRR           = [0.013 6.5e-6];
d.dim           = [1.17+1.68 2*0.77];
d.h             = 2/0.77;
d.errOld        = 0;
d.passState     = 0;

n = length(varargin);

for k = 1:2:length(varargin)
  switch lower(varargin{k})
    case 'mass'
      d.mass          = varargin{k+1};
case 'steering_angle'
  d.delta         = varargin{k+1};
case 'position_tires'
  d.r             = varargin{k+1};
case 'frontal_drag_coefficient'
  d.cDF           = varargin{k+1};
case 'side_drag_coefficient'
  d.cDS           = varargin{k+1};
case 'tire_friction_coefficient'
  d.cF            = varargin{k+1};
case 'tire_radius'
  d.radiusTire          = varargin{k+1};
case 'engine_torque'
  d.torque        = varargin{k+1};
case 'rotational_inertia'
  d.inertia       = varargin{k+1};
case 'state'
  d.x             = varargin{k+1};
case 'rolling_resistance_coefficients'
  d.fRR           = varargin{k+1};
```

```
    case 'height␣automobile'
      d.h           = varargin{k+1};
    case 'side␣and␣frontal␣automobile␣dimensions'
      d.dim         = varargin{k+1};
  end
end

% Processing
d.areaF      = d.dim(2)*d.h;
d.areaS      = d.dim(1)*d.h;
```

如果要调用 inputParser 执行相同的任务，请在 switch 语句的每个分支中添加 addRequired、addOptional 或 addParameter 调用。命名参数需要默认值。可以选择指定验证函数。在下面的示例中，使用 isNumeric 将输入值限制为数值数据。

```
p = inputParser('FunctionName','AutomobileInitialize',... % throw errors as
    from AutomobileInitialize
                'PartialMatching',false);  % disallow partial matches
cDF_Default              = 0.25;
mass_Default              = 1513;
addParameter(p,'mass',mass_Default,@isnumeric);
addParameter(p,'cDF',cDF_Default,@isnumeric);
parse(p,varargin{:});
d = p.Results;
```

在这种情况下，参数解析的结果将存储在 Results 子结构体中。

4.3 在图像数据存储上执行 mapreduce

4.3.1 问题

本章前面讨论了 datastore 类。现在借助它来对全部的猫图像使用 mapreduce 进行分析，分析操作可以扩展至大量的图像数据。

4.3.2 方法

通过将猫图像文件夹的路径作为参数传递来创建 datastore。还需要创建 map 函数和 reduce 函数以传递到 mapreduce。如果使用其他工具箱，如并行计算工具箱，则需要使用 mapreducer 来指定归约环境。

4.3.3 步骤

首先，使用图像路径创建 datastore。

```
>> imds = imageDatastore('MATLAB/Cats');
imds =
  ImageDatastore with properties:

      Files: {
```

```
          '␣.../Shared/svn/Manuals/MATLABMachineLearning/MATLAB/Cats/
             IMG_0191.png';
          '␣.../Shared/svn/Manuals/MATLABMachineLearning/MATLAB/Cats/
             IMG_1603.png';
          '␣.../Shared/svn/Manuals/MATLABMachineLearning/MATLAB/Cats/
             IMG_1625.png'
           ... and 19 more
          }
  Labels: {}
 ReadFcn: @readDatastoreImage
```

然后，编写map函数，它必须能够生成和存储将由reduce函数处理的中间值。每个中间值必须使用add作为键存储在中间值的键－值对数据存储中。在这种情况下，map函数将在每次调用时接收一幅图像。

```
function catColorMapper(data, info, intermediateStore)

add(intermediateStore, 'Avg␣Red', struct('Filename', info.Filename, 'Val',
   mean(mean(data(:,:,1)))) );
add(intermediateStore, 'Avg␣Blue', struct('Filename', info.Filename, 'Val',
   mean(mean(data(:,:,2)))) );
add(intermediateStore, 'Avg␣Green', struct('Filename', info.Filename, 'Val',
    mean(mean(data(:,:,3)))) );
```

reduce函数将从数据存储中接收图像文件列表，每次对应于中间值数据中的一个键。它接收中间值数据存储迭代器以及输出数据存储。同样，每个输出必须是一个键－值对。使用的hasnext和getnext函数是mapreduce ValueIterator类的一部分。

```
function catColorReducer(key, intermediateIter, outputStore)

% Iterate over values for each key
minVal = 255;
minImageFilename = '';
while hasnext(intermediateIter)
  value = getnext(intermediateIter);

  % Compare values to find the minimum
  if value.Val < minVal
      minVal = value.Val;
      minImageFilename = value.Filename;
  end
end

% Add final key-value pair
add(outputStore, ['Maximum␣' key], minImageFilename);
```

最后，使用指向两个辅助函数的函数句柄来调用mapreduce。

```
maxRGB = mapreduce(imds, @catColorMapper, @hueSaturationValueReducer);

********************************
*      MAPREDUCE PROGRESS      *
```

```
********************************
Map   0% Reduce   0%
Map  13% Reduce   0%
Map  27% Reduce   0%
Map  40% Reduce   0%
Map  50% Reduce   0%
Map  63% Reduce   0%
Map  77% Reduce   0%
Map  90% Reduce   0%
Map 100% Reduce   0%
Map 100% Reduce  33%
Map 100% Reduce  67%
Map 100% Reduce 100%
```

计算结果存储在MAT文件中，例如结果文件results_ 1_ 28 - Sep - 2016_ 16 - 28 - 38_ 347。返回的存储是指向该MAT文件的键-值存储，而MAT文件中又包含拥有最终键-值结果的存储。

```
>> output = readall(maxRGB)
output =
          Key                                    Value

    ______________    ____________________________________
    'Maximum_Avg_Red'      '/MATLAB/Cats/IMG_1625.png'
    'Maximum_Avg_Blue'     '/MATLAB/Cats/IMG_4866.JPG'
    'Maximum_Avg_Green'    '/MATLAB/Cats/IMG_4866.JPG'
```

总结

MATLAB中有各种数据容器以帮助你分析数据，从而更好地利用机器学习方法。如果具有访问其中某个专用工具箱的计算机集群资源，你就会有更多选择。表4-9列出了本章提供的代码清单。

表4-9　本章代码清单

函　数	描　述
AutomobileInitialize	源自第12章中的数据结构初始化示例
catReducer	与mapreduce一起使用的图像数据存储

CHAPTER 5

第 5 章

MATLAB 图形

绘图技术广泛应用于机器学习问题。使用 MATLAB 可以绘制二维或三维图形。相同的数据也可以使用多种不同类型的图形来表示。

5.1 二维线图

5.1.1 问题

使用简短的单个函数生成二维（2D）线图，避免为了生成图形而不得不编写冗长的代码段。

5.1.2 方法

编写一个函数来获取数据与参数对，然后封装 MATLAB 中二维线图绘制函数的功能。使用单行代码创建的绘图示例如图 5-1 所示。

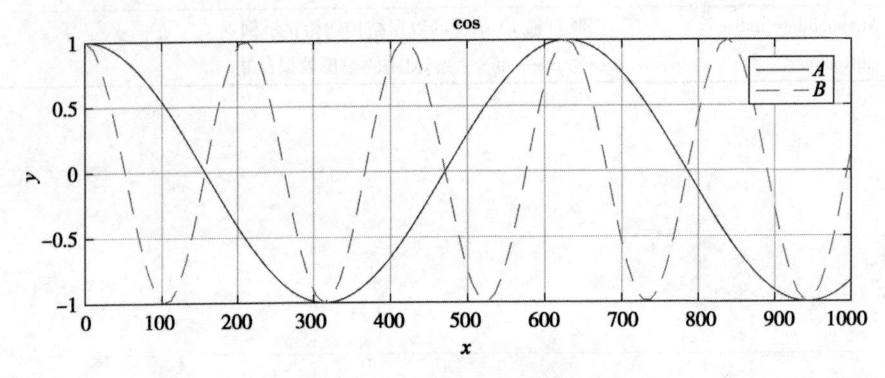

图 5-1　PlotSet 函数的内置演示图形

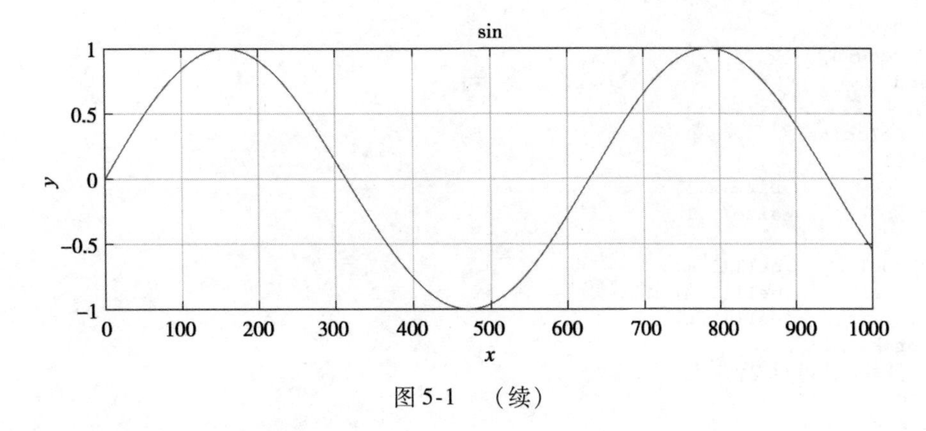

图 5-1 （续）

5.1.3 步骤

PlotSet 用于生成二维图，包括示例中的多个子图。下面的示例代码将 varargin 作为参数对来设置图形选项。这种方式非常易于对图形选项进行扩展。

```
%% PLOTSET Create two-dimensional plots from a data set.
%% Form
%  h = PlotSet( x, y, varargin )
%
%% Decription
% Plot y vs x in one figure.
% If x has the same number of rows as y then each row of y is plotted
% against the corresponding row of x. If x has one row then all of the
% y vectors are plotted against those x variables.
%
% Accepts optional arguments that modify the plot parameters.
%
% Type PlotSet for a demo.
%
%% Inputs
%  x           (:,:)  Independent variables
%  y           (:,:)  Dependent variables
%  varargin     {}    Optional arguments with values
%                       'x label', 'y label', 'plot title', 'plot type'
%                       'figure title', 'plot set', 'legend'
%
%% Outputs
%  h           (1,1)  Figure handle
```

示例代码如下所示。为 x 轴和 y 轴标签，以及图形名称等选项提供默认值。参数对在 switch 语句中处理，并且使用 lower 函数将参数名称转为小写字母后再进行比较。绘图过程在名为 plotXY 的子函数中完成。

```
function h = PlotSet( x, y, varargin )

% Demo
if( nargin < 1 )
```

```
  Demo;
  return;
end

% Defaults
nCol      = 1;
n         = size(x,1);
m         = size(y,1);

yLabel    = cell(1,m);
xLabel    = cell(1,n);
plotTitle = cell(1,n);
for k = 1:m
  yLabel{k} = 'y';
end
for k = 1:n
  xLabel{k}     = 'x';
  plotTitle{k}  = '';
end
figTitle = 'PlotSet';
plotType = 'plot';

plotSet = cell(1,m);
leg     = cell(1,m);
for k = 1:m
  plotSet{k} = k;
  leg{k} = {};
end

% Handle input parameters
for k = 1:2:length(varargin)
  switch lower(varargin{k} )
    case 'x␣label'
      for j = 1:n
        xLabel{j} = varargin{k+1};
      end
    case 'y␣label'
      temp = varargin{k+1};
      if( ischar(temp) )
    yLabel{1} = temp;
  else
    yLabel    = temp;
  end
case 'plot␣title'
  if( iscell(varargin{k+1}) )
    plotTitle     = varargin{k+1};
  else
    plotTitle{1} = varargin{k+1};
  end
case 'figure␣title'
  figTitle      = varargin{k+1};
case 'plot␣type'
  plotType      = varargin{k+1};
case 'plot␣set'
```

```
      plotSet        = varargin{k+1};
      m              = length(plotSet);
    case 'legend'
      leg            = varargin{k+1};
    otherwise
      fprintf(1,'%s␣is␣not␣an␣allowable␣parameter\n',varargin{k});
  end
end

h = figure('name',figTitle);
% First path is for just one row in x
if( n == 1 )
  for k = 1:m
    subplot(m,nCol,k);
    j = plotSet{k};
    plotXY(x,y(j,:),plotType);
    xlabel(xLabel{1});
    ylabel(yLabel{k});
    if( length(plotTitle) == 1 )
      title(plotTitle{1})
    else
      title(plotTitle{k})
    end
    if( ~isempty(leg{k}) )
      legend(leg{k});
    end
    grid on
  end
else
  for k = 1:n
    subplot(n,nCol,k);
    j = plotSet{k};
    plotXY(x(j,:),y(j,:),plotType);
    xlabel(xLabel{k});
    ylabel(yLabel{k});
    if( length(plotTitle) == 1 )
      title(plotTitle{1})
    else
      title(plotTitle{k})
    end
    if( ~isempty(leg{k}) )
      legend(leg{k},'location','best');
    end
    grid on
  end
end

%%% PlotSet>plotXY Implement different plot types
% log and semilog types are supported.
%
%   plotXY(x,y,type)
function plotXY(x,y,type)

h = [];
```

```
switch type
  case 'plot'
    h = plot(x,y);
  case {'log' 'loglog' 'log␣log'}
    h = loglog(x,y);
  case {'xlog' 'semilogx' 'x␣log'}
    h = semilogx(x,y);
  case {'ylog' 'semilogy' 'y␣log'}
    h = semilogy(x,y);
  otherwise
    error('%s␣is␣not␣an␣available␣plot␣type',type);
end

if( ~isempty(h) )
  color   = 'rgbc';
  lS      = {'-' '--' ':' '-.'};
  j       = 1;
  for k = 1:length(h)
    set(h(k),'col',color(j),'linestyle',lS{j});
    j = j + 1;
    if( j == 5 )
      j = 1;
    end
  end
end

%%% PlotSet>Demo
function Demo

x = linspace(1,1000);
y = [sin(0.01*x);cos(0.01*x);cos(0.03*x)];
disp('PlotSet:␣One␣x␣and␣two␣y␣rows')
PlotSet( x, y, 'figure␣title', 'PlotSet␣Demo',...
    'plot␣set',{[2 3], 1},'legend',{{'A' 'B'},{}},'plot␣title',{'cos','sin'
       });
```

图 5-1 中的示例由 PlotSet 函数末尾的专用演示函数生成。示例展示了该函数的若干功能，包括：

1. 每个图形中的多行展示。
2. 图例。
3. 绘图标题。
4. 默认坐标轴标签。

使用特定的演示子函数可以简洁清晰地展示函数的内置示例。在图形函数中提供这样一个示例来告诉用户图形会是什么样子尤为重要。示例代码如下所示。

```
j       = 1;
for k = 1:length(h)
  set(h(k),'col',color(j),'linestyle',lS{j});
  j = j + 1;
```

```
    if( j == 5 )
      j = 1;
    end
  end
end
```

5.2　二维图形

5.2.1　问题

以多种方式展示二维数据集。

5.2.2　方法

编写脚本展示 MATLAB 中不同的二维绘图类型。示例中使用 subplot 以减少图形数目。

5.2.3　步骤

使用 NewFigure 函数创建一个具有合适名称的新图形窗口，然后运行以下脚本。

```
NewFigure('Plot␣Types')
x = linspace(0,10,10);
y = rand(1,10);

subplot(4,1,1);
plot(x,y);
subplot(4,1,2);
bar(x,y);
subplot(4,1,3);
barh(x,y);
subplot(4,1,4);
pie(y)
```

MATLAB 中有四种绘图类型来实现二维数据展示，如图 5-2 所示。其中，第一种是二维线图，与 PlotSet 相同；中间两种是条形图；最后一种是饼图。每一种类型都为用户提供了洞察数据的不同方式。

MATLAB 有很多功能可以使这些图形的信息更加翔实，例如，可以：

- 添加标签。
- 添加网格。
- 更改字体类型和大小。
- 更改线条粗细。
- 添加图例。
- 更改坐标轴类型和范围。

最后一项需要查看坐标轴属性。下面列出了最后一个线图的属性——非常长的属性列表！gca 是当前坐标轴的句柄。

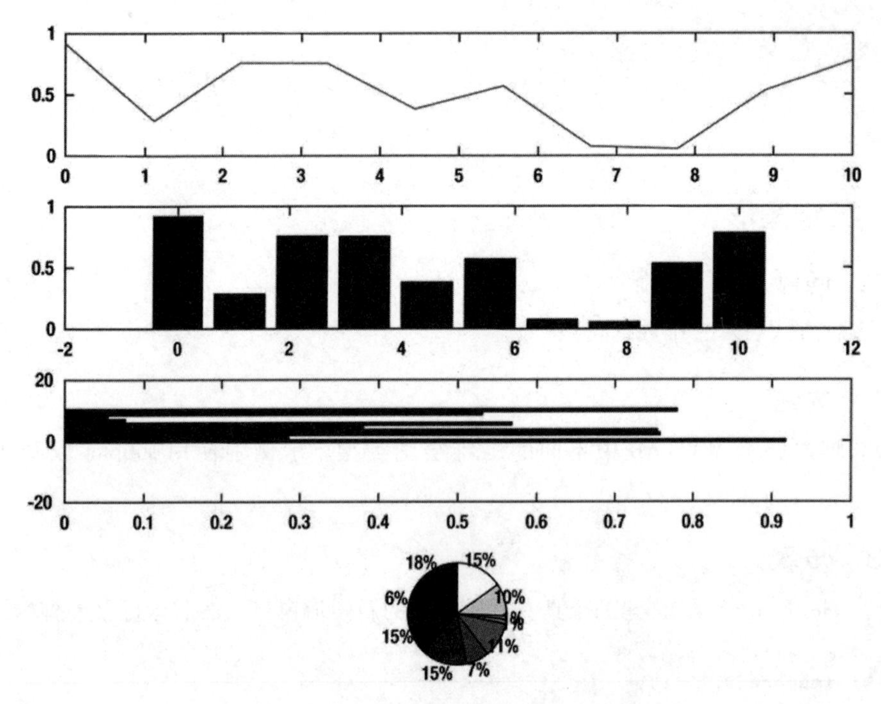

图 5-2 四种不同类型的 MATLAB 二维图形

```
>> get(gca)
                    ALim: [0 1]
                ALimMode: 'auto'
  ActivePositionProperty: 'position'
       AmbientLightColor: [1 1 1]
            BeingDeleted: 'off'
                     Box: 'off'
                BoxStyle: 'back'
              BusyAction: 'queue'
           ButtonDownFcn: ''
                    CLim: [1 10]
                CLimMode: 'auto'
          CameraPosition: [0 0 19.6977]
      CameraPositionMode: 'auto'
            CameraTarget: [0 0 0]
        CameraTargetMode: 'auto'
          CameraUpVector: [0 1 0]
      CameraUpVectorMode: 'auto'
         CameraViewAngle: 6.9724
     CameraViewAngleMode: 'auto'
                Children: [20x1 Graphics]
                Clipping: 'on'
           ClippingStyle: '3dbox'
                   Color: [1 1 1]
              ColorOrder: [7x3 double]
```

```
         ColorOrderIndex: 1
               CreateFcn: ''
            CurrentPoint: [2x3 double]
         DataAspectRatio: [1 1 1]
     DataAspectRatioMode: 'manual'
               DeleteFcn: ''
               FontAngle: 'normal'
                FontName: 'Helvetica'
                FontSize: 10
           FontSmoothing: 'on'
               FontUnits: 'points'
              FontWeight: 'normal'
               GridAlpha: 0.1500
           GridAlphaMode: 'auto'
               GridColor: [0.1500 0.1500 0.1500]
           GridColorMode: 'auto'
           GridLineStyle: '-'
        HandleVisibility: 'on'
                 HitTest: 'on'
           Interruptible: 'on'
 LabelFontSizeMultiplier: 1.1000
                   Layer: 'bottom'
          LineStyleOrder: '-'
     LineStyleOrderIndex: 1
               LineWidth: 0.5000
          MinorGridAlpha: 0.2500
      MinorGridAlphaMode: 'auto'
          MinorGridColor: [0.1000 0.1000 0.1000]
      MinorGridColorMode: 'auto'
      MinorGridLineStyle: ':'
                NextPlot: 'replace'
           OuterPosition: [0 0.0706 1 0.2011]
                  Parent: [1x1 Figure]
           PickableParts: 'visible'
      PlotBoxAspectRatio: [1.2000 1.2000 1]
  PlotBoxAspectRatioMode: 'manual'
                Position: [0.1300 0.1110 0.7750 0.1567]
              Projection: 'orthographic'
                Selected: 'off'
      SelectionHighlight: 'on'
              SortMethod: 'childorder'
                     Tag: ''
                 TickDir: 'in'
             TickDirMode: 'auto'
    TickLabelInterpreter: 'tex'
              TickLength: [0.0100 0.0250]
              TightInset: [0 0.0405 0 0.0026]
                   Title: [1x1 Text]
 TitleFontSizeMultiplier: 1.1000
         TitleFontWeight: 'bold'
                    Type: 'axes'
           UIContextMenu: [0x0 GraphicsPlaceholder]
                   Units: 'normalized'
                UserData: []
```

```
                View: [0 90]
             Visible: 'off'
               XAxis: [1x1 NumericRuler]
       XAxisLocation: 'bottom'
              XColor: [0.1500 0.1500 0.1500]
          XColorMode: 'auto'
                XDir: 'normal'
               XGrid: 'off'
              XLabel: [1x1 Text]
                XLim: [-1.2000 1.2000]
           XLimMode: 'manual'
          XMinorGrid: 'off'
          XMinorTick: 'off'
              XScale: 'linear'
               XTick: [-1 0 1]
          XTickLabel: {3x1 cell}
      XTickLabelMode: 'auto'
  XTickLabelRotation: 0
           XTickMode: 'auto'
               YAxis: [1x1 NumericRuler]
       YAxisLocation: 'left'
              YColor: [0.1500 0.1500 0.1500]
          YColorMode: 'auto'
                YDir: 'normal'
               YGrid: 'off'
              YLabel: [1x1 Text]
                YLim: [-1.2000 1.2000]
            YLimMode: 'manual'
          YMinorGrid: 'off'
          YMinorTick: 'off'
              YScale: 'linear'
               YTick: [-1 0 1]
          YTickLabel: {3x1 cell}
      YTickLabelMode: 'auto'
  YTickLabelRotation: 0
           YTickMode: 'auto'
               ZAxis: [1x1 NumericRuler]
              ZColor: [0.1500 0.1500 0.1500]
          ZColorMode: 'auto'
                ZDir: 'normal'
               ZGrid: 'off'
              ZLabel: [1x1 Text]
                ZLim: [-1 1]
            ZLimMode: 'auto'
          ZMinorGrid: 'off'
          ZMinorTick: 'off'
              ZScale: 'linear'
               ZTick: [-1 0 1]
          ZTickLabel: ''
      ZTickLabelMode: 'auto'
  ZTickLabelRotation: 0
           ZTickMode: 'auto'
```

属性列表中的每一项都可以使用 set 函数进行更改：

```
set(gca,'YMinorGrid','on','YGrid','on')
```

函数用法与 PlotSet 相同，二者都使用参数对。在这个属性列表中，children 是指向坐标轴子对象的指针。可以使用 get 访问属性值，并使用 set 更改其属性。

5.3 定制二维图

5.3.1 问题

许多机器学习算法都利用诸如树状图这样的二维图，以帮助用户理解算法的输出结果和操作过程。这些由软件自动生成的图是学习系统的重要组成部分。本节给出了如何编写树状图的 MATLAB 代码示例。

5.3.2 方法

使用 MATLAB 中的 patch 函数自动生成树中的节点，使用 line 函数生成连接线。图 5-3 显示了一个分层树状图示例，其中，节点按行进行排列，每一行都有对应的标记。

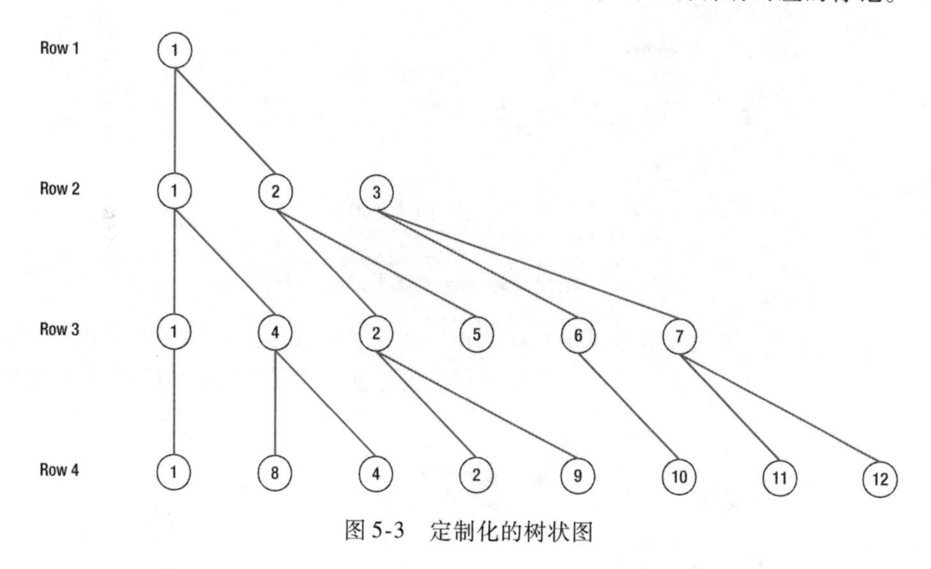

图 5-3 定制化的树状图

5.3.3 步骤

树状图对理解机器学习过程非常有用。下面的示例函数生成一个分层树状图，其中每个圆圈代表一个节点，节点中有对应的标记文本。示例中用到的图形函数包括

1. `Line`
2. `patch`
3. `text`

绘制树状图所需的数据包含在代码头部所描述的数据结构中。每个节点有一个父字段，以保存节点之间的连接信息。节点数据以元胞数组的形式输入。

```
%% TreeDiagram Tree diagram plotting function.
%% Description
% Generates a tree diagram from hierarchical data.
%
% Type TreeDiagram for a demo.
%
% w is optional the defaults are:
%
%  .name      = 'Tree';
%  .width     = 400;
%  .fontName  = 'Times';
%  .fontSize  = 10;
%  .linewidth = 1;
%  .linecolor = 'r';
%
%--------------------------------------------------------------------------
%% Form:
%   TreeDiagram( n, w, update )
%
%% Inputs
%   n        {:}     Nodes
%                    .parent        (1,1) Parent
%                    .name      (1,1) Number of observation
%                    .row       (1,1) Row number
%   w        (.)     Diagram data structure
%                    .name      (1,:) Tree name
%                    .width     (1,1) Circle width
%                    .fontName  (1,:) Font name
%                    .fontSize  (1,1) Font size
%   update   (1,1)   If entered and true update an existing plot
```

代码如下所示。该函数将图形句柄存储在持久变量中，以便在需要时可以使用后续调用对图形进行更改。最后一个输入参数是布尔型变量，可以启用和禁用这种更改方式。

```
function TreeDiagram( n, w, update )

persistent figHandle

% Demo
%-----
if( nargin < 1 )
  Demo
  return;
end

% Defaults
%---------
if( nargin < 2 )
  w = [];
end
```

```
if( nargin < 3 )
  update = false;
end

if( isempty(w) )
  w.name      = 'Tree';
  w.width     = 1200;
  w.fontName  = 'Times';
  w.fontSize  = 10;
  w.linewidth = 1;
  w.linecolor = 'r';
end

% Find row range
%----------------
m      = length(n);
rowMin = 1e9;
rowMax = 0;
for k = 1:m
  rowMin = min([rowMin n{k}.row]);
  rowMax = max([rowMax n{k}.row]);
end

nRows = rowMax - rowMin + 1;
row   = rowMin:rowMax;
rowID = cell(nRows,1);

% Determine which nodes go with which rows
%------------------------------------------
for k = 1:nRows
  for j = 1:m
    if( n{j}.row == row(k) )
      rowID{k} = [rowID{k} j];
    end
  end
end

% Determine the maximum number of circles at the last row
%---------------------------------------------------------
width = 3*length(rowID{nRows})*w.width;

% Draw the tree
%--------------
if( ~update )
  figHandle = NewFigure(w.name);
else
  clf(figHandle)
end

figure(figHandle);
set(figHandle,'color',[1 1 1]);
dY = width/(nRows+2);
y  = (nRows+2)*dY;
set(gca,'ylim',[0 (nRows+1)*dY]);
```

```
set(gca,'xlim',[0 width]);
for k = 1:nRows

        label = sprintf('Row␣%d',k);

  text(0,y,label,'fontname',w.fontName,'fontsize',w.fontSize);
  x = 4*w.width;
  for j = 1:length(rowID{k})
    node               = rowID{k}(j);
    [xC,yCT,yCB]       = DrawNode( x, y, n{node}.name, w );
    n{node}.xC         = xC;
    n{node}.yCT        = yCT;
    n{node}.yCB        = yCB;
    x                  = x + 3*w.width;
  end
  y = y - dY;
end
% Connect the nodes
%-------------------
for k = 1:m
  if( ~isempty(n{k}.parent) )
    ConnectNode( n{k}, n{n{k}.parent},w );
  end
end

axis off
axis image

%--------------------------------------------------------------------------
%       Draw a node. This is a circle with a number in the middle.
%--------------------------------------------------------------------------
function [xC,yCT,yCB] = DrawNode( x0, y0, k, w )

n = 20;
a = linspace(0,2*pi*(1-1/n),n);

x = w.width*cos(a)/2 + x0;
y = w.width*sin(a)/2 + y0;
patch(x,y,'w');
text(x0,y0,sprintf('%d',k),'fontname',w.fontName,'fontsize',w.fontSize,
    'horizontalalignment','center');

xC  = x0;
yCT = y0 + w.width/2;
yCB = y0 - w.width/2;

%--------------------------------------------------------------------------
%       Connect a node to its parent
%--------------------------------------------------------------------------
function ConnectNode( n, nP, w )

x = [n.xC nP.xC];
y = [n.yCT nP.yCB];

line(x,y,'linewidth',w.linewidth,'color',w.linecolor);
```

下面的示例展示了如何使用该函数。此时需要更多的代码行来输出层次信息，而不仅仅是绘制树。

```
%----------------------------------------------------------------------
%        Create the demo data structure
%----------------------------------------------------------------------
function Demo

k = 1;
%---------------
row          = 1;
d.parent          = [];
d.name       = 1;
d.row        = row;
n{k}          = d; k = k + 1;

%---------------
row          = 2;

d.parent      = 1;
d.name       = 1;
d.row        = row;
n{k}          = d; k = k + 1;

d.parent      = 1;
d.name       = 2;
d.row        = row;
n{k}          = d; k = k + 1;

d.parent      = [];
d.name       = 3;
d.row        = row;
n{k}          = d; k = k + 1;

%---------------
row          = 3;

d.parent      = 2;
d.name       = 1;
d.row        = row;
n{k}          = d; k = k + 1;

d.parent      = 2;
d.name       = 4;
d.row        = row;
n{k}          = d; k = k + 1;

d.parent      = 3;
d.name       = 2;
d.row        = row;
n{k}          = d; k = k + 1;

d.parent      = 3;
d.name       = 5;
```

```
d.row        = row;
n{k}          = d; k = k + 1;

d.parent      = 4;
d.name       = 6;
d.row        = row;
n{k}          = d; k = k + 1;

d.parent      = 4;
d.name       = 7;
d.row        = row;
n{k}          = d; k = k + 1;
%---------------
row          = 4;

d.parent      = 5;
d.name       = 1;
d.row        = row;
n{k}          = d; k = k + 1;

d.parent      = 6;
d.name       = 8;
d.row        = row;
n{k}          = d; k = k + 1;

d.parent      = 6;
d.name       = 4;
d.row        = row;
n{k}          = d; k = k + 1;

d.parent      = 7;
d.name       = 2;
d.row        = row;
n{k}          = d; k = k + 1;

d.parent      = 7;
d.name       = 9;
d.row        = row;
n{k}          = d; k = k + 1;

d.parent      = 9;
d.name       = 10;
d.row        = row;
n{k}          = d; k = k + 1;

d.parent      = 10;
d.name       = 11;
d.row        = row;
n{k}          = d; k = k + 1;

d.parent      = 10;
d.name       = 12;
d.row        = row;
n{k}          = d;
```

```
%---------------
% Call the function with the demo data
TreeDiagram( n )
```

5.4 三维盒子

MATLAB 中有两大类三维（3D）图形。一类用于绘制对象，例如一个地球；另一类用于绘制大数据集。接下来的两个示例将展示这两种类型的三维图形绘制。

5.4.1 问题

绘制一个三维盒子。

5.4.2 方法

使用 patch 函数绘制对象，如图 5-4 所示。

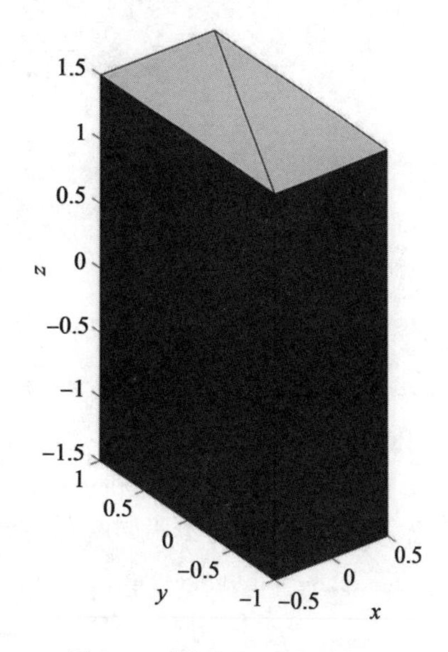

图 5-4　使用 patch 绘制盒子

5.4.3 步骤

从顶点和表面开始创建三维对象。顶点是空间中的一个点。创建一个包含三维对象顶点的列表，然后以顶点列表的形式创建表面。具有两个顶点的面是一条直线，而具有三个顶点的面是一个三角形。一个多边形可以有更多数量的顶点。然而，在最底层的图形处理器负责处理三角形，我们最好将所有的图形块转为三角形。图 5-5 显示了一个三角形及其外向法线，注意其中的法线向量，这是一个外向向量。图形块中的顶点应使用“右手规则”进行排序；也就是说，如果法线在拇指方向，那么面将按照手指方向进行排序。在这个图中，两个三角形的顺序将是

```
[3 2 1]
[1 4 3]
```

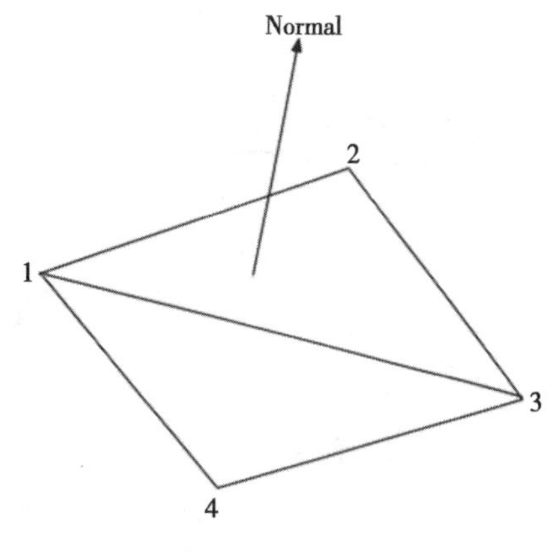

图 5-5　一个图形块，其法线指向视角或对象的“外部”

MATLAB 的光源照明对顶点排序不是很挑剔，但是如果要导出一个模型，就需要遵循此约定。否则，你会得到一个内外反转的物体。

下面的代码将创建一个由三角形块组成的盒子，表面和顶点数组通过手工创建。

```
function [v, f] = Box( x, y, z )
```

```
% Demo
if( nargin < 1 )
  Demo
  return
end

% Faces
f   = [2 3 6;3 7 6;3 4 8;3 8 7;4 5 8;4 1 5;2 6 5;2 5 1;1 3 2;1 4 3;5 6 7;5 7
    8];

% Vertices
v = [-x  x  x -x -x  x  x -x;...
     -y -y  y  y -y -y  y  y;...
     -z -z -z -z  z  z  z  z]'/2;

% Default outputs
if( nargout == 0 )
      DrawVertices( v, f, 'Box' );
  clear v
end
function Demo
x = 1;
y = 2;
z = 3;
Box( x, y, z );
```

使用DrawVertices函数中的patch绘制盒子，这里只有对patch函数的一次调用。patch接受参数对以指定面和边缘的着色以及许多其他特征。一个patch块只能指定一种颜色。如果你想要一个不同颜色的盒子，那么需要用到多个图形块。

```
function DrawVertices( v, f, name )

% Demo
if( nargin < 1 )
  Demo
  return
end

if( nargin < 3 )
  name = 'Vertices';
end

NewFigure(name)
patch('vertices',v,'faces',f,'facecolor',[0.8 0.1 0.2]);
axis image
xlabel('x')
ylabel('y')
zlabel('z')
view(3)
grid on
rotate3d on
s = 10*max(Mag(v'));
light('position',s*[1 1 1])
```

```
function Demo

[v,f] = Box(2,3,4);
DrawVertices( v, f, 'box' )
```

这个示例中只使用了最基本的照明，可以使用 light 在图形中添加各种光源。

5.5 用纹理绘制三维对象

5.5.1 问题

绘制一个星球。

5.5.2 方法

使用表面并将纹理叠加在表面上。图 5-6 显示了冥王星的一个近期图像。

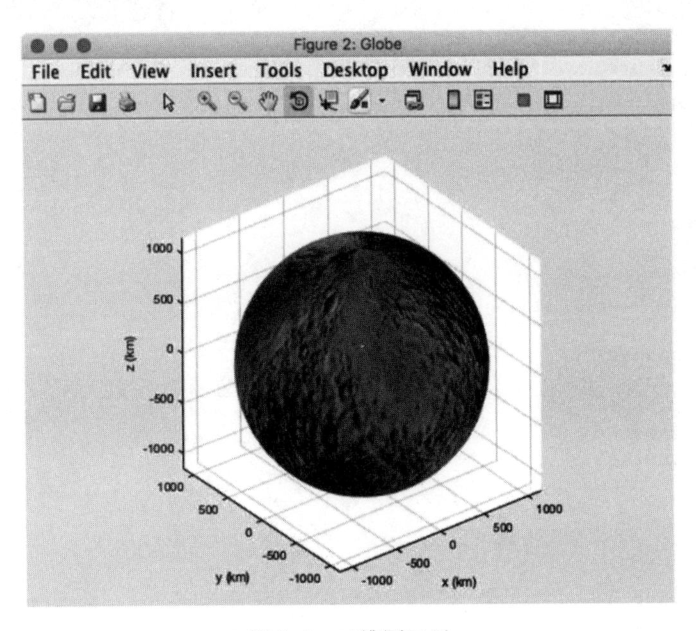

图 5-6 三维冥王星

5.5.3 步骤

首先通过在球体上创建 x、y、z 点，然后以从图像文件中读入的纹理进行覆盖，来生成图片。可以使用 imread 从文件读取纹理贴图。如果这是一个彩色图像，那么读入的将是一个三维矩阵，第三维元素将是对颜色（红、蓝或绿色）的索引。但如果是灰度图像，则必须通过复制图像来创建三维矩阵。

```
p = imread('PlutoGray.png');
p3(:,:,1) = p;
p3(:,:,2) = p;
p3(:,:,3) = p;
```

起始对象 p 是一个 2D 矩阵。

首先使用 sphere 函数生成坐标，使用 surface 函数生成曲面。然后应用下面的纹理：

```
set(hSurf,'edgecolor', 'none',...
          'EdgeLighting', 'phong','FaceLighting', 'phong',...
          'specularStrength',0.1,'diffuseStrength',0.9,...
          'SpecularExponent',0.5,'ambientStrength',0.2,...
          'BackFaceLighting','unlit');
```

phong 是一种阴影类型，它采用顶点的颜色，并根据内插法线为多边形的像素进行颜色插值，完整的代码如下所示。漫射（diffuse）和镜面（specular）是指不同类型的光反射。当将纹理应用于表面时，它们的作用并不明显。

```
% Defaults
if( nargin < 1 )
  planet = 'Pluto.png';
  radius = 1151;
end

if( ischar(planet) )
  planetMap = imread(planet);
else
  planetMap = planet;
end

NewFigure('Globe')

[x,y,z] = sphere(50);
x       = x*radius;
y       = y*radius;
z       = z*radius;
hSurf   = surface(x,y,z);
grid on;
for i= 1:3
  planetMap(:,:,i)=flipud(planetMap(:,:,i));
end
set(hSurf,'Cdata',planetMap,'Facecolor','texturemap');
set(hSurf,'edgecolor', 'none',...
          'EdgeLighting', 'phong','FaceLighting', 'phong',...
          'specularStrength',0.1,'diffuseStrength',0.9,...
          'SpecularExponent',0.5,'ambientStrength',0.2,...
          'BackFaceLighting','unlit');

view(3);
xlabel('x␣(km)')
ylabel('y␣(km)')
zlabel('z␣(km)')
rotate3d on
axis image
```

5.6 三维图形

5.6.1 问题

使用三维图形来展示二维数据集。

5.6.2 方法

使用 MATLAB 的曲面图、网格图、柱状图和等值线图等功能。对一个随机数据集的不同可视化效果示例如图 5-7 所示。

5.6.3 步骤

使用 rand 函数生成一个 8 × 8 的二维随机数据集，使用子图方式将多种可视化效果显示在同一个图形中。这时，需要创建两行、三列的多子图显示。图 5-7 显示了 6 种类型的二维图，其中 surf、mesh 和 surfl（具有光照的三维阴影表面）非常相似。当应用光照时，曲线效果会变得更加有趣。两个 bar3 图形显示了不同的条形图着色方式。在第二个条形图中，颜色随长度而变化，这样的效果需要在代码中修改 CData 和 FaceColor。

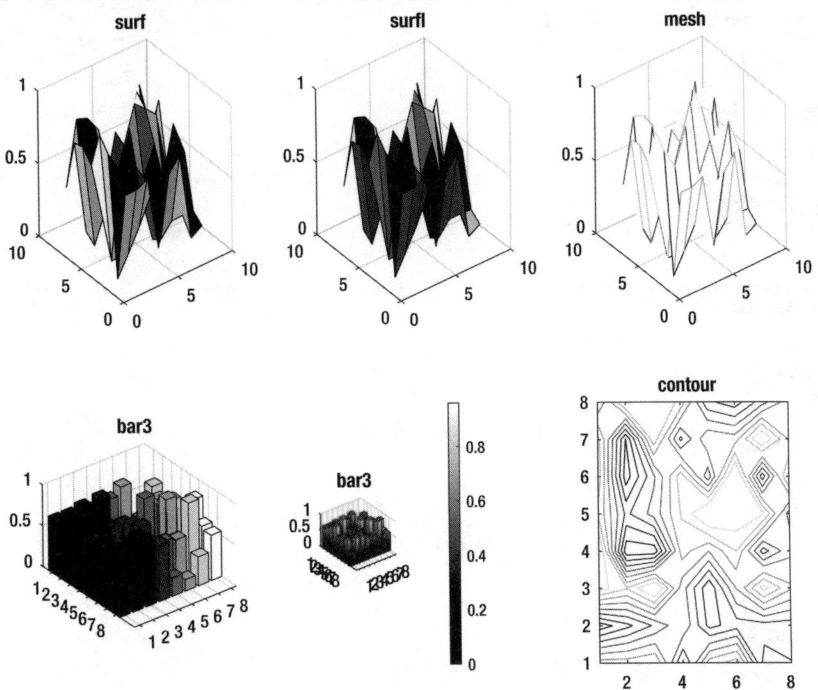

图 5-7 使用 6 种不同绘图类型分别展示二维数据

```
m = rand(8,8);

NewFigure('Two␣Dimensional␣Data');

subplot(2,3,1)
surf(m)
title('surf')

subplot(2,3,2)
surfl(m,'light')
title('surfl')

subplot(2,3,3)
mesh(m)
title('mesh')

subplot(2,3,4)
bar3(m)
title('bar3')

subplot(2,3,5)
h = bar3(m);
title('bar3')

colorbar
for k = 1:length(h)
        zdata = h(k).ZData;
        h(k).CData = zdata;
        h(k).FaceColor = 'interp';
end

subplot(2,3,6)
contour(m);
title('contour')
```

5.7 构建图形用户界面

5.7.1 问题

构建一个图形用户界面（GUI）来实现二阶系统仿真。

5.7.2 方法

使用 MATLAB GUIDE 构建 GUI，使我们能够

1. 设置阻尼常数。
2. 设置仿真结束时间。
3. 设置输入类型（脉冲、步长或正弦曲线）。
4. 显示输入和输出图形。

5.7.3 步骤

构建一个 GUI，以便为代码中的 SecondOrderSystemSim 函数提供人机接口，如下所示。

```
function [xP, t, tL] = SecondOrderSystemSim( d )

if( nargin < 1 )
  xP  = DefaultDataStructure;
  return
end

omega    = max([d.omega d.omegaU]);
dT       = 0.1*2*pi/omega;
n        = floor(d.tEnd/dT);
xP       = zeros(2,n);
x        = [0;0];
t        = 0;

for k = 1:n
  [~,u]    = RHS(t,x,d);
  xP(:,k)  = [x(1);u];
  x        = RungeKutta( @RHS, t, x, dT, d );
  t        = t + dT;
end

[t,tL] = TimeLabel((0:n-1)*dT);

if( nargout == 0 )
  PlotSet(t,xP,'x␣label',tL,'y␣label', {'x' 'u'}, 'figure␣title','Filter');
end

%% SecondOrderSystemSim>>RHS
function [xDot,u] = RHS( t, x, d )

u = 0;

switch( lower(d.input) )
  case 'pulse'
    if( t > d.tPulseBegin && t < d.tPulseEnd )
      u = 1;
    end

  case 'step'
    u = 1;

  case 'sinusoid'
    u = sin(d.omegaU*t);
end

f = u - 2*d.zeta*d.omega*x(2) - d.omega^2*x(1);

xDot = [x(2);f];
```

```
%% SecondOrderSystemSim>>DefaultDataStructure
function d = DefaultDataStructure

d             = struct();
d.omega       = 0.1;
d.zeta        = 0.4;
d.omegaU      = 0.3;
d.input       = 'step';
```

代码生成图形如图 5-8 所示，函数中内置了仿真回路。

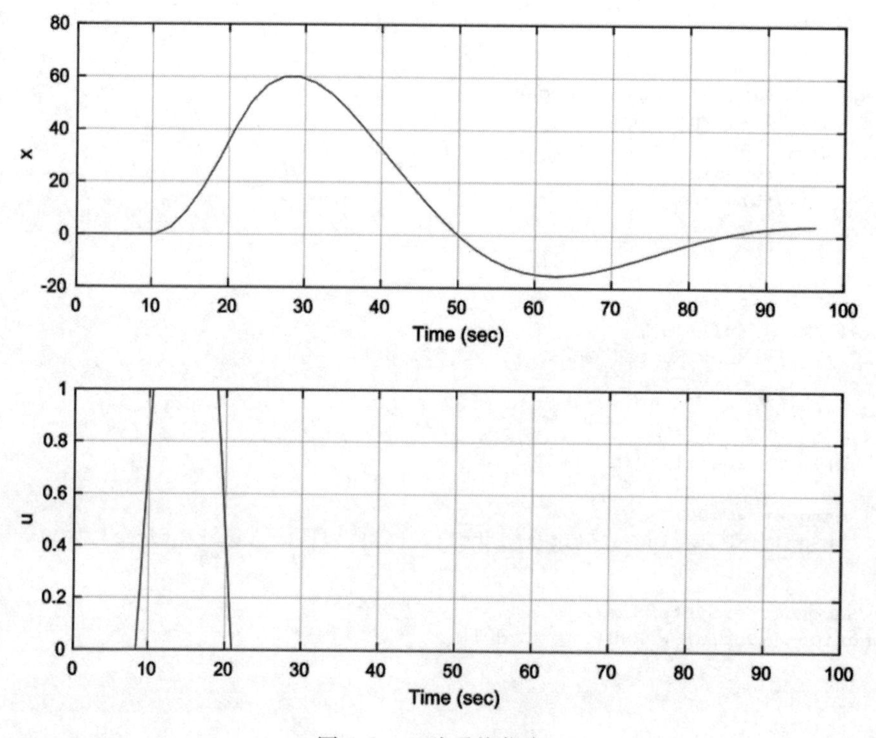

图 5-8 二阶系统仿真

在命令行中键入 guide 命令可以调用 MATLAB 的 GUI 构建系统（GUIDE）。用户可以从 GUI 模板中进行选择，或者选择一个空白界面。本章的示例中将从一个空白的 GUI 开始。首先，根据所需功能列表列出需要的控件：

- 编辑框
  - 仿真持续时间
  - 阻尼比
  - 无阻尼固有频率
  - 正弦输入频率
  - 脉冲启动与停止时间

- 输入类型的单选按钮
- 启动仿真的运行按钮
- 绘图坐标轴

在命令窗口中键入“guide”，系统会提示选择现有的 GUI 或者创建一个新的界面，这里选择空白 GUI。图 5-9 显示了 GUIDE 中未经任何修改的 GUI 模板。可以在左侧的工具列表中进行拖放来添加元素。

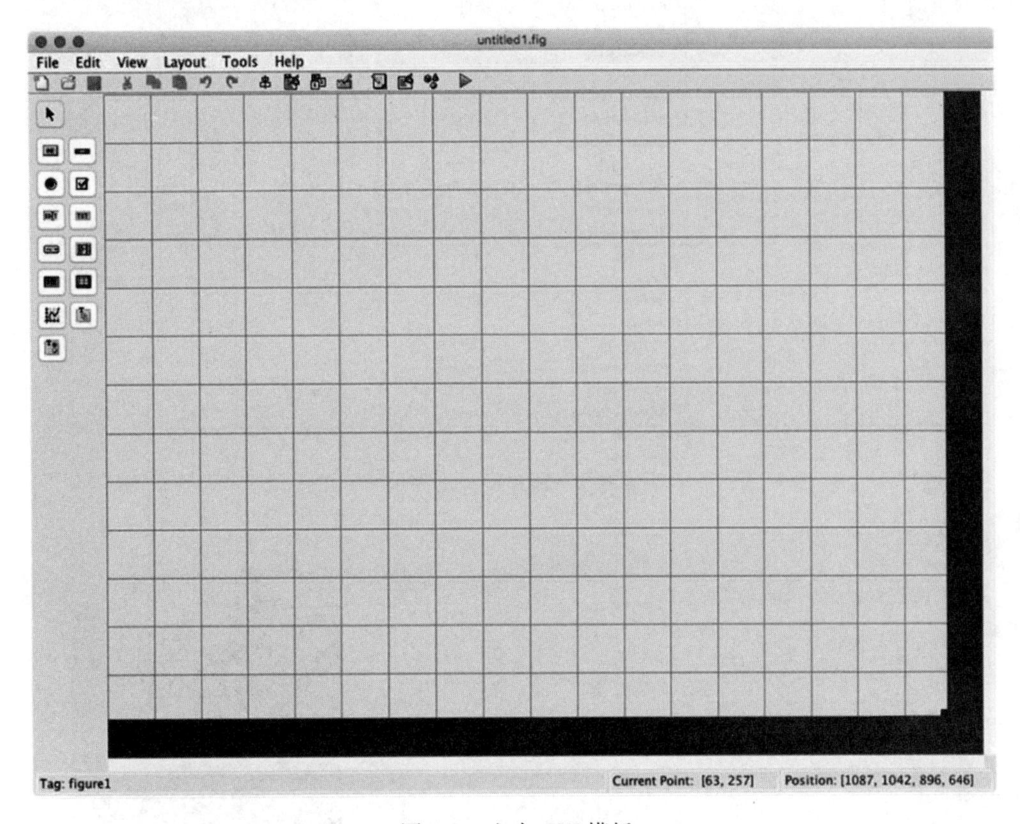

图 5-9　空白 GUI 模板

用户可以在 GUI 的属性编辑器中对图形元素进行编辑，如图 5-10 所示。图形元素往往会有很多属性。在示例中不会尝试构建一个漂亮的 GUI，但是用户仍然可以加入更多自己的设计和修改，把它变成一个艺术品。我们将要修改的是标签和文本属性，标签为软件提供了一个内部使用的名称，而文本则是界面上的显示内容。

然后，通过拖放来添加各种需要的元素。将 GUI 命名为 GUI，生成的初始 GUI 如图 5-11 所示。在每个元素的属性编辑器中，都可以看到一个名为“tag”的字段，修改此字段，就可以将系统自动生成的类似 edit1 这样的名称修改为更加易于识别的名称。当将修改保存至 . fig 文件并通过文件来执行 GUI 时，GUI. m 中的代码将自动更改。

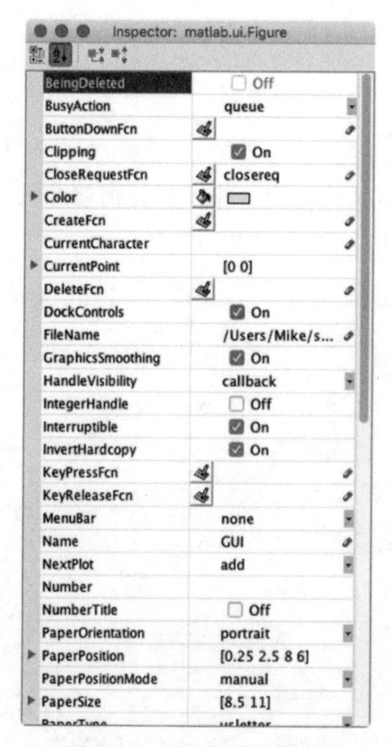

图 5-10　GUI 属性编辑器

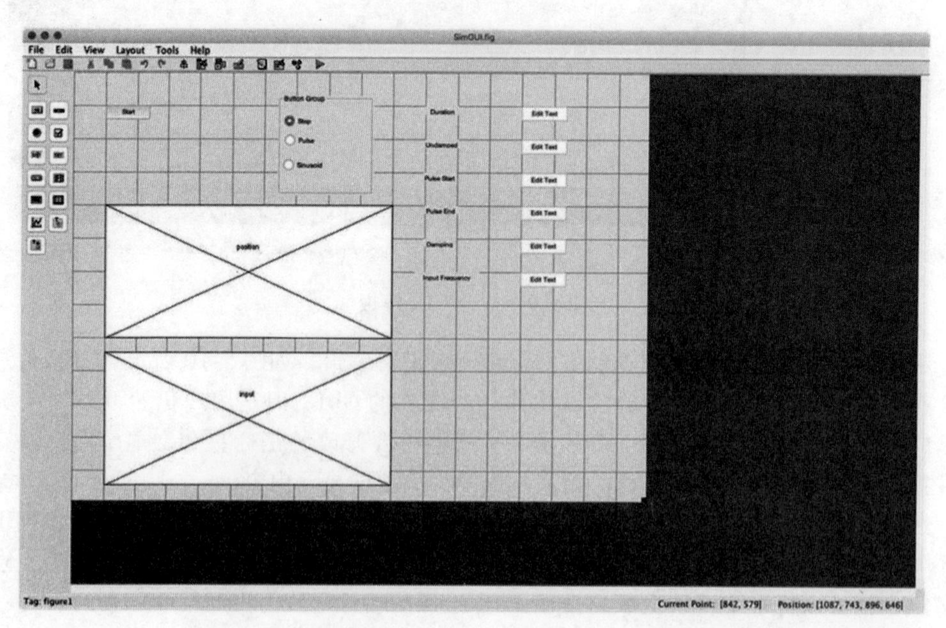

图 5-11　添加全部元素之后，编辑窗口中的 GUI 快照

创建一个单选按钮组并添加多个单选按钮，以处理不同选项的启用、禁用功能。当单击布局框中的绿色箭头时，它会将所有更改保存到m文件中，并对其进行仿真。如果发现错误则会提出警告。

这时，可以专注于GUI的代码本身。用户在名为simdata字段中的编辑框中输入数据，GUI模板对这些数据进行计算和存储。实现代码如下所示，删除了其中的重复注释，使其看起来更加紧凑。

```
gui_Singleton = 1;
gui_State = struct('gui_Name',       mfilename, ...
                   'gui_Singleton',  gui_Singleton, ...
                   'gui_OpeningFcn', @SimGUI_OpeningFcn, ...
                   'gui_OutputFcn',  @SimGUI_OutputFcn, ...
                   'gui_LayoutFcn',  [] , ...
                   'gui_Callback',   []);
if nargin && ischar(varargin{1})
    gui_State.gui_Callback = str2func(varargin{1});
end

if nargout
    [varargout{1:nargout}] = gui_mainfcn(gui_State, varargin{:});
else
    gui_mainfcn(gui_State, varargin{:});
end
% End initialization code - DO NOT EDIT

% --- Executes just before SimGUI is made visible.
function SimGUI_OpeningFcn(hObject, eventdata, handles, varargin)

% Choose default command line output for SimGUI
handles.output = hObject;

% Get the default data
handles.simData = SecondOrderSystemSim;

% Set the default states
set(handles.editDuration,'string',num2str(handles.simData.tEnd));
set(handles.editUndamped,'string',num2str(handles.simData.omega));
set(handles.editPulseStart,'string',num2str(handles.simData.tPulseBegin));
set(handles.editPulseEnd,'string',num2str(handles.simData.tPulseEnd));
set(handles.editDamping,'string',num2str(handles.simData.zeta));
set(handles.editInputFrequency,'string',num2str(handles.simData.omegaU));

% Update handles structure
guidata(hObject, handles);
% UIWAIT makes SimGUI wait for user response (see UIRESUME)
% uiwait(handles.figure1);

% --- Outputs from this function are returned to the command line.
function varargout = SimGUI_OutputFcn(hObject, eventdata, handles)

varargout{1} = handles.output;
```

```
% --- Executes on button press in step.
function step_Callback(hObject, eventdata, handles)

if( get(hObject,'value') )
  handles.simData.input = 'step';
  guidata(hObject, handles);
end

% --- Executes on button press in pulse.
function pulse_Callback(hObject, eventdata, handles)

if( get(hObject,'value') )
  handles.simData.input = 'pulse';
        guidata(hObject, handles);
end

% --- Executes on button press in sinusoid.
function sinusoid_Callback(hObject, eventdata, handles)

if( get(hObject,'value') )
  handles.simData.input = 'sinusoid';
        guidata(hObject, handles);
end

% --- Executes on button press in start.
function start_Callback(hObject, eventdata, handles)

[xP, t, tL] = SecondOrderSystemSim(handles.simData);

axes(handles.position)
plot(t,xP(1,:));
ylabel('Position')
grid

axes(handles.input)
plot(t,xP(2,:));
xlabel(tL);
ylabel('input');
grid

function editDuration_Callback(hObject, eventdata, handles)

handles.simData.tEnd = str2double(get(hObject,'String'));
guidata(hObject, handles);
% --- Executes during object creation, after setting all properties.
function editDuration_CreateFcn(hObject, eventdata, handles)
if ispc && isequal(get(hObject,'BackgroundColor'), get(0,'
    defaultUicontrolBackgroundColor'))
    set(hObject,'BackgroundColor','white');
end

function editUndamped_Callback(hObject, eventdata, handles)

handles.simData.omega = str2double(get(hObject,'String'));
```

```
guidata(hObject, handles);

% --- Executes during object creation, after setting all properties.
function editUndamped_CreateFcn(hObject, eventdata, handles)
if ispc && isequal(get(hObject,'BackgroundColor'), get(0,'
    defaultUicontrolBackgroundColor'))
    set(hObject,'BackgroundColor','white');
end

function editPulseStart_Callback(hObject, eventdata, handles)

handles.simData.tPulseStart = str2double(get(hObject,'String'));
guidata(hObject, handles);

% --- Executes during object creation, after setting all properties.
function editPulseStart_CreateFcn(hObject, eventdata, handles)

if ispc && isequal(get(hObject,'BackgroundColor'), get(0,'
    defaultUicontrolBackgroundColor'))
    set(hObject,'BackgroundColor','white');
end

function editPulseEnd_Callback(hObject, eventdata, handles)

handles.simData.tPulseEnd = str2double(get(hObject,'String'));
guidata(hObject, handles);

% --- Executes during object creation, after setting all properties.
function editPulseEnd_CreateFcn(hObject, eventdata, handles)
if ispc && isequal(get(hObject,'BackgroundColor'), get(0,'
    defaultUicontrolBackgroundColor'))
    set(hObject,'BackgroundColor','white');
end

function editDamping_Callback(hObject, eventdata, handles)

handles.simData.zeta = str2double(get(hObject,'String'));
guidata(hObject, handles);

% --- Executes during object creation, after setting all properties.
function editDamping_CreateFcn(hObject, eventdata, handles)
if ispc && isequal(get(hObject,'BackgroundColor'), get(0,'
    defaultUicontrolBackgroundColor'))
    set(hObject,'BackgroundColor','white');
end

function editInput_Callback(hObject, eventdata, handles)

% --- Executes during object creation, after setting all properties.
function editInput_CreateFcn(hObject, eventdata, handles)

if ispc && isequal(get(hObject,'BackgroundColor'), get(0,'
    defaultUicontrolBackgroundColor'))
    set(hObject,'BackgroundColor','white');
end
```

```
% --- If Enable == 'on', executes on mouse press in 5 pixel border.
% --- Otherwise, executes on mouse press in 5 pixel border or over step.
function step_ButtonDownFcn(hObject, eventdata, handles)

% --- If Enable == 'on', executes on mouse press in 5 pixel border.
% --- Otherwise, executes on mouse press in 5 pixel border or over pulse.
function pulse_ButtonDownFcn(hObject, eventdata, handles)

% --- If Enable == 'on', executes on mouse press in 5 pixel border.
% --- Otherwise, executes on mouse press in 5 pixel border or over sinusoid.
function sinusoid_ButtonDownFcn(hObject, eventdata, handles)

function editInputFrequency_Callback(hObject, eventdata, handles)

handles.simData.omegaU = str2double(get(hObject,'String'));
guidata(hObject, handles);

% --- Executes during object creation, after setting all properties.
function editInputFrequency_CreateFcn(hObject, eventdata, handles)
% hObject    handle to editInputFrequency (see GCBO)
% eventdata  reserved - to be defined in a future version of MATLAB
% handles    empty - handles not created until after all CreateFcns called

% Hint: edit controls usually have a white background on Windows.
%       See ISPC and COMPUTER.
if ispc && isequal(get(hObject,'BackgroundColor'), get(0,'
    defaultUicontrolBackgroundColor'))
    set(hObject,'BackgroundColor','white');
end
```

当加载GUI时，使用数据结构的默认数据初始化文本字段。要确保初始化与GUI中的元素相对应，尤其是单选按钮组中各个按钮的启用、禁用状态。

```
function SimGUI_OpeningFcn(hObject, eventdata, handles, varargin)

% Choose default command line output for SimGUI
handles.output = hObject;

% Get the default data
handles.simData = SecondOrderSystemSim;

% Set the default states
set(handles.editDuration,'string',num2str(handles.simData.tEnd));
set(handles.editUndamped,'string',num2str(handles.simData.omega));
set(handles.editPulseStart,'string',num2str(handles.simData.tPulseBegin));
set(handles.editPulseEnd,'string',num2str(handles.simData.tPulseEnd));
set(handles.editDamping,'string',num2str(handles.simData.zeta));
set(handles.editInputFrequency,'string',num2str(handles.simData.omegaU));

% Update handles structure
guidata(hObject, handles);
```

当单击开始按钮时，运行仿真程序并绘制运算结果图形。下面的代码段与二阶仿真中的演示代码基本相同。

```
function start_Callback(hObject, eventdata, handles)

[xP, t, tL] = SecondOrderSystemSim(handles.simData);

axes(handles.position)
plot(t,xP(1,:));
ylabel('Position')
grid

axes(handles.input)
plot(t,xP(2,:));
xlabel(tL);
ylabel('input');
grid
```

编辑框的回调功能需要额外的代码来设置存储的数据。这些数据都存储在 GUI 句柄中，必须调用 guidata 函数将新数据存储在句柄中。

```
function editDuration_Callback(hObject, eventdata, handles)

handles.simData.tEnd = str2double(get(hObject,'String'));
guidata(hObject, handles);
```

图 5-12 和图 5-13 显示了两个仿真示例。

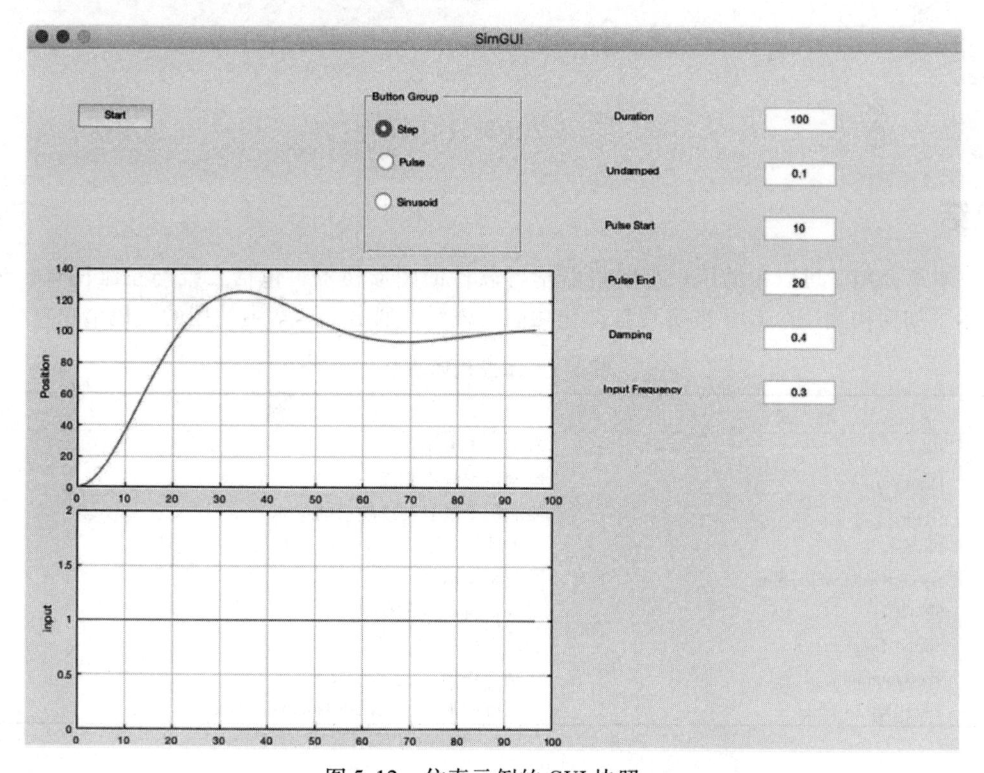

图 5-12 仿真示例的 GUI 快照一

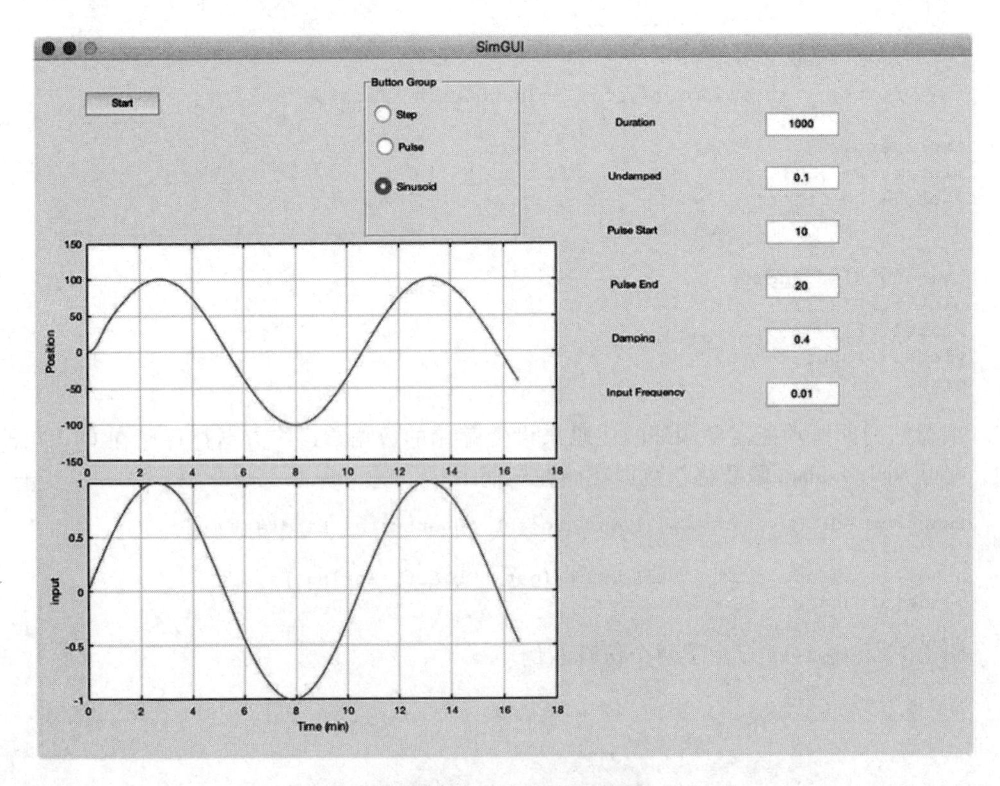

图 5-13 仿真示例的 GUI 快照二

总结

本章介绍了可以帮助用户理解机器学习软件的图形技术，包括二维与三维图形。还展示了如何构建一个 GUI 来实现自动化功能。表 5-1 列出了本章中使用的代码清单文件。

表 5-1 本章代码清单

函 数	功 能
Box	绘制一个盒子
DrawVertices	绘制一组顶点和面
Globe	绘制一个具有纹理映射的球
PlotSet	二维线图
SecondOrderSystemSim	二阶系统仿真
SimGUI	实现仿真 GUI 的代码
SimGUI. fig	图片
TreeDiagram	绘制一棵树
TwoDDataDisplay	在三维图形中显示二维数据的脚本文件

CHAPTER 6

第6章

MATLAB 机器学习示例

6.1 引言

本书接下来的部分将开始提供 MATLAB 机器学习示例，其中涵盖了之前讨论的技术。每个示例都将提供一个实际应用程序，并附以完整的源代码。同时，也提供了代码背后的理论知识，以及更深入的开发指南。每个示例都是自包含的，并将解决书中已经讨论过的一种自主学习技术。可以在示例章节中跳读，快速尝试自己最感兴趣的示例。

正如我们前面解释的，自主学习是一个庞大的技术领域，尽可能多地了解该领域的各个方面无疑会有很多好处。在任何一个应用领域中具有实际经验的人都会发现这些示例都是机器学习技术与领域知识的综合运用。去了解自己所熟悉的专业领域之外的主题将对读者更具挑战性，就像在健身房的交叉训练，其他领域的知识和经验同样能够对你自己的专业领域提供帮助。

6.2 机器学习

接下来将提出三种类型的机器学习技术。针对每种技术类型，利用一个简单的算法来实现期望的结果。

6.2.1 神经网络

这个例子使用神经网络来识别图像中的数字。从一组六位数开始，并通过向数字图像添加噪声来创建更大的训练集。然后，观察学习网络在识别单个数字时的效果，接着添加更多的节点和输出，以通过一个网络来识别多个数字。识别数字是机器学习最古老的用途之一。早在机器学习占据各大报纸头条的数年之前，美国邮政局就已经开始应用邮政编码自动识别系统了。早期的数字读取器要求在表单上明确指定的位置写入数字。

从任意信封上读取数字则是在非结构化环境中进行学习的一个例子。

6.2.2　面部识别

几乎每个照片应用程序都提供面部识别功能，许多社交媒体网站（如 Facebook 和 Google Plus）也使用面部识别。相机同样具有内置的面部识别功能，可以在拍摄人像时辅助聚焦。在这个示例中，目标是让算法匹配面部特征，而不是对它们进行分类。数据分类将在后续章节中讨论。

目前已有多种面部识别算法，商业软件一般会使用多种算法来实现识别功能。在本书的应用示例中，选择单一算法，用来识别图片中猫的脸。

面部识别是一般图像识别问题的子集。在 9.4 节中，给出的面部识别示例是在结构化环境中工作的。图片都是从面部前方拍摄，而且图片中只显示头部。这就使得问题更加简化和易于解决。

6.2.3　数据分类

关于数据分类的应用示例，书中使用决策树来实现对数据的分类过程。数据分类是机器学习中应用最为广泛的领域之一。在这个例子中，假设存在两个数据点足以对样本进行分类并能够确定它属于哪个类别。有一个已知数据点的训练集，其分类属性值为三种类别之一。然后，使用决策树对数据进行分类。将使用可视化图形显示技术，以使分类过程更加易于理解。

对于任何学习算法来说，重要的是理解算法为什么会做出这样的决策。当数据集的列中布满了数字时，可视化的图形显示会有助于我们探索和理解大数据集中隐藏的特征。

6.3　控制

反馈控制算法通过对环境的测量来了解环境，这些测量也将用于控制。这些章节展示了如何对控制算法进行扩展以使其能够利用测量值的变化来进行更加有效的设计。这种测量可以与用于控制的测量相同，但是基于测量所进行的自适应或者学习过程，要比控制过程的响应时间慢。稳定性是控制设计中的一个重要方面，稳定控制器将针对有界输入产生有界输出，而且对受控系统产生平滑、可预测的行为。不稳定控制器通常将经历受控物理量（例如速度或位置）持续增强的振荡。这些章节将探讨基于学习的控制系统的性能及其稳定性。

6.3.1　卡尔曼滤波器

第 10 章展示了如何利用卡尔曼滤波器去理解已经具有数学模型的动力学系统。本章提供了一个用于弹簧系统的可变增益卡尔曼滤波器示例。这是一个通过弹簧和阻尼器连接到其基座的质量系统，属于线性系统。首先在离散的时间坐标上刻画系统，随之引出对卡尔曼滤波器的介绍。然后展示如何从贝叶斯统计中得出卡尔曼滤波器，这种方法将应用到许多机器学习算法中。不过，由 R. E. Kalman、C. Boocy 和 R. Battin 共同研究出的卡尔曼滤波器最初并不是以这种方式导出的。

第二节中添加了非线性测量。线性测量与其测量状态（例如，位置）保持对应比例。非线性测量是跟踪装置的角度，其指向与移动线路保持固定距离的物体，其中一种方式是使用无迹卡尔曼滤波器（UKF）进行状态估计。UKF 允许我们方便地使用非线性测量模型。

本章最后一部分描述了如何配置 UKF 用于参数控制。这个系统具有对模型的学习能力（尽管这可能是一个具有已知数学模型的系统）。因此，它是基于模型进行学习的一个例子。在该示例中，滤波器对弹簧 - 质量系统的振荡频率进行估计，并将演示如何对系统进行激励来识别参数。

6.3.2 自适应控制

自适应控制是控制系统的分支，其中控制系统的增益基于系统的测量而改变。增益值用于将来自传感器的测量值加倍，从而产生控制动作（例如驱动电动机或其他执行器）。在非学习控制系统中，增益在操作执行之前进行计算并保持固定值。大多数情况下它的效果很好，因为通常可以基于经验选择合适的增益值，使得控制系统能够容忍系统中的参数变化。增益“裕度”会告诉我们对系统中的不确定性有多宽容。如果可以容忍很大的参数变化，就认为系统是健壮的。

自适应控制系统基于运行期间的测量值来改变增益，以帮助控制系统达到更好的性能。越了解系统模型，就越能够可靠地控制系统。这很像驾驶一辆新车，开始，你必须谨慎地驾驶这辆新车，因为你不知道它的转向系统能够多敏感地转动车轮，或者当你踩下油门时会有多快的加速。而当逐渐了解汽车之后，你就可以更加自信地驾驶它。如果你没有事先了解过一辆汽车，你就总是需要以同样的方式去驾驶。

本章从一个利用控制系统向弹簧添加阻尼的简单示例开始，目标是获得一个特定的阻尼时间常数。为此，需要知道弹簧常数。学习系统使用快速傅里叶变换来测量弹簧常数，然后将其与一个弹簧常数已知的系统进行比较。这是调校控制系统的常用方法。

第二个示例是一阶系统的模型参考自适应控制。该系统通过自适应使系统行为符合所需模型的要求。这是一个非常强大的方法，适用于很多情况。

第三个例子是飞行器的纵向控制。可以使用升降舵来控制俯仰角，有 5 个关于俯仰旋转动力学的非线性方程，包括 x 方向的速度、z 方向的速度和高度的变化等。该系统适应于速度和高度的变化。两者都会改变阻力与升力，以及飞机上的力矩，并且还会改变对升降舵的响应。使用神经网络作为控制系统的学习方法，这是一个适用于从无人机到高性能商用飞机等多种飞行器类型的实际案例。

最后一个例子是轮船转向控制。轮船通常使用自适应控制，因为它比常规控制更有效。该示例演示了控制系统如何适应环境变化，以及其性能如何优于相对应的非自适应系统。这个示例属于增益调度。

6.4 人工智能

书中只包含了一个人工智能的示例，实际上其中混合了贝叶斯估计与控制技术。机器学习属于人工智能的一个分支，因此所有机器学习示例也都可以视为人工智能示例。

自动驾驶与目标追踪

自动驾驶是汽车制造商和公众非常感兴趣的技术领域。自动汽车正在街道上行驶，但其技术还没有足够成熟到供大众普遍使用。自动驾驶涉及许多技术，包括以下几种。

1. 机器视觉：将摄像头数据转换为对自主控制系统有用的信息。
2. 传感器：使用包括诸如视觉、雷达和声呐等技术来感知汽车周围的环境。
3. 控制：使用算法控制汽车，以使汽车能够到达由导航系统确定的目的地。
4. 机器学习：使用自动驾驶技术测试过程中收集的海量数据，创建对环境与路面状况的反应数据库。
5. GPS 导航：将 GPS 定位与传感器技术、机器视觉相结合，确定汽车的行驶路线。
6. 通信/ad hoc 网络：与其他汽车进行通信，以帮助确定其他车辆的位置和行驶状况。

所有这些技术领域都是互相交叉的。例如，通信和 ad hoc 网络与 GPS 导航技术一起使用以确定汽车的绝对位置（与汽车位置对应的地点和街道）和相对位置（相对于其他汽车来说）。

书中的示例探讨了一辆汽车被多辆汽车超越时需要为每辆汽车计算行驶轨道的问题，这里只处理与控制以及如何避免碰撞相关的问题。示例中展示了在双车道中行驶的一辆汽车在基于单传感器版本的轨道导向多假设检验下的技术实现。示例中包括 MATLAB 可视化图形，使得算法控制过程更加易于理解。假设光学或雷达数据的预处理已经完成，并且通过二维坐标系中的信号标记对每个目标进行测量。示例中也包括汽车仿真，包括那些正在超越被追踪汽车的车辆，它们使用超车控制系统，这个系统本身就是机器智能的一种形式。

本章使用 UKF 来估计状态，这是传播状态（即在仿真中及时推进状态）并将测量结果添加到状态中的基础算法。卡尔曼滤波器或其他类型的状态估计器是目标追踪系统的核心。

示例中还将介绍图形辅助功能，以帮助你了解追踪系统的决策过程。当实现一个学习系统时，通常来说，你会希望确保系统能按照你认为对的方式来工作，或者理解为什么系统会选择它自己的方式。

CHAPTER 7

第7章

基于深度学习的面部识别

通用形式的神经网络如图 7-1 所示。这是一个“深度学习”神经网络，因为它具有多个内部层。

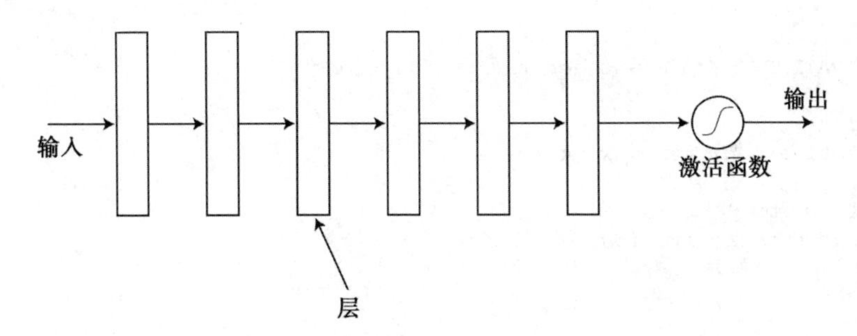

图 7-1　深度学习神经网络

卷积神经网络是一种具有多个处理阶段的流水线方式的神经网络模型。在本章示例中，图像从一端进入神经网络，然后图像是猫的概率值从另一端输出。卷积神经网络中有三种类型的层：

- 卷积层（“卷积神经网络”的名称正是由此而来）
- 池化层
- 全连接层

卷积神经网络的结构如图 7-2 所示。这也是一个“深度学习”神经网络，因为它同样包含多个内部层，但现在这些内部层具有上面描述的三种类型之一。

可以在神经网络中设置任意多数目的中间层。神经网络中的神经元可以用下式来表示

$$y = \sigma(wx + b) \tag{7-1}$$

其中，w 是权重，b 是偏置，$\sigma()$ 是对神经元输入 $wx + b$ 进行计算的非线性函数，也就是激活函数。激活函数有多种可选形式。

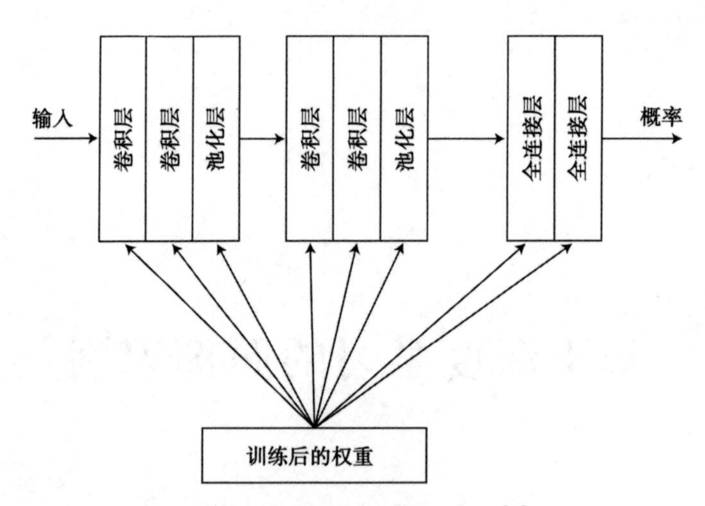

图 7-2　深度学习卷积神经网络[1]

通常使用 S 形或双曲正切作为激活函数。下面示例中的 Activation 函数用来生成激活函数。

```
%% ACTIVATION - Implement activation functions

%% Format
% s = Activation( type, x, k )
%
%% Description
% Generates an activation function
%
%% Inputs
%
%  type (1,:) Type 'sigmoid', 'tanh', 'rlo'
%  x    (1,:) Input
%  k    (1,1) Scale factor
%
%% Outputs
%
%  s  (1,:) Output
%
function s = Activation( type, x, k )

% Demo
if( nargin < 1 )
  Demo
  return
end

if( nargin < 3 )
  k = 1;
end

switch lower(type)
```

```
  case 'elo'
    j = x > 0;
    s = zeros(1,length(x));
    s(j) = 1;
  case 'tanh'
    s = tanh(k*x);
  case 'sigmoid'
    s = (1-exp(-k*x))./(1+exp(-k*x));
end

function Demo
%% Demo

x        = linspace(-2,2);
s        = [ Activation('elo',x);...
      Activation('tanh',x);...
      Activation('sigmoid',x)];

PlotSet(x,s,'x␣label','x','y␣label','\sigma(x)',...
        'figure␣title','Activation␣Functions',...
        'legend',{{'ELO' 'tanh' 'Sigmoid'}},'plot␣set',{1:3});
```

图 7-3 显示了当 $k=1$ 时三种类型的激活函数。另外还有一种是 ReLu 激活函数，如下所示。

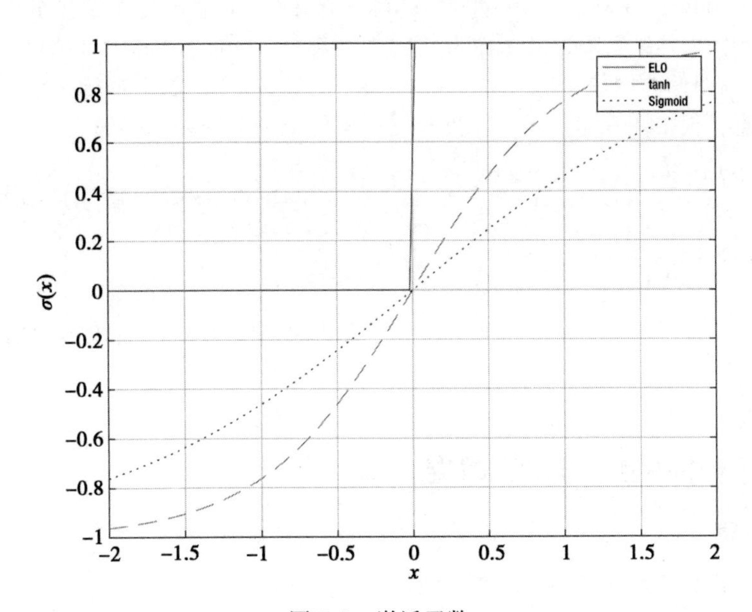

图 7-3　激活函数

$$f(x)=\begin{cases}x & x>0\\0 & x\leqslant 0\end{cases}\tag{7-2}$$

这对于输入值都为正数的图像处理网络来说似乎有点奇怪。然而，偏置项可以使参数为负，并且之前网络层的输出也可能改变符号。

以下示例将详细阐述计算过程中的每个步骤。从收集图像数据开始，对卷积过程进行描述，接下来将实现池化操作，然后展示 Softmax 示例。使用随机权重来演示完整网络的计算过程。最后，使用一个图像子集对网络进行训练，并且测试其是否能够识别其他图像。

7.1　在线获取数据：用于训练神经网络

7.1.1　问题

我们想在网上找到照片来训练面部识别的神经网络。

7.1.2　方法

在 ImageNet 中查找图像。

7.1.3　步骤

ImageNet（http://www.image-net.org）是一个根据 WordNet 层次结构组织的图像数据库。WordNet 中每个有意义的概念称为“同义词集合”。ImageNet 中有超过 100 000 个集合和 1400 万幅图像。例如，输入“Siamese cat”（暹罗猫），单击链接，你会看到 445 幅图像。请注意，很多图片是从不同角度和在不同的距离范围内拍摄的。

```
Synset: Siamese cat, Siamese
Definition: a slender, short-haired, blue-eyed breed of cat having a pale
    coat with dark ears, paws, face, and tail tip.
Popularity percentile:: 57%
Depth in WordNet: 8
```

这是一个非常棒的资源库。然而，为避免版权问题，我们仍将改为使用我们的猫图片进行测试。

7.2　生成神经网络的训练数据

7.2.1　问题

我们需要面部识别神经网络的灰度图像训练数据集。

7.2.2　方法

使用数码相机拍摄照片。

7.2.3 步骤

先拍一些猫的照片，然后使用这些照片来训练神经网络。照片是使用 iPhone 6 拍摄的。只拍摄面部照片；同时，为了简化问题，将其限定为猫的面部照片。接下来，固定拍摄位置，使得照片在大小上保持基本一致，并且将背景最小化。然后将彩色照片转换为灰度图像。

使用下面示例代码中的 ImageArray 函数读入图像，该函数需要一个包含待处理图像文件夹的路径。

```
%% IMAGEARRAY Read in an array of images
%
%% Form:
%  s = ImageArray( folderPath, scale )
%
%% Description
% Creates a cell array of images. scale will scale by 2^scale
%
%% Inputs
%   folderPath    (1,:)   Path to the folder
%   scale         (1,1)   Integer.
%
%% Outputs
%   s       {:}   Image array
%   sName    {:} Names
function [s, sName] = ImageArray( folderPath, scale )

% Demo
if( nargin < 1 )
  folderPath = './Cats1024/';
  ImageArray( folderPath, 4 );
  return;
end

c = cd;
cd(folderPath)

d = dir;

n = length(d);

j = 0;
s     = cell(n-2,1);
sName = cell(1,n);
for k = 1:n
  sName{k} = d(k).name;
  if( ~strcmp(sName{k},'.') && ~strcmp(sName{k},'..') )
    j    = j + 1;
    t    = ScaleImage(flipud(imread(d(k).name)),scale);
    s{k} = (t(:,:,1)+ t(:,:,2) + t(:,:,3))/3;
  end
end
```

```
del    = size(s{k},1);
lX     = 3*del;

% Draw the images
NewFigure(folderPath);
colormap(gray);
n = length(s);
x = 0;
y = 0;
for k = 1:n
  image('xdata',[x;x+del],'ydata',[y;y+del],'cdata', s{k} );
  hold on
  x = x + del;
  if ( x == lX );
    x = 0;
    y = y + del;
  end
end
axis off
axis image

for k = 1:length(s)
  s{k} = double(s{k})/256;
end

cd(c)
```

The function has a demo with our local folder of cat images.

```
function [s, sName] = ImageArray( folderPath, scale )

% Demo
if( nargin < 1 )
  folderPath = './Cats1024/';
  ImageArray( folderPath, 4 );
  return;
end

c = cd;
cd(folderPath)

d = dir;

n = length(d);

j = 0;
s      = cell(n-2,1);
sName = cell(1,n);
for k = 1:n
  sName{k} = d(k).name;
  if( ~strcmp(sName{k},'.') && ~strcmp(sName{k},'..') )
    j     = j + 1;
    t     = ScaleImage(flipud(imread(d(k).name)),scale);
    s{k} = (t(:,:,1)+ t(:,:,2) + t(:,:,3))/3;
  end
end
```

```
del    = size(s{k},1);
lX     = 3*del;

% Draw the images
NewFigure(folderPath);
colormap(gray);
n = length(s);
x = 0;
y = 0;
for k = 1:n
  image('xdata',[x;x+del],'ydata',[y;y+del],'cdata', s{k} );
  hold on
  x = x + del;
  if ( x == lX );
    x = 0;
    y = y + del;
```

ImageArray 函数使用彩色图像中三种颜色的平均值将其转换为灰度图像。因为图像坐标与 MATLAB 中的坐标是相反的，所以该函数将图像上下倒置。使用工具软件 GraphicConverter 10 来裁剪猫脸周围的图像，使得图像尺寸都是 1024 × 1024 像素。将整个过程自动化是图像匹配任务的挑战之一。另外，训练过程通常会使用数千张图像。我们只使用很少一部分数据来看看神经网络是否可以识别出测试图像是一只猫，或者甚至是那些已经用于训练过程的图像。ImageArray 使用 ScaleImage 函数对图像进行缩放。

```
%% SCALEIMAGE - Scale an image by powers of 2.

%% Format
% s2 = ScaleImage( s1, n )
%
%% Description
% Scales an image by powers of 2. The scaling will be 2^n.
% Takes the mean of the neighboring pixels. Only works with RGB images.
%
%% Inputs
%
%  s1 (:,:,3)  Image
%  n  Scale    Integer
%
%% Outputs
%
%  s1 (:,:,3)  Scaled image
%

function s2 = ScaleImage( s1, q )

% Demo
if( nargin < 1 )
  Demo
  return
end

n = 2^q;
```

```
[mR,~,mD] = size(s1);

m = mR/n;

s2 = zeros(m,m,mD,'uint8');

for i = 1:mD
        for j = 1:m
    r = (j-1)*n+1:j*n;
    for k = 1:m
      c          = (k-1)*n+1:k*n;
      s2(j,k,i)  = mean(mean(s1(r,c,i)));
    end
        end
end

function Demo
%% Demo
s1 = flipud(imread('Cat.png'));
n  = 2;

s2 = ScaleImage( s1, n );

n  = 2^n;

NewFigure('ScaleImage')

x = 0;
y = 0;

del = 1024;

sX = image('xdata',[x;x+del],'ydata',[y;y+del],'cdata', s1 );
x = x + del;
s = image('xdata',[x;x+del/n],'ydata',[y;y+del/n],'cdata', s2 );

axis image
axis off
```

请注意，它创建的新图像数组为 uint8 类型。图 7-4 显示了图像缩放的结果。

图 7-4 图像从 1024 × 1024 像素缩放为 256 × 256 像素

经过缩放处理的灰度图像如图 7-5 所示。

图 7-5　64×64 像素的灰度图像

7.3　卷积

7.3.1　问题

实现卷积运算以减少神经网络中的权重数目。

7.3.2　方法

使用 MATLAB 中的矩阵运算实现卷积。

7.3.3　步骤

创建一个 $n\times n$ 掩码，并将其应用于输入矩阵中。矩阵维度为 $m\times m$，其中 $m>n$。卷积计算过程从矩阵的左上角开始，将掩码与输入矩阵中的对应元素进行相乘，然后计算二重和，这是卷积计算输出结果中的第一个元素。然后逐列移动掩码，直到掩码的最右列与输入矩阵的最右列对齐。然后将它返回第一列，并移动至下一行。重复这样的计算过程，直到完成对输入矩阵的遍历，此时掩码与输入矩阵的右下角对齐。

掩码代表一个特征。实际上，卷积计算过程就是查看该特征是否出现在图像的不同区域。可以有多个掩码。对于每个特征，掩码的每个元素都对应一个偏置和一个权重。在这个示例中，有 4 个偏置与权重的组合，而不是 16 个。对于大图像来说，卷积运算可以显著缩减数据规模。卷积运算可以应用于图像本身，也可以应用于其他卷积层或池化层的输出结果，如图 7-6

输入矩阵

5	2	1	0
3	1	0	7
1	9	2	3
4	9	2	6

掩码

1	1
0	1

转换矩阵

8	3	8
13	3	10
19	13	11

图 7-6　卷积运算过程，其中掩码显示在运算过程的开始和结束位置

所示。

卷积运算的实现过程[⊖]在代码文件 Convolve. m 中。

```
%% Convolve
%
%% Format
% c = Convolve( a, b )
%
%% Description
% Convolves a with b.
% a should be smaller than b.
%
% This is a a way to extract features.
%
% nC = nB - nA + 1;
% mC = mB - mA + 1;
%
%% Inputs
%
%  a   (nA,mA)  Matrix to convolve with b
%  b   (nB,mB)  Matrix to be convolved
%
%% Outputs
%
%  c   (nC,mB)  Convolution result with one feature result per element
%

function c = Convolve( a, b )

% Demo
if( nargin < 1 )
  a = [1 0 1;0 1 0;1 0 1]
  b = [1 1 1 0 0 0;0 1 1 1 0 1;0 0 1 1 1 0;0 0 1 1 0 1;0 1 1 0 0 1;0 1 1 0 0
      1]
  c = Convolve( a, b );
  return
end

[nA,mA] = size(a);
[nB,mB] = size(b);
nC      = nB - nA + 1;
mC      = mB - mA + 1;
c       = zeros(nC,mC);
for j = 1:mC
  jR = j:j+nA-1;
  for k = 1:nC
    kR = k:k+mA-1;
    c(j,k) = sum(sum(a.*b(jR,kR)));
  end
end
```

⊖ 使用 MATLAB 中的 conv2 函数也可以实现同样的功能。——译者注示例代码的运行结果如下所示。

```
>> Convolve

a =

     1     0     1
     0     1     0
     1     0     1

b =

     1     1     1     0     0     0
     0     1     1     1     0     1
     0     0     1     1     1     0
     0     0     1     1     0     1
     0     1     1     0     0     1
     0     1     1     0     0     1

ans =

     4     3     4     1
     2     4     3     5
     2     3     4     2
     3     3     2     3
```

7.4　卷积层

7.4.1　问题

实现一个卷积连接层。

7.4.2　方法

使用 Convolve 中的代码来实现卷积连接层。

7.4.3　步骤

“卷积”神经网络利用掩码对输入数据进行扫描。对于掩码的每个输入都要通过一个激活函数。对于给定掩码来说，激活函数是相同的，这同样可以减少权重的数目。

```
%% CONVOLUTIONLAYER
%
%% Format
% y = ConvolutionLayer( x, d )
%
%% Description
% Implements a fully connected neural network
%
```

```
%% Inputs
%
% x  (n,n) Input
% d  (.)   Data structure
%          .mask (m,m) Mask values
%          .w    (m,m) Weights
%          .b    (m,m) Biases
%          .aFun (1,:) Activation Function
%
%% Outputs
%
% y  (p,p) Outputs
%

function y = ConvolutionLayer( x, d )

% Demo
if( nargin < 1 )
  if( nargout > 0 )
    y = DefaultDataStructure;
  else
    Demo;
  end
  return
end

a       = d.mask;
aFun    = str2func(d.aFun);
[nA,mA] = size(a);
[nB,mB] = size(x);
nC      = nB - nA + 1;
mC      = mB - mA + 1;
y       = zeros(nC,mC);
for j = 1:mC
  jR = j:j+nA-1;
  for k = 1:nC
    kR = k:k+mA-1;
    y(j,k) = sum(sum(a.*Neuron(x(jR,kR),d, aFun)));
  end
end

function y = Neuron( x, d, afun )
%% Neuron function
y = afun(x.*d.w + d.b);

function d = DefaultDataStructure
%% Default Data Structure

d = struct('mask',ones(9,9),'w',rand(9,9),'b',rand(9,9),'aFun','tanh');

function Demo
%% Demo
```

```
d        = DefaultDataStructure;
x        = rand(16,16);
y        = ConvolutionLayer( x, d );

NewFigure('Convolution Layer');

subplot(2,1,1)
surf(x)
title('Input')

subplot(2,1,2)
surf(y)
title('Output')
```

图 7-7 展示了演示程序的输入和输出。示例中使用 tanh 激活函数，而权重与偏置数据则随机生成。

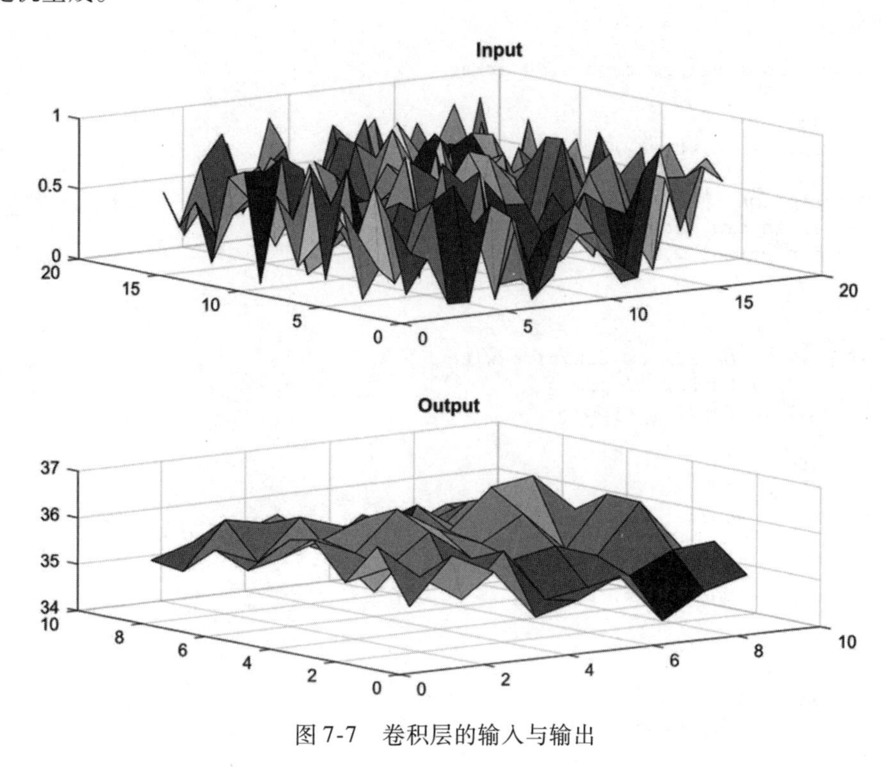

图 7-7　卷积层的输入与输出

7.5 池化

7.5.1 问题

获得池化卷积层的输出，以进一步减小需要处理的数据规模。

7.5.2 方法

实现一个函数来获取卷积函数的输出。

7.5.3 步骤

池化层获取卷积层输出结果的子集，并将其继续传递至后续层。池化层没有权重，可以使用池中元素的最大值，或者取中值或平均值作为输出。池化函数将这些池化方式作为选项供用户选择。在实现过程中，池化函数将输入划分为 $n \times n$ 个子区域，并返回一个 $n \times n$ 的矩阵。

池化操作的实现代码在 Pool. m 文件中。请注意，代码中使用 str2func 函数而不是 switch 语句。

```
%% Pool - pool values from a 2D array
%
%% Format
% b = Pool( a, n, type )
%
%% Description
% Creates an nxn matrix from a.
% a be a power of 2.
%
%% Inputs
%
%  a    (:,:) Matrix to convolve with b
%  n    (1,1) Number of pools
%  type (1,:) Pooling type
%
%% Outputs
%
%  b  (n,n)  Pool
%

function b = Pool( a, n, type )

% Demo
if( nargin < 1 )
  a = rand(4,4)
  b = Pool( a, 4, type);
  return
end

if( nargin <3 )
  type = 'mean';
end

n = n/2;
p = str2func(type);
```

```
nA = size(a,1);

nPP = nA/n;

b = size(n,n);
for j = 1:n
  r = (j-1)*nPP +1:j*nPP;
  for k = 1:n
    c = (k-1)*nPP +1:k*nPP;
    b(j,k) = p(p(a(r,c)));
  end
end
```

示例输出以下计算结果。

代码中的内置演示程序从一个4×4矩阵中生成了4个池化计算结果。

```
>> Pool

a =

    0.9031    0.7175    0.5305    0.5312
    0.1051    0.1334    0.8597    0.9559
    0.7451    0.4458    0.6777    0.0667
    0.7294    0.5088    0.8058    0.5415

ans =

    0.4648    0.7193
    0.6073    0.5229
```

7.6 全连接层

7.6.1 问题

实现一个全连接层。

7.6.2 方法

使用Activation来实现网络。

7.6.3 步骤

“完全连接”的神经网络层属于传统的神经网络，其中每个输入都连接到每个输出，如图7-8所示。使用n个输入和m个输出来实现完全连接的网络。连接至输出的每个路径都可以具有不同的权重和偏置。提供的代码示例FullyConnectedNN可以处理任意数目的输入或输出。

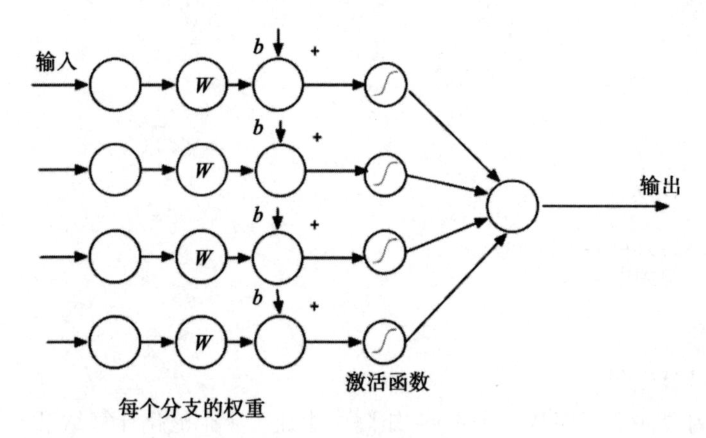

图 7-8　只有一个输出的全连接神经网络

```
%% FULLYCONNECTEDNN
%
%% Format
% y = FullyConnectedNN( x, d )
%
%% Description
% Implements a fully connected neural network
%
%% Inputs
%
%  x   (n,1) Inputs
%  d   (.)   Data structure
%            .w    (n,m) Weights
%            .b    (n,m) Biases
%            .aFun (1,:) Activation Function
%
%% Outputs
%
%  y   (m,1) Outputs
%

function y = FullyConnectedNN( x, d )

% Demo
if( nargin < 1 )
  if( nargout > 0 )
    y = DefaultDataStructure;
  else
    Demo;
  end
  return
end

y = zeros(d.m,size(x,2));

aFun = str2func(d.aFun);
```

```
n = size(x,1);
for k = 1:d.m
  for j = 1:n
    y(k,:) = y(k,:) + aFun(d.w(j,k)*x(j,:) + d.b(j,k));
  end
end

function d = DefaultDataStructure
%% Default Data Structure

d = struct('w',[],'b',[],'aFun','tanh','m',1);

function Demo
%% Demo

d       = DefaultDataStructure;
a       = linspace(0,8*pi);
x       = [sin(a);cos(a)];

d.w     = rand(2,2);
d.b     = rand(2,2);
d.aFun  = 'tanh';
d.m     = 2;
n       = length(x);
y       = FullyConnectedNN( x, d );

yL      = {'x_1' 'x_2' 'y_1' 'y_2'};
PlotSet( 1:n,[x;y],'x␣label','step','y␣label',yL,'figure␣title','FCNN');
```

图7-9显示了示例程序的输出结果，其中使用了tanh激活函数，随机生成权重与偏置。从输入到输出图形的形状变化是使用激活函数的结果。

7.7 确定输出概率

7.7.1 问题

我们希望从神经网络的输出中获得与指定类别对应的概率值。

7.7.2 方法

实现Softmax函数，该函数将用于神经网络的输出节点。

7.7.3 步骤

给定一组输入，Softmax函数作为逻辑函数的一种泛化形式，用来计算一组总和为1的正值p，公式如下所示

$$p_j = \frac{e^{q_j}}{\sum_{k=1}^{N} e^{q_k}} \tag{7-3}$$

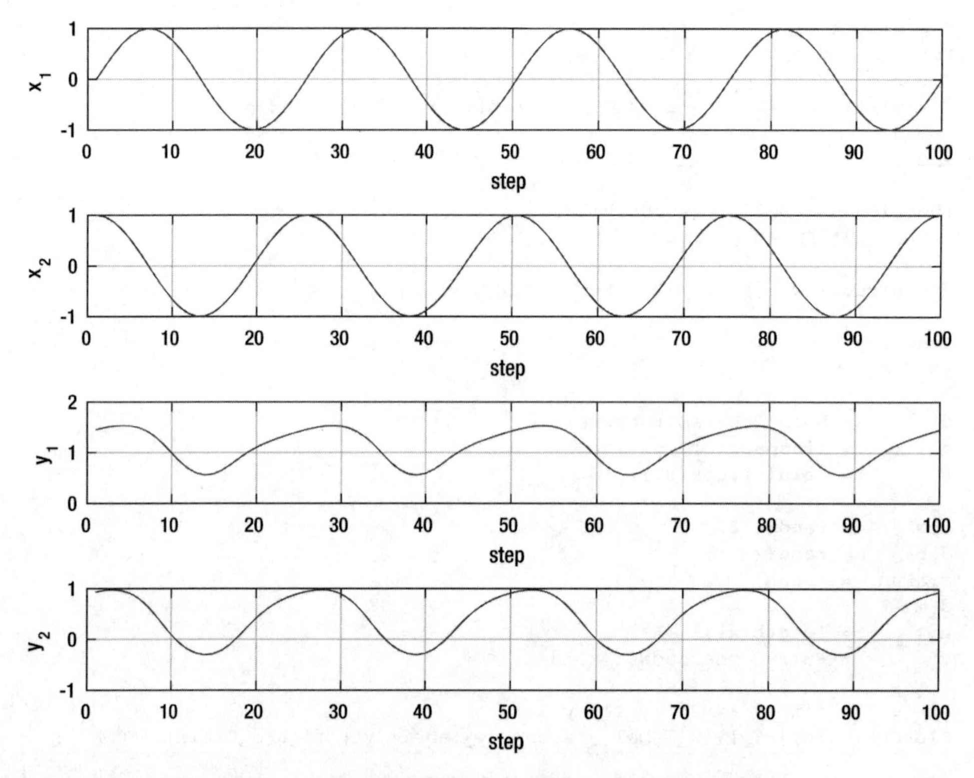

图 7-9　示例程序的两种输入与输出结果的对比图形

其中，q 是输入，N 是输入的数目。

函数的实现代码在 Softmax. m 文件中。

```
function [p, pMax, kMax] = Softmax( q )

% Demo
if( nargin == 0 )
  q = [1,2,3,4,1,2,3];
  [p, pMax, kMax] = Softmax( q )
  sum(p)
  clear p
  return
end

q = reshape(q,[],1);
n = length(q);
p = zeros(1,n);

den = sum(exp(q));

for k = 1:n
  p(k) = exp(q(k))/den;
end
```

示例程序的输出结果如下：

```
>> Softmax
p =
    0.0236    0.0643    0.1747    0.4748    0.0236    0.0643    0.1747

pMax =
    0.4748

kMax =
    4

ans =
    1.0000
```

最后一个数字是 p 的总和，它的值应该是（也确实是）1。

7.8 测试神经网络

7.8.1 问题

将卷积运算、池化层、完全连接层和 Softmax 集成到一起。

7.8.2 方法

将卷积层、池化层、全连接层和 Softmax 函数集成起来，实现一个完整的卷积神经网络。然后用随机生成的权重对这个神经网络进行测试。

7.8.3 步骤

图 7-10 显示了用于图像处理的神经网络结构，其中包括一个卷积层、一个池化层和一个全连接层，以及最后一层 Softmax。

```
>> TestNN
Image IMG_3886.png has a 13.1% chance of being a cat
```

正如我们预期，这个神经网络目前还不能识别图像中的猫。执行测试的代码 ConvolutionNN 如下所示。

```
function r = NeuralNet( d, t, ~ )
%% Neural net function

% Convolve the image

yCL   = ConvolutionLayer( t, d.cL );
yPool = Pool( yCL, d.pool.n, d.pool.type );
yFC   = FullyConnectedNN( yPool, d.fCNN );
[~,r] = Softmax( yFC );

if( nargin > 1 )
```

```
  NewFigure('ConvolutionNN');
  subplot(3,1,1);
  mesh(yCL);
  title('Convolution␣Layer')
  subplot(3,1,2);
        mesh(yPool);
  title('Pool␣Layer')
  subplot(3,1,3);
        mesh(yFC);
  title('Fully␣Connected␣Layer')
end
```

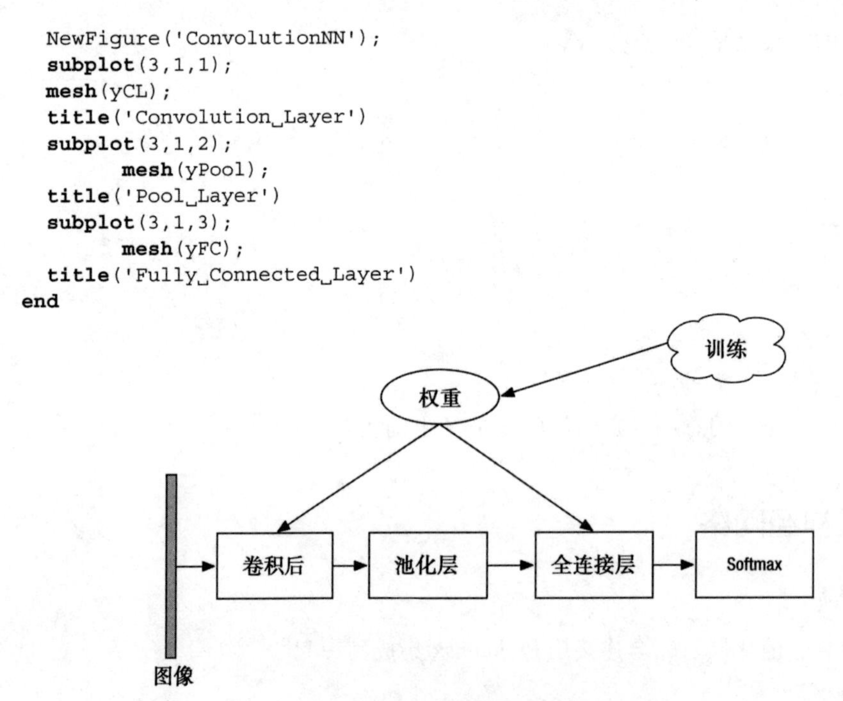

图 7-10　实现图像处理的神经网络

图 7-11 显示了卷积神经网络中各个阶段的输出。

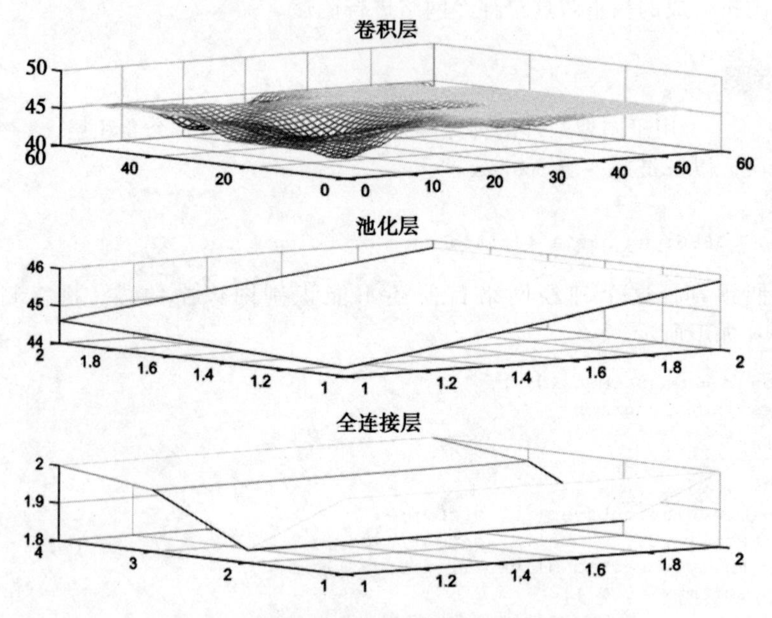

图 7-11　卷积神经网络处理中的各个阶段

7.9　识别图像

7.9.1　问题

识别图像中是否包含猫。

7.9.2　方法

用一系列包含猫的图像训练神经网络。然后，使用训练集中的一张图片和另外一张单独的图片分别进行测试，计算它们是猫的概率。

7.9.3　步骤

运行脚本 TrainNN 来识别输入图像是否是一只猫。

```
%% Train a neural net
% Trains the net from the images in the folder.

folderPath = './Cat10224';
[s, name]    = ImageArray( folderPath, 4 );
d            = ConvolutionalNN;

% Use all but the last
s            = {s{1:end-1}};

% This may take awhile
d   =   ConvolutionalNN( 'train', d, t );

% Test the net using the last image
[d, r]       = ConvolutionalNN( 'test', d, s{end} );

fprintf(1,'Image␣%s␣has␣a␣%4.1f%%␣chance␣of␣being␣a␣cat\n',name{end},100*r);
```

该脚本的返回结果显示该图像可能是一只猫。

```
>> TrainNN
Image IMG_3886.png has a 56.0% chance of being a cat
```

可以通过下列方法来改善识别效果。

- 更多的图像。
- 更多的特征掩码。
- 更改全连接层中节点之间的连接。
- 在 ConvolutionalNN 中增加直接处理 RGB 图像的能力。
- 更改 ConvolutionalNN。

总结

本章展示了使用MATLAB进行面部识别的示例。使用卷积神经网络处理猫的图像，以构建学习过程。训练完成之后，使用神经网络来识别其他图片，以确定它们是否是一只猫。表7-1列出了本章使用的代码清单。

表7-1　本章代码清单

函　数	功　能
Activation	生成激活函数
ImageArray	读取文件夹中的图片，并将其转换为灰度图像
ConvolutionalNN	实现卷积神经网络
ConvolutionLayer	实现卷积层
Convolve	使用指定的掩码，对二维数组进行卷积计算
Pool	对二维数据进行池化计算
FullyConnectedNN	实现全连接的神经网络
ScaleImage	实现图像缩放
Softmax	实现Softmax函数
TrainNN	训练卷积神经网络
TestNN	测试卷积神经网络
TrainingData. mat	训练数据

参考文献

[1] Matthijs Hollemans. Convolutional neural networks on the iPhone with VGGNet. http://matthijshollemans.com/2016/08/30/vggnet-convolutional-neural-network-iphone/, 2016.

CHAPTER 8

第8章

数据分类

本章将介绍关于二叉决策树的理论。决策树可用于对数据进行分类，二叉树则是其中最容易实现的一种类型。我们将创建生成决策树的函数，并生成数据集以进行分类。

8.1 生成分类测试数据

8.1.1 问题

生成训练数据集与测试数据集。

8.1.2 方法

使用 rand 函数生成数据。

8.1.3 步骤

函数 ClassifierSet 用于生成随机数据，并添加多边形将数据包含在其中，从而将数据分配至多边形所对应的类别中。可以使用任意形状的多边形。函数随机地将数据点放置在网格中，然后添加由多边形定义的集合边界。由用户来指定要在集合边界中使用的一组顶点和面。下面的代码示例用来生成集合。

```
function p = ClassifierSets( n, xRange, yRange, name, v, f, setName )

% Demo
if( nargin < 1 )
  v = [0 0;0 4; 4 4; 4 0; 0 2; 2 2; 2 0;2 1;4 1;2 1];
  f = {[5 6 7 1] [5 2 3 9 10 6] [7 8 9 4]};
  ClassifierSets( 5, [0 4], [0 4], {'width', 'length'}, v, f );
  return
end
```

```
if( nargin < 7 )
  setName = 'Classifier␣Sets';
end

p.x    = (xRange(2) - xRange(1))*(rand(n,n)-0.5) + mean(xRange);
p.y    = (yRange(2) - yRange(1))*(rand(n,n)-0.5) + mean(yRange);
p.m    = Membership( p, v, f );

NewFigure(setName);
m = length(f);
c = rand(m,3);
for k = 1:n
  for j = 1:n
    plot(p.x(k,j),p.y(k,j),'marker','o','MarkerEdgeColor','k')
    hold on
  end
end
for k = 1:m
  patch('vertices',v,'faces',f{k},'facecolor',c(k,:),'facealpha',0.1)
end

xlabel(name{1});
ylabel(name{2});
grid

function z = Membership( p, v, f )

n = size(p.x,1);
m = size(p.x,2);
z = zeros(n,m);
for k = 1:n
  for j = 1:m
    for i = 1:length(f)
      vI = v(f{i},:)';
      q  = [p.x(k,j) p.y(k,j)];
      r  = PointInPolygon( q, vI );
      if( r == 1 )
        z(k,j) = i;
        break;
      end
    end
  end
end
```

一个典型的数据点分布及其类别集合如图 8-1 所示。函数将数据点按照颜色进行编码，以匹配对应的类别集合的颜色。请注意，这里的类别颜色是随机选取的。patch 函数用于生成多边形。示例中显示了一系列关于图形编码的代码，包括图形参数的使用。

图 8-1 中展示的方法可以用于生成测试数据集或者展示已经完成训练的决策树。图中不同颜色的方框代表不同的分类区域，ClassifierSets 将数据点随机地放置在不同的分类区域中。下面示例代码中的函数则用来确定每个点落在哪个分类区域中。

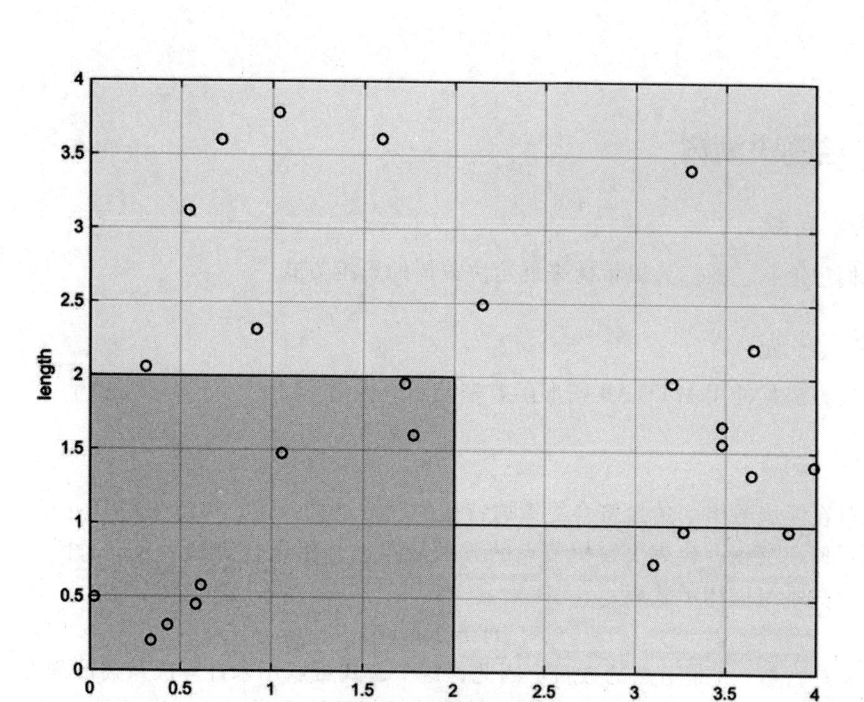

图8-1 数据点与类别集合

```
function r = PointInPolygon( p, v )

m = size(v,2);

% All outside
r = 0;

% Put the first point at the end to simplify the looping
v = [v v(:,1)];

  for i = 1:m
          j   = i + 1;
          v2J   = v(2,j);
          v2I = v(2,i);
          if (((v2I > p(2)) ~= (v2J > p(2))) && ...
        (p(1) < (v(1,j) - v(1,i)) * (p(2) - v2I) / (v2J - v2I) + v(1,i)))
      r = ~r;
          end
  end
```

该代码可以确定某个点是否位于由一组顶点所定义的多边形内。这样的代码会经常用于计算机图形学和游戏中，例如当我们需要知道一个对象的顶点是否位于另一个多边形内部时。你可能会认为我们可以用这个方法替代决策树来解决这种类型的分类问题，然而，事实上，决策树可以为更复杂的数据集计算相对于类别的隶属度。示例中的分类集合相对简单，这样可以很容易地验证结果。

8.2 绘制决策树

8.2.1 问题

我们想绘制一棵二叉决策树来展示决策树的思维方式。

8.2.2 方法

解决方法是使用 MATLAB 图形函数来绘制一棵树。

8.2.3 步骤

通过在元胞数组中传递符合决策树特征的数据结构，用户可以使用 DrawBinaryTree 函数绘制任何二叉树。代表决策树节点的方框从左边开始逐行排列。在二叉树中，行数与节点数的关系可以用下式表示：

$$m = \log_2(n) \tag{8-1}$$

其中，m 是行数，n 是节点的数目。因此，这个公式可以用来计算决策树的深度。

示例函数从检查输入数据的数量开始，并运行示例程序或返回默认数据结构。其中，输入参数 name 是可选的。然后，它将各个节点依次分配到行中来构建二叉树。第一行有一个节点，第二行有两个节点，第三行有四个节点，等等。由于这是一个以几何级数递增的序列，因此它很快就会变得难以管理。这是决策树的一个固有问题，如果它们有超过四层以上的深度，即使是绘制过程也会变得非常困难。

在绘制代表决策树节点的方框时，示例函数会计算位于其底部和顶部的顶点，这些点将是用来绘制节点之间连接线的锚点。绘制完所有的节点方框之后，示例函数开始绘制所有的连接线。

所有绘图功能都在子函数 DrawBoxes 中，它使用 patch 函数绘制方框，使用 text 函数生成方框中的文本。注意 text 函数中的额外参数，其中最有趣的是“Horizontal-Alignment”，它允许用户方便地将文字居中显示。

```
text(x+w/2,y + h/2,t,'fontname',d.font,'fontsize',d.fontSize,
    'HorizontalAlignment','center');
```

将'facecolor'设置为［1 1 1］会使字体变为白色，并将边缘置为黑色。与所有 MATLAB 图形一样，用户可以编辑数十种属性来绘制美观的图形。示例代码如下所示。

```
%% DRAWBINARYTREE - Draw a binary tree in a new figure
%% Forms:
%  DrawBinaryTree( d, name )
%  d = DrawBinaryTree              % default data structure
%
%% Description
% Draws a binary tree. All branches are drawn. Inputs in d.box go from left
```

```
% to right by row starting with the row with only one box.
%
%% Inputs
% d     (.)         Data structure
%                .w            (1,1) Box width
%                .h            (1,1) Box height
%                .rows         (1,1) Number of rows in the tree
%                .fontSize     (1,1) Font size
%                .font         (1,:) Font name
%                .box          {:}   Text for each box
% name (1,:)  Figure name
%
%% Outputs
% d   (.)       Data structure

function d = DrawBinaryTree( d, name )

% Demo
if( nargin < 1 )
  if( nargout == 0 )
    Demo
  else
    d = DefaultDataStructure;
  end
  return
end

if( nargin < 2 )
  name = 'Binary␣Tree';
end

NewFigure(name);

m        = length(d.box);
nRows    = ceil(log2(m+1));
w        = d.w;
h        = d.h;
i        = 1;
x        = -w/2;
y        =  1.5*nRows*h;
nBoxes   = 1;
bottom   = zeros(m,2);
top      = zeros(m,2);
rowID    = cell(nRows,1);
for k = 1:nRows
  for j = 1:nBoxes
    bottom(i,:)    = [x+w/2 y ];
    top(i,:)       = [x+w/2 y+h];
    DrawBox(d.box{i},x,y,w,h,d);
    rowID{k}       = [rowID{k} i];
    i              = i + 1;
    x              = x + 1.5*w;
    if( i > length(d.box) )
      break;
    end
  end
```

```
  nBoxes   = 2*nBoxes;
  x        = -(0.25+0.5*(nBoxes/2-1))*w - nBoxes*w/2;
  y        = y - 1.5*h;
end

% Draw the lines
for k = 1:length(rowID)-1
  iD = rowID{k};
  i0 = 0;
  % Work from left to right of the current row
  for j = 1:length(iD)
    x(1) = bottom(iD(j),1);
    y(1) = bottom(iD(j),2);
    iDT  = rowID{k+1};
    if( i0+1 > length(iDT) )
      break;
    end
    for i = 1:2
      x(2) = top(iDT(i0+i),1);
      y(2) = top(iDT(i0+i),2);
      line(x,y);
    end
    i0 = i0 + 2;
  end
end
axis off

function DrawBox( t, x, y, w, h, d )
%% Draw boxes and text

v = [x y 0;x y+h 0; x+w y+h 0;x+w y 0];

patch('vertices',v,'faces',[1 2 3 4],'facecolor',[1;1;1]);

text(x+w/2,y + h/2,t,'fontname',d.font,'fontsize',d.fontSize,'
   HorizontalAlignment','center');

function d = DefaultDataStructure
%% Default data structure

d            = struct();
d.fontSize   = 12;
d.font       = 'courier';
d.w          = 1;
d.h          = 0.5;
d.box        = {};

function Demo
%% Demo

d            = DefaultDataStructure;
d.box{1}     = 'a␣>␣0.1';
d.box{2}     = 'b␣>␣0.2';
```

```
d.box{3}      = 'b␣>␣0.3';
d.box{4}      = 'a␣>␣0.8';
d.box{5}      = 'b␣>␣0.4';
d.box{6}      = 'a␣>␣0.2';
d.box{7}      = 'b␣>␣0.3';

DrawBinaryTree( d );
```

示例代码创建了一棵深度为3的决策树。它从默认数据结构开始，用户只须为决策节点添加字符串，这些字符串可以使用sprintf函数创建。例如，对于第一个节点方框，可以写

```
s = sprintf('%s␣%s␣%3.1f','a','>',0.1);
```

其中所表示的决策关系会添加至一个if-else-end结构中，可以在DecisionTree中看到这一点。接下来的示例代码将绘制一棵二叉树。

```
d.box         = {};

function Demo
%% Demo

d             = DefaultDataStructure;
d.box{1}      = 'a␣>␣0.1';
d.box{2}      = 'b␣>␣0.2';
d.box{3}      = 'b␣>␣0.3';
d.box{4}      = 'a␣>␣0.8';
d.box{5}      = 'b␣>␣0.4';
d.box{6}      = 'a␣>␣0.2';
d.box{7}      = 'b␣>␣0.3';
```

示例生成的二叉树如图8-2所示，用户可以任意设置方框中的文本。

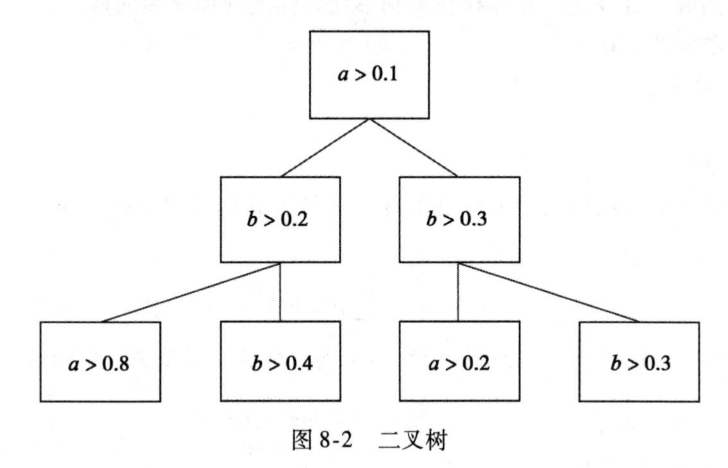

图8-2 二叉树

8.3 决策树的算法实现

决策树是本章重点。我们将首先来看如何确定决策树是否正常工作。然后，手工构建一棵决策树。最后编写学习代码，为树中的每个节点生成决策。

8.3.1 问题

我们需要在决策树的不同节点上测量数据集的同质性。

8.3.2 方法

解决方法是计算数据集的基尼不纯度。

8.3.3 步骤

这里使用信息增益（IG）作为同质性的测量方式。

IG 定义为在节点处进行分裂时的信息增加量，计算公式如下所示

$$\Delta I = I(p) - \frac{N_{c_1}}{N_p}I(c_1) - \frac{N_{c_2}}{N_p}I(c_2) \tag{8-2}$$

其中，I 是不纯度，N 是该节点处的样本数。如果决策树工作正常，信息增益应该持续下降，最终变为零或非常小的数字。在训练数据集中，知道每个数据点的类别。因此，可以得到确定的 IG 值。基本上，如果子节点中数据类别的混合情形变得更少，就获得了更多的信息。例如，在根节点中，所有数据都混合在一起。在根节点的两个子节点中，期望每个子节点所包含的类别数目都将比它自己的子节点更多。从本质上讲，计算每个节点中各个类别的数据百分比，并寻找在类别不均匀性上增加最大的地方。

有三种杂质量的计算方式：

- 基尼不纯度
- 熵
- 分类误差

基尼不纯度是最小化错误分类概率的标准方法，我们不愿意把样本数据归为错误的类别。

$$I_G = 1 - \sum_{1}^{c} p(i\mid t)^2 \tag{8-3}$$

$p(i\mid t)$ 是节点 t 中属于类别 c_i 的数据样本的比例。对于二元类别，熵的值为 0 或 1。

$$I_E = 1 - \sum_{1}^{c} p(i\mid t)\log_2 p(i\mid t) \tag{8-4}$$

分类误差的计算公式如下所示

$$I_C = 1 - \max p(i\mid t) \tag{8-5}$$

我们将在决策树中使用基尼不纯度，实现代码如下所示。

```
function [i, d] = HomogeneityMeasure( action, d, data )

if( nargin == 0 )
  if( nargout == 1 )
    i = DefaultDataStructure;
  else
    Demo;
  end
  return
end

switch lower(action)
  case 'initialize'
    d = Initialize( d, data );
    i = d.i;
  case 'update'
    d = Update( d, data );
    i = d.i;
  otherwise
    error('%s␣is␣not␣an␣available␣action',action);
end

function d = Update( d, data )
%% Update

newDist = zeros(1,length(d.class));

m = reshape(data,[],1);
c = d.class;
n = length(m);
if( n > 0 )
  for k = 1:length(d.class)
    j          = find(m==d.class(k));
    newDist(k) = length(j)/n;
  end
end

d.i = 1 - sum(newDist.^2);

d.dist = newDist;

function d = Initialize( d, data )
%% Initialize

m = reshape(data,[],1);

c = 1:max(m);

n = length(m);

d.dist  = zeros(1,c(4));
d.class = c;

if( n > 0 )
```

```
  for k = 1:length(c)
    j         = find(m==c(k));
    d.dist(k) = length(j)/n;
  end
end

d.i = 1 - sum(d.dist.^2);

function d = DefaultDataStructure
%% Default data structure
d.dist  = [];
d.data  = [];
d.class = [];
d.i     = 1;
```

演示代码如下所示。

```
function d = Demo
%% Demo

data = [ 1 2 3 4 3 1 2 4 4 1 1 1 2 2 3 4]';

d      = HomogeneityMeasure;
[i, d] = HomogeneityMeasure( 'initialize', d, data )

data = [1 1 1 2 2];

[i, d] = HomogeneityMeasure( 'update', d, data )
data = [1 1 1 1];

[i, d] = HomogeneityMeasure( 'update', d, data )

data = [];

[i, d] = HomogeneityMeasure( 'update', d, data )

>> HomogeneityMeasure
i =

    0.7422
d =

     dist: [0.3125 0.2500 0.1875 0.2500]
     data: []
    class: [1 2 3 4]
        i: 0.7422
i =

    0.4800
d =

     dist: [0.6000 0.4000 0 0]
     data: []
    class: [1 2 3 4]
```

```
          i: 0.4800
i =

     0
d =

      dist: [1 0 0 0]
      data: []
     class: [1 2 3 4]
         i: 0
i =

     1
d =
      dist: [0 0 0 0]
      data: []
     class: [1 2 3 4]
         i: 1
```

倒数第二个集合的基尼不纯度为0，这是期望的值。最后一种情况下，如果没有输入，代码会返回1，因为根据类别定义，每个已有类别都必须拥有自己的数据项。

8.4 生成决策树

8.4.1 问题

实现一个决策树来分类数据。

8.4.2 方法

在MATLAB中编写二叉决策树的函数。

8.4.3 步骤

决策树[1]通过向数据询问一系列问题来逐步分解数据集。因为每个问题都会有一个是或否的答案，所以决策树将是二元的。在每个节点，都针对数据中的每个特征询问一个问题，这样就总是会将数据分解到两个子节点中。我们将查看确定类别隶属度的两个数值形式的参数。

在接下来的节点中，继续提出其他问题，以进一步分解数据集，图8-3显示了父节点与其子节点的这种树状结构。重复这样的分解过程，直到每个节点中的样本数据都属于同一个类别。

在每个节点，我们希望提出的问题能够提供关于数据样本所属类别最多的信息。

构建双参数分类决策树时，在每个节点需要做出两个决策：

- 要检查的特征参数。
- 要检查的决策树深度。

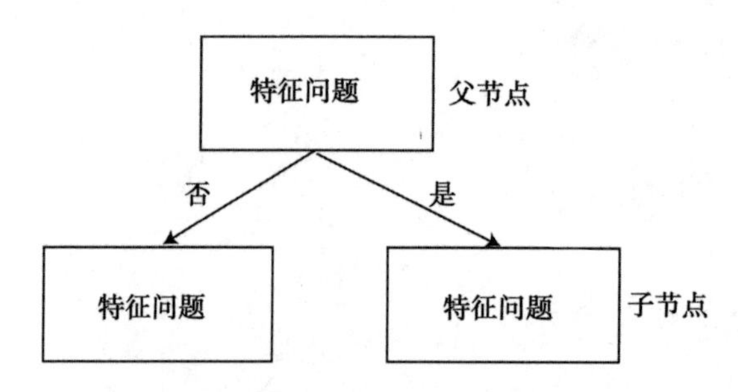

图 8-3　父节点与子节点

例如，对于两个参数，会有下列两种情形之一。

$$p_1 > a_k \tag{8-6}$$

$$p_2 > b_k \tag{8-7}$$

这可以通过一个非常简单的例子来理解。假设在二维空间中用一条水平线和一条垂直线分割出了 4 个数据集合，这些集合可以使用后文中的代码生成。

这是通过使用前文所述的基尼不纯度来完成的。在每个节点使用函数 fminbnd，每次应用于双参数中的某一个。参数 action 有"train"与"test"两种类型，其中"train"用来创建决策树，"test"用来运行已经生成的决策树。当然，用户也可以输入自己的决策树。FindOptimalAction 函数用来找到能够最小化两侧分支中不均匀性的参数。示例中，fminbnd 调用了函数 RHSGT，其中只实现了"大于"分支。

决策树测试函数的结构与训练函数非常相似。

```
%% DECISIONTREE - implements a decision tree
%% Form
%  [d, r] = DecisionTree( action, d, t )
%
%% Description
% Implements a binary classification tree.
% Type DecisionTree for a demo using the SimpleClassifierExample
%
%% Inputs
%   action   (1,:) Action 'train', 'test'
%   d        (.) Data structure
%   t        {:} Inputs for training or testing
%
%% Outputs
%   d        (.) Data structure
%   r        (:) Results
%
%% References
%   None

function [d, r] = DecisionTree( action, d, t )

if( nargin < 1 )
  if( nargout > 0 )
```

```
    d = DefaultDataStructure;
  else
    Demo;
  end
  return
end

switch lower(action)
  case 'train'
    d = Training( d, t );
  case 'test'
    for k = 1:length(d.box)
      d.box(k).id = [];
    end
    [r, d] = Testing( d, t );
  otherwise
    error('%s␣is␣not␣an␣available␣action',action);
end

function d = Training( d, t )
%% Training function
[n,m]    = size(t.x);
nClass   = max(t.m);
box(1)   = AddBox( 1, 1:n*m, [] );
box(1).child = [2 3];
[~, dH] = HomogeneityMeasure( 'initialize', d, t.m );
class    = 0;
nRow     = 1;
kR0      = 0;
kNR0     = 1; % Next row;
kInRow   = 1;
kInNRow = 1;
while( class < nClass )
  k     = kR0 + kInRow;
  idK   = box(k).id;
  if( isempty(box(k).class) )
    [action, param, val, cMin]  = FindOptimalAction( t, idK, d.xLim, d.yLim,
        dH );
    box(k).value                = val;
    box(k).param                = param;
    box(k).action               = action;
    x                           = t.x(idK);
    y                           = t.y(idK);
    if( box(k).param == 1 ) % x
      id  = find(x >    d.box(k).value );
      idX = find(x <=   d.box(k).value );
    else % y
      id  = find(y >  d.box(k).value );
      idX = find(y <=   d.box(k).value );
    end
    % Child boxes
    if( cMin < d.cMin)
      class    = class + 1;
      kN       = kNR0 + kInNRow;
```

```
    box(k).child = [kN kN+1];
    box(kN)     = AddBox( kN, idK(id), class  );
    class    = class + 1;
    kInNRow     = kInNRow + 1;
    kN       = kNR0 + kInNRow;
    box(kN)     = AddBox( kN, idK(idX), class );
    kInNRow     = kInNRow + 1;
  else
    kN              = kNR0 + kInNRow;
    box(k).child    = [kN kN+1];
    box(kN)         = AddBox( kN, idK(id)   );
    kInNRow         = kInNRow + 1;
    kN              = kNR0 + kInNRow;
    box(kN)         = AddBox( kN, idK(idX) );
    kInNRow         = kInNRow + 1;
  end

  % Update current row
  kInRow    = kInRow + 1;
  if( kInRow > nRow )
    kR0         = kR0 + nRow;
    nRow        = 2*nRow;
        kNR0        = kNR0 + nRow;
        kInRow      = 1;
        kInNRow     = 1;
      end
    end
  end

  for k = 1:length(box)
    if( ~isempty(box(k).class) )
      box(k).child = [];
    end
    box(k).id = [];
    fprintf(1,'Box %d action %s Value %4.1f %d\n',k,box(k).action,box(k).value
        ,ischar(box(k).action));
  end

  d.box = box;

  function [action, param, val, cMin] = FindOptimalAction( t, iD, xLim, yLim,
      dH )

  c = zeros(1,2);
  v = zeros(1,2);

  x = t.x(iD);
  y = t.y(iD);
  m = t.m(iD);
  [v(1),c(1)] = fminbnd( @RHSGT, xLim(1), xLim(2), optimset('TolX',1e-16), x,
      m, dH );
  [v(2),c(2)] = fminbnd( @RHSGT, yLim(1), yLim(2), optimset('TolX',1e-16), y,
      m, dH );
```

```
% Find the minimum
[cMin, j] = min(c);

action = '>';
param  = j;

val = v(j);

function q = RHSGT( v, u, m, dH )
%% RHS greater than function for fminbnd

j    = find( u > v );
q1   = HomogeneityMeasure( 'update', dH, m(j) );
j    = find( u <= v );
q2   = HomogeneityMeasure( 'update', dH, m(j) );
q    = q1 + q2;

function [r, d] = Testing( d, t )
%% Testing function
k      = 1;
[n,m] = size(t.x);
d.box(1).id = 1:n*m;

class = 0;
while( k <= length(d.box) )
  idK = d.box(k).id;
  v   = d.box(k).value;

  switch( d.box(k).action )
    case '>'
      if( d.box(k).param == 1 )
        id  = find(t.x(idK) >   v );
        idX = find(t.x(idK) <=  v );
      else
        id  = find(t.y(idK) >   v );
        idX = find(t.y(idK) <=  v );
      end
      d.box(d.box(k).child(1)).id = idK(id);
      d.box(d.box(k).child(2)).id = idK(idX);
   case '<='
      if( d.box(k).param == 1 )
        id  = find(t.x(idK) <=  v );
        idX     = find(t.x(idK) >   v );
      else
        id  = find(t.y(idK) <=  v );
        idX     = find(t.y(idK) >       v );
      end
      d.box(d.box(k).child(1)).id = idK(id);
      d.box(d.box(k).child(2)).id = idK(idX);
    otherwise
      class            = class + 1;
      d.box(k).class   = class;
  end
  k = k + 1;
end
```

```
r = cell(class,1);

for k = 1:length(d.box)
  if( ~isempty(d.box(k).class) )
    r{d.box(k).class,1} = d.box(k).id;
  end
end
```

8.5　手工创建决策树

8.5.1　问题

测试一个手工生成的决策树。

8.5.2　方法

编写脚本来测试手工生成的决策树。

8.5.3　步骤

编写如下所示的测试脚本，在 DecisionTree 中使用“test”作为 action 参数。

```
% Create the decision tree
d       = DecisionTree;

% Vertices for the sets
v = [ 0 0; 0 4; 4 4; 4 0; 2 4; 2 2; 2 0; 0 2; 4 2];

% Faces for the sets
f = { [6 5 2 8] [6 7 4 9] [6 9 3 5] [1 7 6 8] };

% Generate the testing set
pTest  = ClassifierSets( 5, [0 4], [0 4], {'width', 'length'}, v, f, '
   Testing␣Set' );

% Test the tree
[d, r] = DecisionTree( 'test',  d, pTest  );

q = DrawBinaryTree;
c = 'xy';
for k = 1:length(d.box)
  if( ~isempty(d.box(k).action) )
    q.box{k} = sprintf('%c␣%s␣%4.1f',c(d.box(k).param),d.box(k).action,d.box
        (k).value);
  else
    q.box{k} = sprintf('Class␣%d',d.box(k).class);
  end
end
DrawBinaryTree(q);

m = reshape(pTest.m,[],1);
```

```
for k = 1:length(r)
  fprintf(1,'Class␣%d\n',k);
  for j = 1:length(r{k})
    fprintf(1,'%d:␣%d\n',r{k}(j),m(r{k}(j)));
  end
end
```

SimpleClassifierDemo 使用 DecisionTree 中手工构建的示例。

```
      kN              = kNR0 + kInNRow;
      box(kN)         = AddBox( kN, idK(idX) );
      kInNRow         = kInNRow + 1;
    end

    % Update current row
    kInRow    = kInRow + 1;
    if( kInRow > nRow )
      kR0         = kR0 + nRow;
      nRow        = 2*nRow;
      kNR0        = kNR0 + nRow;
      kInRow      = 1;
      kInNRow     = 1;
    end
  end
end

for k = 1:length(box)
  if( ~isempty(box(k).class) )
    box(k).child = [];
  end
  box(k).id = [];
  fprintf(1,'Box␣%d␣action␣%s␣Value␣%4.1f␣%d\n',k,box(k).action,box(k).value
      ,ischar(box(k).action));
end

d.box = box;

function [action, param, val, cMin] = FindOptimalAction( t, iD, xLim, yLim,
    dH )

c = zeros(1,2);
v = zeros(1,2);

x = t.x(iD);
y = t.y(iD);
m = t.m(iD);
[v(1),c(1)] = fminbnd( @RHSGT, xLim(1), xLim(2), optimset('TolX',1e-16), x,
    m, dH );
[v(2),c(2)] = fminbnd( @RHSGT, yLim(1), yLim(2), optimset('TolX',1e-16), y,
    m, dH );

% Find the minimum
[cMin, j] = min(c);
```

```
action = '>';
param  = j;

val = v(j);
function q = RHSGT( v, u, m, dH )
%% RHS greater than function for fminbnd

j   = find( u > v );
q1  = HomogeneityMeasure( 'update', dH, m(j) );
j   = find( u <= v );
q2  = HomogeneityMeasure( 'update', dH, m(j) );
```

示例中，最后4个box字段的action参数为空字符串，这意味着将不再进行下一步计算，这种情形通常发生在决策树的最底层节点。在这些节点中，class字段将包含该节点的类别值。下列代码则显示了DecisionTree中测试部分的功能。

```
function [r, d] = Testing( d, t )
%% Testing function
k     = 1;

[n,m] = size(t.x);
d.box(1).id = 1:n*m;

class = 0;
while( k <= length(d.box) )
  idK = d.box(k).id;
  v   = d.box(k).value;

  switch( d.box(k).action )
    case '>'
      if( d.box(k).param == 1 )
        id  = find(t.x(idK) >   v );
        idX = find(t.x(idK) <=  v );
      else
        id  = find(t.y(idK) >   v );
        idX = find(t.y(idK) <=  v );
      end
      d.box(d.box(k).child(1)).id = idK(id);
      d.box(d.box(k).child(2)).id = idK(idX);
   case '<='
      if( d.box(k).param == 1 )
        id  = find(t.x(idK) <=  v );
        idX     = find(t.x(idK) >   v );
      else
        id  = find(t.y(idK) <=  v );
        idX     = find(t.y(idK) >       v );
      end
      d.box(d.box(k).child(1)).id = idK(id);
      d.box(d.box(k).child(2)).id = idK(idX);
    otherwise
      class            = class + 1;
      d.box(k).class   = class;
  end
  k = k + 1;
end
```

```
r = cell(class,1);

for k = 1:length(d.box)
  if( ~isempty(d.box(k).class) )
    r{d.box(k).class,1} = d.box(k).id;
  end
end
```

分类结果如图 8-4 所示。二维空间中有 4 个矩形区域，分别对应 4 个类别的数据集合。

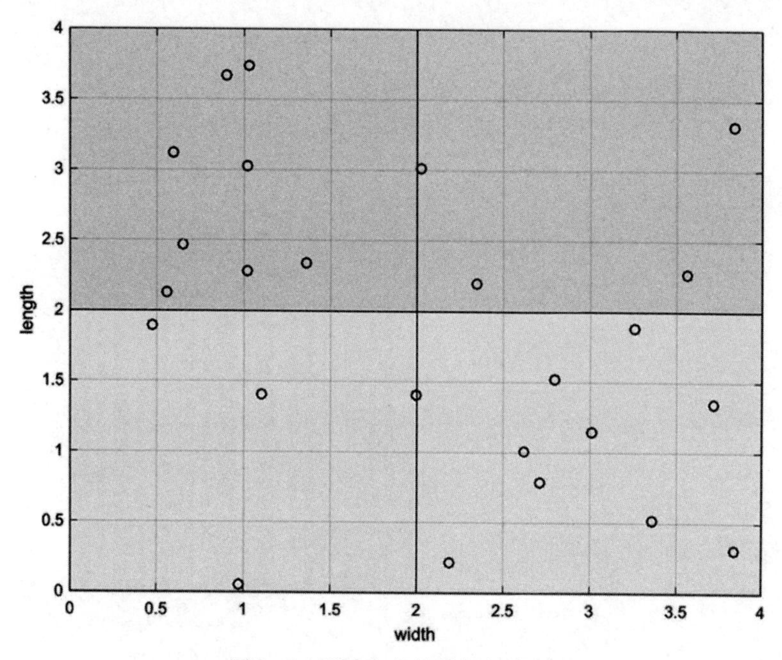

图 8-4　测试集中的数据与类别

可以手工创建一棵决策树，如图 8-5 所示。

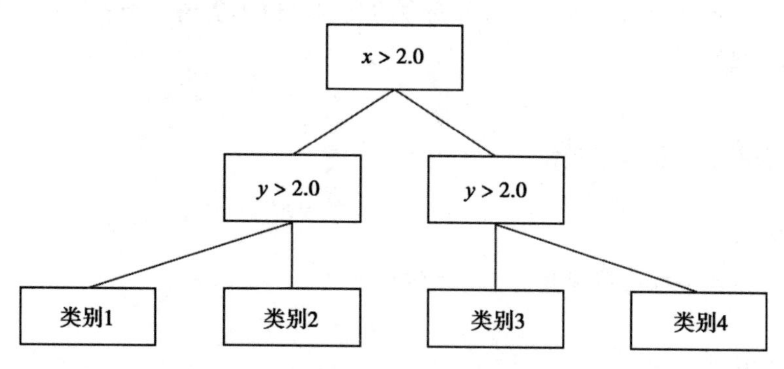

图 8-5　一棵手动创建的决策树。该图由 DecisionTree 生成，最后一行的节点对应于分别属于 4 个类别的数据

决策树将样本分成4个集合。在这个例子中，我们知道数据集合在二维空间中的边界，能够利用这些边界值来写出用于生成决策的不等式。而在软件实现中，则需要确定能够提供最短分支的数值。决策树的测试结果如下所示，可以看到对全部数据都进行了正确的分类。

```
>> SimpleClassifierDemo
Class 1
7: 3
9: 3
13: 3
15: 3
Class 2
2: 2
3: 2
11: 2
14: 2
16: 2
17: 2
21: 2
23: 2
25: 2
Class 3
4: 1
8: 1
10: 1
12: 1
18: 1
19: 1
20: 1
22: 1
Class 4
1: 4
5: 4
6: 4
24: 4
```

数据集中表示类别的数值与上面示例中的类别数值不需要完全相同，函数自己可以将它们正确地对应起来。

8.6　训练和测试决策树

8.6.1　问题

通过训练生成一棵决策树并测试分类结果。

8.6.2　方法

我们复制前一节中的方法，不同的是，这次利用DecisionTree来创建决策树。

8.6.3 步骤

下面的脚本用来训练并测试决策树，与手动生成决策树的代码非常相似。

```
% Vertices for the sets
v = [ 0 0; 0 4; 4 4; 4 0; 2 4; 2 2; 2 0; 0 2; 4 2];

% Faces for the sets
f = { [6 5 2 8] [6 7 4 9] [6 9 3 5] [1 7 6 8] };

% Generate the training set
pTrain = ClassifierSets( 40, [0 4], [0 4], {'width', 'length'}, v, f, '
    Training␣Set' );

% Create the decision tree
d      = DecisionTree;
d      = DecisionTree( 'train', d, pTrain );

% Generate the testing set
pTest  = ClassifierSets( 5, [0 4], [0 4], {'width', 'length'}, v, f, '
    Testing␣Set' );

% Test the tree
[d, r] = DecisionTree( 'test',  d, pTest  );

q = DrawBinaryTree;

c = 'xy';
for k = 1:length(d.box)
  if( ~isempty(d.box(k).action) )
    q.box{k} = sprintf('%c␣%s␣%4.1f',c(d.box(k).param),d.box(k).action,d.box
        (k).value);
  else
    q.box{k} = sprintf('Class␣%d',d.box(k).class);
  end
end
DrawBinaryTree(q);

m = reshape(pTest.m,[],1);

for k = 1:length(r)
  fprintf(1,'Class␣%d\n',k);
  for j = 1:length(r{k})
    fprintf(1,'%d:␣%d\n',r{k}(j),m(r{k}(j)));
  end
end
```

代码中使用 ClassifierSets 生成训练数据集，其中包括数据点的坐标和所属的集合信息。然后，创建默认的数据结构，并以训练模式调用 DecisionTree 函数。关于训练的代码如下所示：

```
function d = Training( d, t )
%% Training function
[n,m]    = size(t.x);
nClass   = max(t.m);
box(1)   = AddBox( 1, 1:n*m, [] );
box(1).child = [2 3];
[~, dH] = HomogeneityMeasure( 'initialize', d, t.m );

class    = 0;
nRow     = 1;
kR0      = 0;
kNR0     = 1; % Next row;
kInRow   = 1;
kInNRow = 1;
while( class < nClass )
  k     = kR0 + kInRow;
  idK   = box(k).id;
  if( isempty(box(k).class) )
    [action, param, val, cMin]  = FindOptimalAction( t, idK, d.xLim, d.yLim,
         dH );
    box(k).value                = val;
    box(k).param                = param;
    box(k).action               = action;
    x                           = t.x(idK);
    y                           = t.y(idK);
    if( box(k).param == 1 ) % x
      id  = find(x >    d.box(k).value );
      idX = find(x <=   d.box(k).value );
    else % y
  id  = find(y >  d.box(k).value );
  idX = find(y <=   d.box(k).value );
end
% Child boxes
if( cMin < d.cMin)
  class    = class + 1;
  kN       = kNR0 + kInNRow;
  box(k).child = [kN kN+1];
  box(kN)    = AddBox( kN, idK(id), class  );
  class    = class + 1;
  kInNRow    = kInNRow + 1;
  kN       = kNR0 + kInNRow;
  box(kN)    = AddBox( kN, idK(idX), class );
  kInNRow    = kInNRow + 1;
else
  kN              = kNR0 + kInNRow;
  box(k).child    = [kN kN+1];
  box(kN)         = AddBox( kN, idK(id)  );
  kInNRow         = kInNRow + 1;
  kN              = kNR0 + kInNRow;
  box(kN)         = AddBox( kN, idK(idX) );
  kInNRow         = kInNRow + 1;
end

% Update current row
```

```
    kInRow    = kInRow + 1;
    if( kInRow > nRow )
      kR0       = kR0 + nRow;
      nRow      = 2*nRow;
      kNR0      = kNR0 + nRow;
      kInRow    = 1;
      kInNRow   = 1;
    end
  end
end

for k = 1:length(box)
  if( ~isempty(box(k).class) )
    box(k).child = [];
  end
  box(k).id = [];
  fprintf(1,'Box␣%d␣action␣%s␣Value␣%4.1f␣%d\n',k,box(k).action,box(k).value
     ,ischar(box(k).action));
end

d.box = box;

function [action, param, val, cMin] = FindOptimalAction( t, iD, xLim, yLim,
    dH )

c = zeros(1,2);
v = zeros(1,2);

x = t.x(iD);
y = t.y(iD);
m = t.m(iD);
[v(1),c(1)] = fminbnd( @RHSGT, xLim(1), xLim(2), optimset('TolX',1e-16), x,
    m, dH );
[v(2),c(2)] = fminbnd( @RHSGT, yLim(1), yLim(2), optimset('TolX',1e-16), y,
    m, dH );

% Find the minimum
[cMin, j] = min(c);

action = '>';
param  = j;

val = v(j);

function q = RHSGT( v, u, m, dH )
%% RHS greater than function for fminbnd

j   = find( u > v );
q1  = HomogeneityMeasure( 'update', dH, m(j) );
j   = find( u <= v );
q2  = HomogeneityMeasure( 'update', dH, m(j) );
q   = q1 + q2;
```

我们使用 fminbnd 找到数据集中的最佳分割特征，需要计算两侧分支的同质性，并对其进行求和，然后使用fminbnd对总和进行最小化。这段代码示例是为矩形区域的集合类别而设计的，所以针对其他形状的边界不一定能正常工作。在执行过程中，代码需要跟踪所有节点的编号来创建父节点与子节点之间的连接。当某个节点的同质性度量值足够低时，它会将节点标记为其所包含的类别。

训练数据集和测试数据集分别如图8-6和图8-7所示，通过示例代码构建的决策树如图8-8所示。我们需要分布在各个类别中的足够多的测试数据；否则，决策树生成器会仅仅针对训练集中的数据来绘制类别区域。

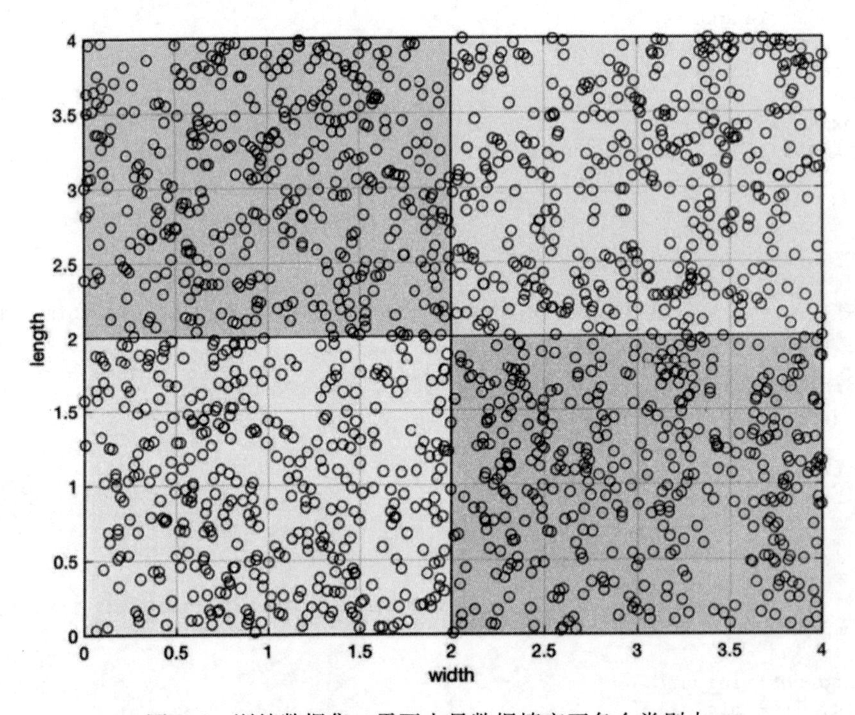

图8-6　训练数据集，需要大量数据填充至各个类别中

分类测试结果与上一节中的示例类似。

```
Class 1
2: 3
7: 3
9: 3
10: 3
18: 3
19: 3
Class 2
6: 2
11: 2
20: 2
22: 2
```

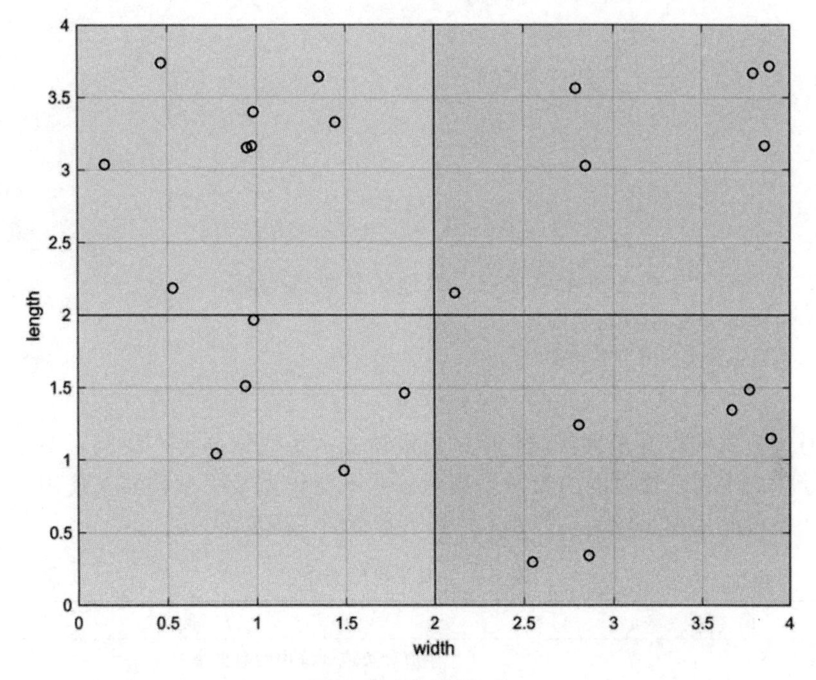

图8-7 测试数据集

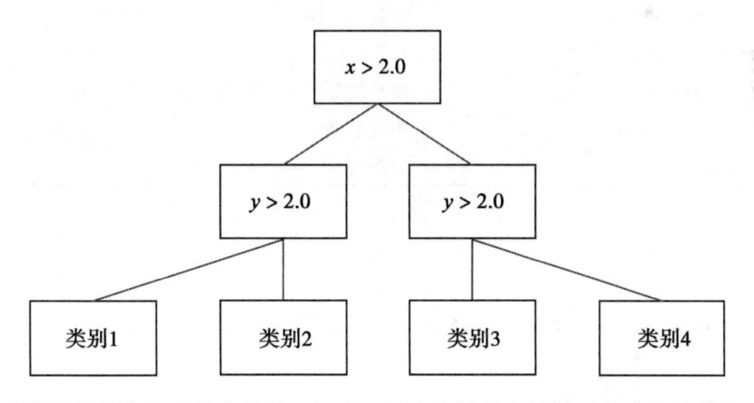

图8-8 由训练数据集生成的决策树，与手工创建的树基本相同（节点中的值并不是精确的2.0）

```
24: 2
25: 2
Class 3
3: 1
5: 1
8: 1
12: 1
13: 1
```

```
14: 1
21: 1
23: 1
Class 4
1: 4
4: 4
15: 4
16: 4
17: 4
```

分类结果展示了生成的决策树能够有效地区分数据类别。

总结

本章通过由 MATLAB 示例代码生成的决策树展示了数据分类，我们还编写了新的图形函数来绘制决策树。这里的决策树工具示例并不能作为通用分类器来使用，但可以作为更具通用性代码的编写指南。表 8-1 总结了本章的代码清单。

表 8-1　本章代码清单

函　数	功　能
ClassifierSets	生成分类或训练用的数据集
DecisionTree	生成决策树以分类数据
DrawBinaryTree	绘制二叉树
HomogeneityMeasure	计算基尼不纯度
SimpleClassifierDemo	展示决策树的分类测试
SimpleClassifierExample	生成数据集
TestDecisionTree	决策树分类测试

参考文献

[1] Sebastian Raschka. *Python Machine Learning*. [PACKT], 2015.

CHAPTER 9

第9章 基于神经网络的数字分类

图像模式识别是神经网络的经典应用。在本章中，我们将使用人工神经网络来查看计算机生成的数字图像，并正确识别其中的数字。这些自动生成的图像可以代表扫描文档中的真实数字。考虑到字体变化和其他因素，如果尝试使用算法规则来捕获具有各种各样形状变化的数字，很快就会因规则变得太过复杂而无法实现。但是通过大量的数字图像集合，人工神经网络可以很容易地完成识别任务。我们通过神经网络中的权重来实现关于每个数字形状的推理规则，而不是明确地指明这些规则。

在本章的示例中，我们仅使用包含一个数字的图像。将一系列数字分割为单个数字图像的过程可以通过许多技术方法来实现，而不仅仅只是神经网络。

9.1 生成带噪声的测试图像

9.1.1 问题

创建分类系统的第一步是生成样本数据。在本章的示例中，加载 0 ~ 9 的数字图像，然后产生带噪声的测试图像。为此，使用简单泊松分布或散粒噪声（以具有平方根标准偏差的随机数作为像素值）来引入噪声。

9.1.2 方法

在 MATLAB 中使用 text 函数将数字写入坐标空间中来生成图像，然后使用 print 输出图像。可以直接从输出中捕获像素数据，而不需要创建临时文件。将为每一个数字提取 16 × 16 像素的区域，然后添加噪声。还允许用户指定字体作为输入选项。示例图像如图 9-1 所示。

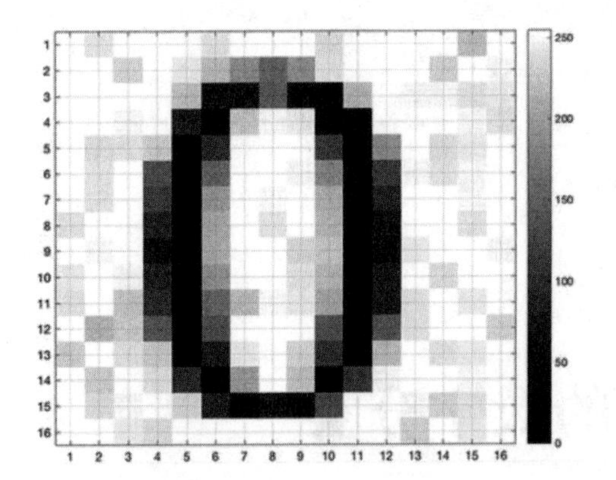

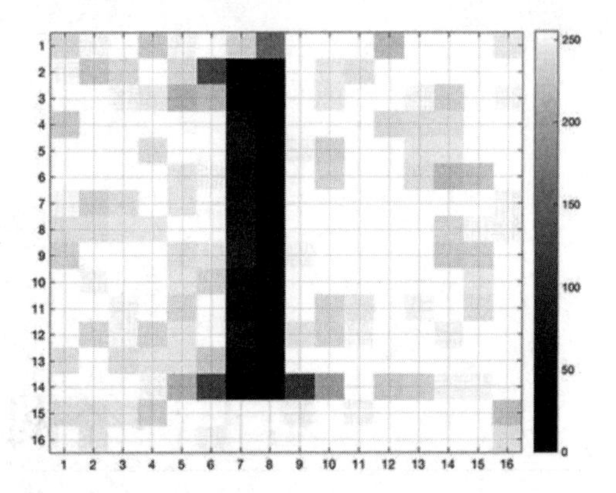

图 9-1　添加噪声的数字 0 和 1 的示例图像

9.1.3　步骤

CreateDigitImage 的代码如下所示，其中允许选择字体作为输入选项。

```
%% CreateDigitImage Create an image of a single digit.
% Create a 16x16 pixel image of a single digit. The intermediate figure used
    to
% display the digit text is invisible.

function pixels = CreateDigitImage( num, fontname )

if nargin < 1
  num = 1;
if nargin < 2
  fontname = 'times';
end

fonts = listfonts;
avail = strcmp(fontname,fonts);
if ~any(avail)
  error('MachineLearning:CreateDigitImage',...
    'Sorry,␣the␣font␣''%s''␣is␣not␣available.',fontname);
end

f = figure('Name','Digit','visible','off');
a1 = axes( 'Parent', f, 'box', 'off', 'units', 'pixels', 'position', [0 0 16
    16] );

% 20 point font digits are 15 pixels tall (on Mac OS)
text(a1,4,11,num2str(num),'fontsize',20,'fontunits','pixels','unit','pixels'
    ,...
 'fontname','cambria')

% Obtain image data using print and convert to grayscale
cData = print('-RGBImage','-r0');
iGray = rgb2gray(cData);
```

```
% Print image coordinate system starts from upper left of the figure, NOT
    the
% bottom, so our digit is in the LAST 20 rows and the FIRST 20 columns
pixels = iGray(end-15:end,1:16);

% Apply Poisson (shot) noise; must convert the pixel values to double for
    the
% operation and then convert them back to uint8 for the sum. the uint8 type
    will
% automatically handle overflow above 255 so there is no need to apply a
    limit.
noise = uint8(sqrt(double(pixels)).*randn(16,16));
pixels = pixels - noise;

close(f);

if nargout == 0
  h = figure('name','Digit␣Image');
  imagesc(pixels);
  colormap(h,'gray');
  grid on
  set(gca,'xtick',1:16)
  set(gca,'ytick',1:16)
  colorbar
end
```

请注意，在尝试使用用户指定字体之前，首先检查该字体是否存在；如果没有找到，则会抛出错误。

现在，可以使用示例函数生成的图像来创建训练数据集。在下面的示例代码中，训练数据集将用于单数字识别和多数字识别的神经网络。使用 for 循环创建一组图像，并使用辅助函数 SaveTS 将它们保存至 MAT 文件中。这样，就以一种特殊的结构格式保存了训练数据集的输入输出，以及分别用于训练和测试过程的图像索引。请注意，要将像素值（通常为 0 ~ 255 的整数）缩放为 0 ~ 1 之间的值。

```
%% Generate the training data
% Use a for loop to create a set of noisy images for each desired digit
% (between 0 and 9). Save the data along with indices for data to use for
% training.

digits = 0:5;
nImages = 20;
nImages = nDigits*nImages;

input = zeros(256,nImages);
output = zeros(1,nImages);
trainSets = [];
testSets = [];
kImage = 1;
for j = 1:nDigits
  fprintf('Digit␣%d\n', digits(j));
  for k = 1:nImages
    pixels = CreateDigitImage( digits(j) );
```

```
      % scale the pixels to a range 0 to 1
      pixels = double(pixels);
      pixels = pixels/255;
      input(:,kImage) = pixels(:);
      if j == 1
        output(j,kImage) = 1;
      end
      kImage = kImage + 1;
    end
    sets = randperm(10);
    trainSets = [trainSets (j-1)*nImages+sets(1:5)];
    testSets = [testSets (j-1)*nImages+sets(6:10)];
  end

  % Use 75% of the images for training and save the rest for testing
  trainSets = sort(randperm(nImages,floor(0.75*nImages)));
  testSets = setdiff(1:nImages,trainSets);

  SaveTS( input, output, trainSets, testSets );
```

辅助函数要求以一个文件名作为输入参数以保存训练数据集。可以在命令行加载文件来验证数据集，下面是一个经过删减的训练集和测试集的例子：

```
>> trainingData = load('Digit0TrainingTS')
trainingData =
  struct with fields:

    Digit0TrainingTS: [1?1 struct]
>> trainingData.Digit0TrainingTS
ans =
  struct with fields:

        inputs: [256?120 double]
    desOutputs: [1?120 double]
     trainSets: [2 8 10 5 4 18 19 12 17 14 30 28 21 27 23 37 34 36 39 38 46
        48 50 41 49 57 53 51 56 54]
      testSets: [1 6 9 3 7 11 16 15 13 20 29 25 26 24 22 35 32 40 33 31 43
        45 42 47 44 58 55 60 52 59]
```

9.2　创建神经网络工具箱[⊖]

9.2.1　问题

我们要创建一个可以通过训练来识别数字的神经网络工具箱。在这个示例中，将讨论神经网络开发者工具箱中的功能。这是我们在20世纪90年代后期开发的一个工具箱，用于探索如何使用神经网络。它没有使用MATLAB中最新的GUI构建功能，因此不会详

⊖ 本节所述与“MATLAB神经网络工具箱”并不相同。——译者注

细介绍完整的 GUI。

9.2.2 方法

解决方案是使用多层前馈（MLFF）神经网络对数字进行分类。在这种类型的网络中，每个神经元只依赖于从前一层接收到的输入。我们将从 10 个数字中每一个数字的一组图像开始，通过各种变换来生成训练数据集。然后，我们将看到在识别训练数字以及其他变换过的数字时，深度学习网络的表现如何。

9.2.3 步骤

神经网络的基础是神经元函数，神经元函数提供 6 种不同的激活类型：sign、sigmoid mag、step、log、tanh 和 sum[2]，如图 9-2 所示。

```
function [y, dYDX] = Neuron( x, type, t )

%% NEURON A neuron function for neural nets.
% x may have any dimension. However, if plots are desired x must be 2
% dimensional. The default type is tanh.
%
% The log function is 1./(1 + exp(-x))
% The mag function is x./(1 + abs(x))
%
%% Form:
% [y, dYDX] = Neuron( x, type, t )
%% Inputs
%   x          (:,...) Input
%   type       (1,:)   'tanh', 'log', 'mag', 'sign', 'step', 'sum'
%   t          (1,1)   Threshold for type = 'step'

%
%% Outputs
%   y          (:,...) Output
%   dYDX       (:,...) Derivative

%% Reference: Omidivar, O., and D.L. Elliot (Eds) (1997.) "Neural Systems
%             for Control." Academic Press.
%             Russell, S., and P. Norvig. (1995.) Artificial Intelligence-
%             A Modern Approach. Prentice-Hall. p. 583.

% Input processing
%-----------------
if( nargin < 1 )
  x = [];
end
if( nargin < 2 )
  type = [];
end
if( nargin < 3 )
  t = 0;
end
```

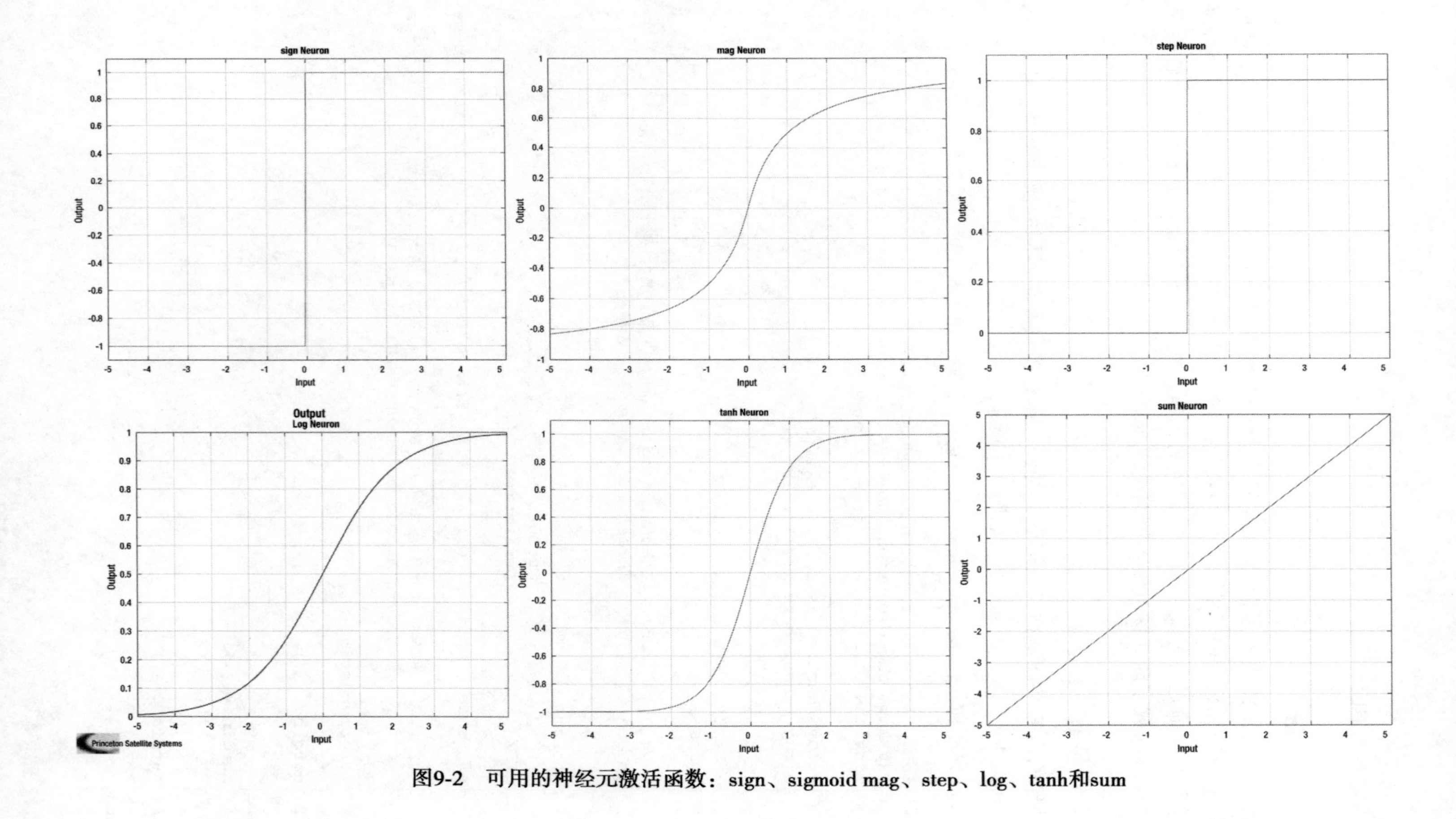

图9-2 可用的神经元激活函数：sign、sigmoid mag、step、log、tanh和sum

```
if( isempty(type) )
  type = 'log';
end
if( isempty(x) )
  x = sort( [linspace(-5,5) 0 ]);
end

switch lower( deblank(type) )
  case 'tanh'
    yX   = tanh(x);
    dYDX = sech(x).^2;

  case 'log'
    % sigmoid logistic function
    yX   = 1./(1 + exp(-x));
    dYDX = yX.*(1 - yX);

  case 'mag'
    d    = 1 + abs(x);
    yX   = x./d;
    dYDX = 1./d.^2;

  case 'sign'
    yX              = ones(size(x));
    yX(x < 0)       = -1;
    dYDX            = zeros(size(yX));
    dYDX(x == 0)    = inf;

  case 'step'
    yX              = ones(size(x));
    yX(x < t)       = 0;
    dYDX            = zeros(size(yX));
    dYDX(x == t)    = inf;

  case 'sum'
    yX   = x;
    dYDX = ones(size(yX));

  otherwise
    error([type '␣is␣not␣recognized'])
end

% Output processing
%-------------------
if( nargout == 0 )
  PlotSet( x, yX, 'x␣label', 'Input', 'y␣label', 'Output',...
           'plot␣title', [type '␣Neuron'] );
  PlotSet( x, dYDX, 'x␣label','Input', 'y␣label','dOutput/dX',...
           'plot␣title',['Derivative␣of␣' type '␣Function'] );
else
  y = yX;
end
```

神经元通过使用关于层和权重的简单数据结构从而组合成前馈神经网络。每个神经元的输入是包括信号 y、权重 w 和偏置 w_0 的组合，按照如下方式进行计算：

```
y  = Neuron( w*y - w0, type );
```

网络输出由 NeuralNetMLFF 函数计算。请注意，该函数同时也输出神经元激活函数的导数，以用于神经网络的训练。

```
%% NEURALNETMLFF - Computes the output of a multilayer feed-forward neural
   net.
%
%% Form:
%  [y, dY, layer] = NeuralNetMLFF( x, network )
%
%% Description
%  Computes the output of a multilayer feed-forward neural net.
%
%  The input layer is a data structure that contains the network data.
%  This data structure must contain the weights and activation functions
%  for each layer.
%
%  The output layer is the input data structure augmented to include
%  the inputs, outputs, and derivatives of each layer for each run.
%
%% Inputs
%  x          (n,r)      n Inputs, r Runs
%
%  network               Data structure containing network data
%                        .layer(k,{1,r})  There are k layers to the network
   which
%                            includes 1 output and k-1 hidden layers
%
%                        .w(m(j),m(j-1))    w(p,q) is the weight between the
%                                           q-th output of layer j-1 and the
%                                           p-th node of layer j (ie. the
%                                           q-th input to the p-th output of
%                                           layer j)
%                        .w0(m(j))          Biases/Thresholds
%                        .type(1)           'tanh', 'log', 'mag', 'sign',
%                                           'step'
%                                           Only one type is allowed per layer
%
%                        Different weights can be entered for different runs.
%% Outputs
%  y          (m(k),r)  Outputs
%  dY         (m(k),r)  Derivative
%  layer      (k,r)     Information about a desired layer j
%                       .x(m(j-1),1)   Inputs to layer j
%                       .y(m(j),1)     Outputs of layer j
%                       .dYT(m(j),1)   Derivative of layer j
%
%  (:)      Means that the dimension is undefined.
%  (n)    = number of inputs to neural net
%  (r)    = number of runs (ie. sets of inputs)
%  (k)    = number of layers
```

```
%   (m(j)) = number of nodes in j-th layer
%
%% References
% Nilsson, Nils J. (1998.) Artificial Intelligence:
% A New Synthesis. Morgan Kaufmann Publishers. Ch. 3.

function [y, dY, layer] = NeuralNetMLFF( x, network )

layer = network.layer;

% Input processing
if( nargin < 2 )
  disp('Will␣run␣an␣example␣network');
end

if( ~isfield(layer,'w') )
  error('Must␣input␣size␣of␣neural␣net.');
end
if( ~isfield(layer,'w0') )
  layer(1).w0 = [];
end

if( ~isfield(layer,'type') )
  layer(1).type = [];
end

% Generate some useful sizes
nLayers   = size(layer,1);
nInputs   = size(x,1);
nRuns     = size(x,2);

for j = 1:nLayers
  if( isempty(layer(j,1).w) )
    error('Must␣input␣weights␣for␣all␣layers')
  end
  if( isempty(layer(j,1).w0) )
    layer(j,1).w0 = zeros( size(layer(j,1).w,1), 1 );
  end
end

nOutputs = size(layer(nLayers,1).w, 1 );

% If there are multiple layers and only one type
% replicate it (the first layer type is the default)
if( isempty(layer(1,1).type) )
  layer(1,1).type = 'tanh';
end

for j = 2:nLayers
  if( isempty(layer(j,1).type) )
    layer(j,1).type = layer(1,1).type;
  end
end
```

```
% Set up additional storage
%-------------------------
y0    = zeros(nOutputs,nRuns);
dY    = zeros(nOutputs,nRuns);

for k = 1:nLayers
  [outputs,inputs] = size( layer(k,1).w );
  for j = 1:nRuns
    layer(k,j).x    = zeros(inputs,1);
    layer(k,j).y    = zeros(outputs,1);
    layer(k,j).dY   = zeros(outputs,1);
  end
end

% Process the network

% h = waitbar(0, 'Neural Net Simulation in Progress' );
for j = 1:nRuns
  y = x(:,j);
  for k = 1:nLayers

    % Load the appropriate weights and types for the given run
    if( isempty( layer(k,j).w ) )
      w = layer(k,1).w;
    else
      w = layer(k,j).w;
    end

    if( isempty( layer(k,j).w0 ) )
      w0 = layer(k,1).w0;
    else
      w0 = layer(k,j).w0;
    end

    if( isempty( layer(k,j).type ) )
      type = layer(k,1).type;
    else
      type = layer(k,j).type;
    end

    layer(k,j).x  = y;
        [y, dYT]        = Neuron( w*y - w0, type );
    layer(k,j).y  = y;
    layer(k,j).dY = dYT;

  end
  y0(:,j) = y;
  dY(:,j) = dYT;
%   waitbar(j/nRuns);
end

% close(h);

if( nargout == 0 )
```

```
  PlotSet(1:size(x,2),y0,'x␣label','Step','y␣label','Outputs',
      'figure␣title','Neural␣Net');
else
  y = y0;
end
```

网络使用反向传播作为学习方法[1]，这是一种梯度下降方法，它直接使用网络的导数输出。由于使用导数，训练过程中阈值函数（如阶梯函数）将被 S 形函数替代。学习模型的主要参数包括学习率 α，它在每个迭代中与应用于权重的梯度变化进行相乘，计算过程在 NeuralNetTraining 中实现。

```
function [w, e, layer] = NeuralNetTraining( x, y, layer )

%% NEURALNETTRAINING Training using back propagation.
% Computes the weights for a neural net using back propagation. If no
% inputs are given it will do a demo for the network
% where node 1 and node 2 use exp functions.
%
%   sin(     x) -- node 1
%                 \ /       \
%                  \         ---> Output
%                 / \       /
%   sin(0.2*x) -- node 2
%
%% Form:
%   [w, e, layer] = NeuralNetTraining( x, y, layer )
%% Inputs
%   x          (n,r)      n Inputs, r Runs
%
%   y          (m(k),r)   Desired Outputs
%
%   layer      (k,{1,r}) Data structure containing network data
%                         There are k layers to the network which
%                         includes 1 output and k-1 hidden layers
%
%                         .w(m(j),m(j-1))    w(p,q) is the weight between the
%                                            q-th  output of layer j-1 and the
%                                            p-th nodeof layer j (ie. the q-th
%                                            input to the p-th output of layer
%                                            j)
%                         .w0(m(j))          Biases/Thresholds
%                         .type(1)           'tanh', 'log', 'mag', 'sign',
%                                            'step'
%                         .alpha(1)          Learning rate
%
%                         Only one type and learning rate are allowed per
%                         layer
%
%% Outputs
%   w          (k)        Weights of layer j
%                         .w(m(j),m(j-1))    w(p,q) is the weight between the
%                                            q-th output of layer j-1 and the
```

```
%                                               p-th node of layer j (ie. the q-th
%                                               input to the p-th output of layer
%                                               j)
%                           .w0(m(j))           Biases/Thresholds
%
%   e         (m(k),r)  Errors
%
%   layer     (k,r)     Information about a desired layer j
%                       .x(m(j-1),1)  Inputs to layer j
%                       .y(m(j),1)    Outputs of layer j
%                       .dYT(m(j),1)  Derivative of layer j
%                       .w(m(j),m(j-1) Weights of layer j
%                       .w0(m(j))     Thresholds of layer j
%
%------------------------------------------------------------------------------
%   (:)       Means that the dimension is undefined.
%   (n)     = number of inputs to neural net
%   (r)     = number of runs (ie. sets of inputs)
%   (k)     = number of layers
%   (m(j)) = number of nodes in j-th layer
%------------------------------------------------------------------------------
%% Reference: Nilsson, Nils J. (1998.) Artificial Intelligence:
%             A New Synthesis. Morgan Kaufmann Publishers. Ch. 3.

% Input Processing
%-----------------
if( ~isfield(layer,'w') )
  error('Must input size of neural net.');
end;

if( ~isfield(layer,'w0') )
  layer(1).w0 = [];
end;

if( ~isfield(layer,'type') )
  layer(1).type = [];
end;

if( ~isfield(layer,'alpha') )
  layer(1).type = [];
end;

% Generate some useful sizes
%---------------------------
nLayers  = size(layer,1);
nInputs  = size(x,1);
nRuns    = size(x,2);

if( size(y,2) ~= nRuns )
  error('The number of input and output columns must be equal.')
end;

for j = 1:nLayers
  if( isempty(layer(j,1).w) )
```

```
    error('Must␣input␣weights␣for␣all␣layers')
  end;
  if( isempty(layer(j,1).w0) )
    layer(j,1).w0 = zeros( size(layer(j,1).w,1), 1 );
  end;
end;
nOutputs = size(layer(nLayers,1).w, 1 );
% If there are multiple layers and only one type
% replicate it (the first layer type is the default)
%---------------------------------------------------
if( isempty(layer(1,1).type) )
  layer(1,1).type = 'tanh';
end;

if( isempty(layer(1,1).alpha) )
  layer(1,1).alpha = 0.5;
end;

for j = 2:nLayers
  if( isempty(layer(j,1).type) )
    layer(j,1).type = layer(1,1).type;
  end;
  if( isempty( layer(j,1).alpha) )
    layer(j,1).alpha = layer(1,1).alpha;
  end;
end;

% Set up additional storage
%--------------------------
h     = waitbar(0,'Allocating␣Memory');

y0    = zeros(nOutputs,nRuns);
dY    = zeros(nOutputs,nRuns);

for k = 1:nLayers
  [outputs,inputs]    = size( layer(k,1).w );
  temp.layer(k,1).w            = layer(k,1).w;
  temp.layer(k,1).w0           = layer(k,1).w0;
  temp.layer(k,1).type         = layer(k,1).type;

  for j = 1:nRuns
    layer(k,j).w      = zeros(outputs,inputs);
    layer(k,j).w0     = zeros(outputs,1);
    layer(k,j).x      = zeros(inputs,1);
    layer(k,j).y      = zeros(outputs,1);
    layer(k,j).dY     = zeros(outputs,1);
    layer(k,j).delta  = zeros(outputs,1);

    waitbar( ((k-1)*nRuns+j) / (nLayers*nRuns) );
   end;
end;

close(h);
```

```
% Perform back propagation
%-------------------------
h = waitbar(0, 'Neural␣Net␣Training␣in␣Progress' );
for j = 1:nRuns
        % Work backward from the output layer
        %-----------------------------------
        [yN, dYN,layerT]    = NeuralNetMLFF( x(:,j), temp );
        e(:,j)              = y(:,j) - yN(:,1);

  for k = 1:nLayers
    layer(k,j).w   = temp.layer(k,1).w;
    layer(k,j).w0  = temp.layer(k,1).w0;
    layer(k,j).x   = layerT(k,1).x;
    layer(k,j).y   = layerT(k,1).y;
    layer(k,j).dY  = layerT(k,1).dY;
  end;

  layer(nLayers,j).delta = e(:,j).*dYN(:,1);

        for k  = (nLayers-1):-1:1
    layer(k,j).delta = layer(k,j).dY.*(temp.layer(k+1,1).w'*layer(k+1,j).
        delta);
  end

  for k = 1:nLayers
    temp.layer(k,1).w  = temp.layer(k,1).w  + layer(k,1).alpha*layer(k,j).
        delta*layer(k,j).x';
    temp.layer(k,1).w0 = temp.layer(k,1).w0 - layer(k,1).alpha*layer(k,j).
        delta;
  end;

  waitbar(j/nRuns);

end
w = temp.layer;

close(h);

% Output processing
%------------------
if( nargout == 0 )
  PlotSet( 1:size(e,2), e, 'Step', 'Error', 'Neural␣Net␣Training' );
end
```

9.3 训练单一输出节点的神经网络

9.3.1 问题

我们想要训练神经网络对数字进行分类。在本节的示例中，我们从识别单个数字开始。这时，神经网络有一个输出节点，训练数据中包括我们想要识别的数字，比如0，再加上几个其他数字。

9.3.2　方法

我们使用图 9-3 中所示的 GUI 来构建神经网络。用户可以尝试训练具有不同类型输出节点的神经网络，例如 sign 和 logistic。示例中，在隐含层中使用 sigmoid 激活函数，在输出节点中使用 step 函数。

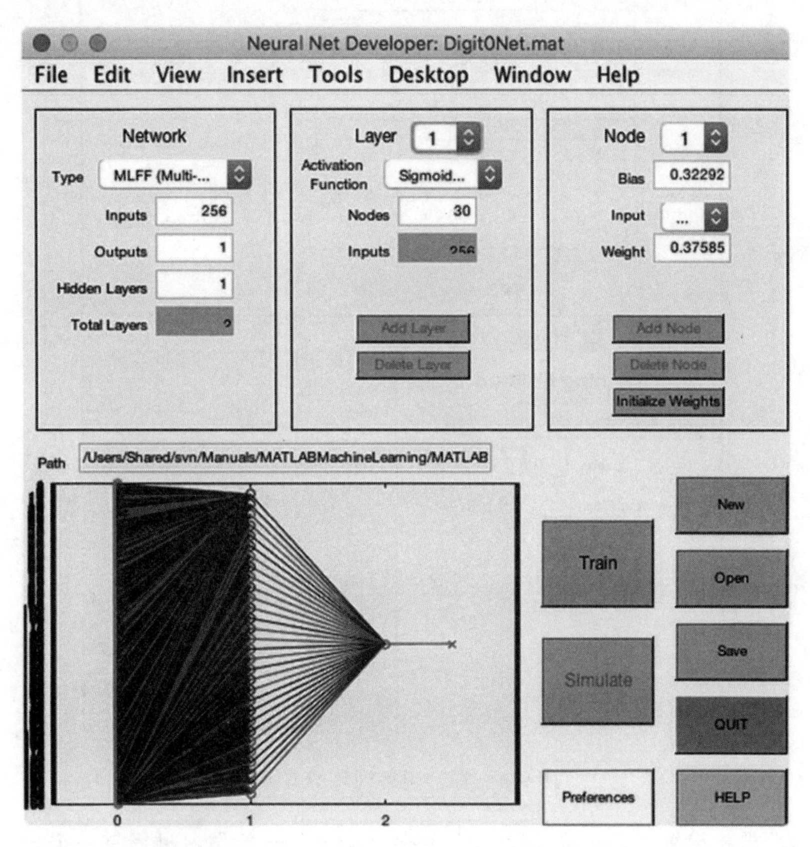

图 9-3　具有 256 个输入（每个像素对应一个输入）、30 个节点的中间层和一个输出的神经网络

GUI 包含一个单独的训练窗口，如图 9-4 所示，其中包含若干按钮用于加载和保存训练数据集，训练和测试神经网络等。它将根据用户所选的首选项自动绘制结果。

9.3.3　步骤

构建一个神经网络，它具有 256 个输入节点（每个像素对应一个输入节点），一个具有 30 个神经元的隐含层和一个输出节点。将训练数据加载到训练 GUI 中，然后选择学习迭代次数。如果神经元激活函数选择正确，那么 2000 次训练迭代应该是足够的。还有一

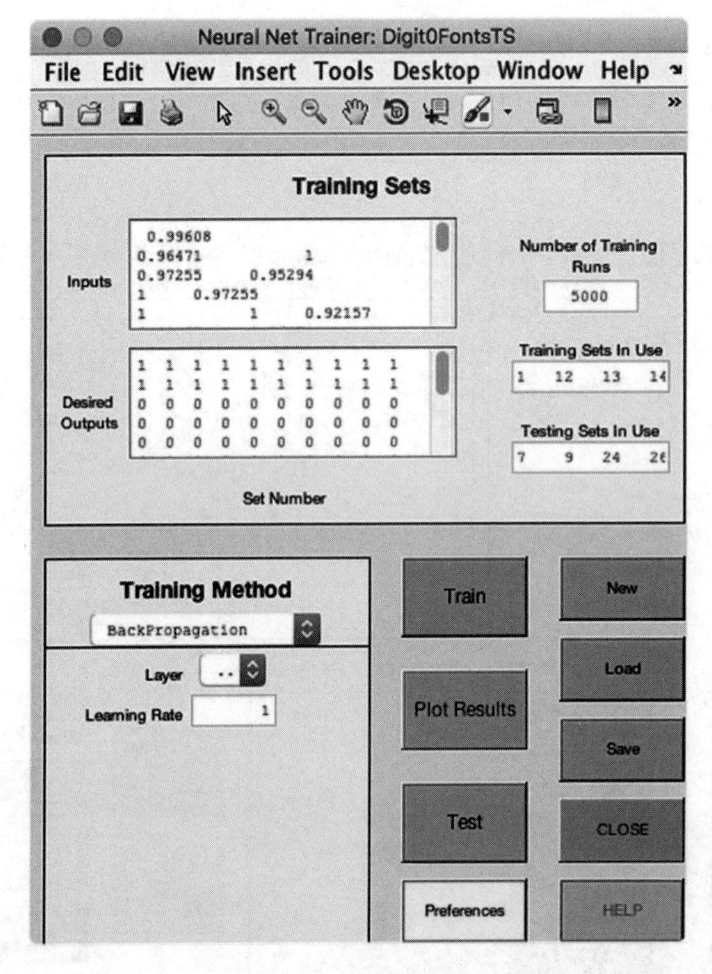

图 9-4　神经网络训练的 GUI

个额外的参数需要设置，即反向传播的学习率，从 1.0 开始学习过程是一个合理的设置。请注意，训练数据脚本使用 randperm 函数在图像集合中进行随机抽取，将 75% 的图像数据用于训练，并保留剩余部分用于测试。训练过程中将记录每次迭代的权重与偏置，并在迭代完成时绘制图形。因为输出层只有 30 个输入和一个偏置，所以可以容易地为其绘制图形，如图 9-5 所示。

随着神经网络的不断演化，训练过程中也将持续绘制学习误差和方均根（RMS）误差的演进图形，如图 9-6 所示。

因为有大量的输入神经元，所以类似的线图方法对于隐含层权重与偏置演化过程的可视化并不是非常有用。然而，我们能够以图像的形式来查看任意一次迭代中的权重，图 9-7 显示了使用函数 imagesc 对训练完成之后 30 个隐含层节点的权重进行可视化的图

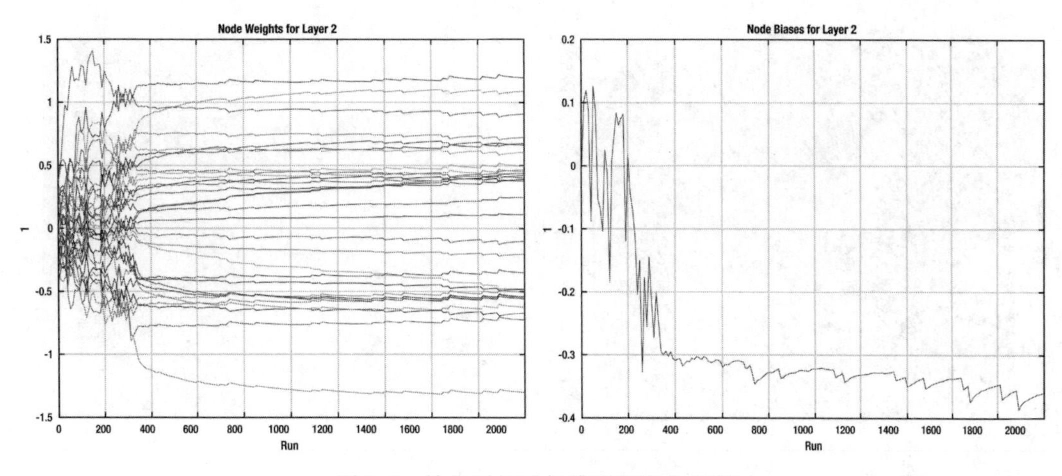

图 9-5　输出层权重与偏置的演化过程

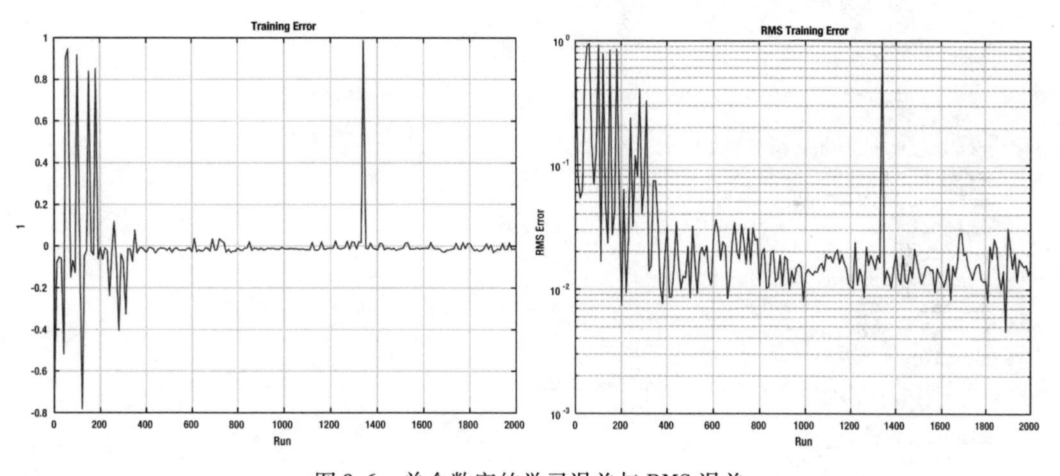

图 9-6　单个数字的学习误差与 RMS 误差

像。我们可能会想知道是否真的需要隐含层中的所有 30 个节点，或者是否可以使用较少的节点来提取学习过程中所需要的特征数量。在右图中，按照每个节点的输入像素对权重进行排序，我们可以清楚地看到，只有很少的节点与它们初始化时的随机权重值有很大的变化。也就是说，许多节点的权重似乎并没有太大变化。

因为这种可视化方式看起来是有帮助的，所以在生成权重线图之后，将这部分的可视化代码添加到神经网络训练的 GUI 中。在一个图形中创建两个子图像，左图显示权重的初始值，右图则显示训练完成之后的权重值。图像中使用比默认 Parula 映射更加醒目的 HSV 色彩映射。NeuralNetTrainer 中生成可视化图像的代码如下所示：

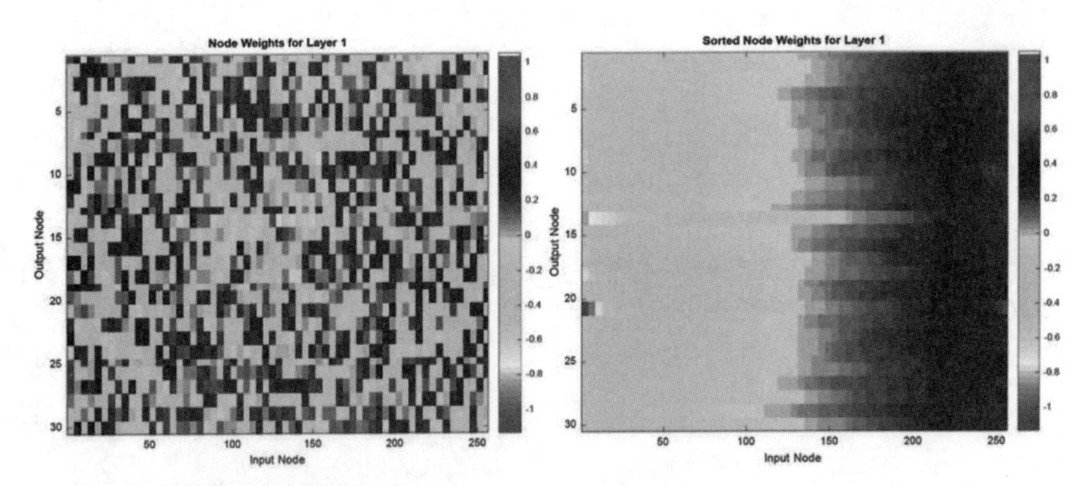

图 9-7　识别单个数字神经网络中隐含层 30 个节点的权重图像。左图为权重值，右图为按像素排序后的权重

```
% New figure: weights as image
newH = figure('name',['Node␣Weights␣for␣Layer␣' num2str(j)]);
endWeights = [h.train.network(j,1).w(:);h.train.network(j,end).w(:)];
minW = min(endWeights);
maxW = max(endWeights);
subplot(1,2,1)
imagesc(h.train.network(j,1).w,[minW maxW])
colorbar
ylabel('Output␣Node')
xlabel('Input␣Node')
title('Weights␣Before␣Training')
subplot(1,2,2)
imagesc(h.train.network(j,end).w,[minW maxW])
colorbar
xlabel('Input␣Node')
title('Weights␣After␣Training')
        colormap hsv
h.resultsFig = [newH; h.resultsFig];
```

请注意，统计包含初始权重值和最终迭代完成之后的权重值在内的最小值和最大值，以使两个图像具有相同的色彩映射范围。现在，由于初始的 30 个节点设置看起来并不是必要的，因此我们将该层节点的数量减少到 10 个，重新随机初始化权重，再次进行训练。现在可以得到新网络的权重值在学习开始之前和完成之后的新图像，如图 9-8 所示。

现在我们可以看到，对于 256 个像素的权重图像，两个图像中出现了更多具有差异的颜色块，并且可以看到输出层的权重也发生了明显变化。

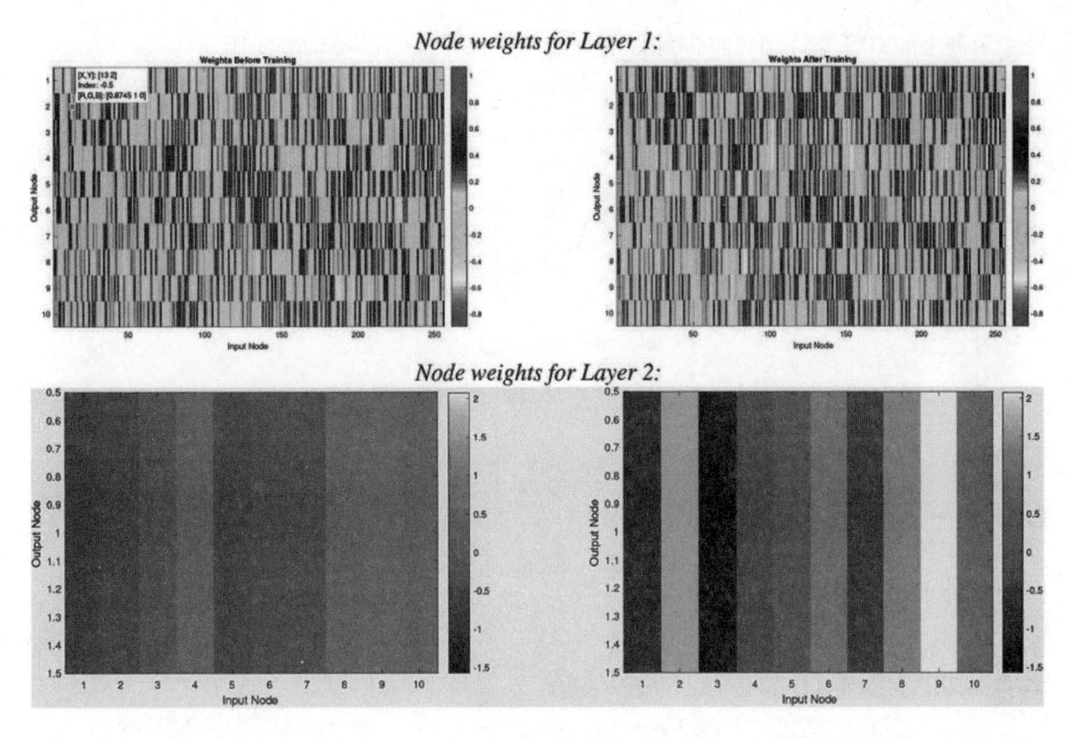

图 9-8　隐含层 10 个节点在学习之前和之后的权重图像。上图为隐含层的图像，下图为输出层图像（只有一个输出节点）

9.4　测试神经网络

9.4.1　问题

对神经网络进行测试。

9.4.2　方法

使用没有参与学习过程的图像数据来测试神经网络。利用训练数据和测试数据各自的独立索引，可以在 GUI 中实现这样的测试功能。通过 DigitTrainingData 脚本随机选择 150 个示例图像进行学习，并保存其余的 50 个用于测试。

9.4.3　步骤

在 GUI 中，只须单击“测试”按钮，即可以对具有不同学习参数的神经网络进行测试。

图 9-9 中，左图显示了输出节点使用 sigmoid 激活函数的神经网络的输出结果，右图显示了输出节点使用 step 激活函数的输出，也就是说，节点的输出限制为 0 或者 1。

示例中的GUI允许用户将训练好的神经网络保存下来以备将来使用。

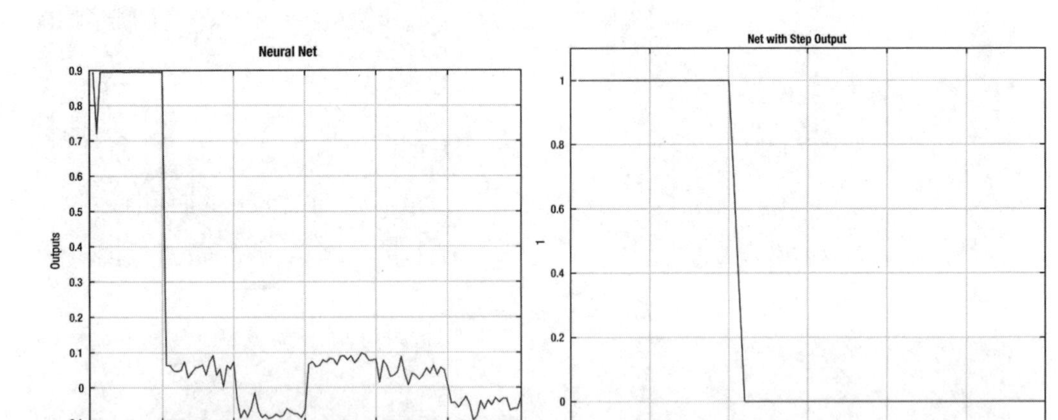

图9-9　具有Sigmoid（左）和step（右）激活函数的神经网络

9.5　训练多输出节点的神经网络

9.5.1　问题

构建能够识别0~9十个数字的人工神经网络。

9.5.2　方法

增加节点，使得输出层有10个节点。当输入数字0~9时，每个输出节点的输出为0或1。在输出节点中尝试使用不同的激活函数，例如logistic和step。既然网络要识别更多的数字，就恢复隐含层中30个节点数目的设置。

9.5.3　步骤

训练数据集现在包括所有10个数字，由输出节点组成的二进制“0”输出序列中将在正确的位置上标为1。例如，数字1的输出序列将表示为

$$[0\,1\,0\,0\,0\,0\,0\,0\,0]$$

神经网络遵循相同的学习过程。初始化网络，将训练集加载到GUI中，并指定反向传播的学习迭代次数，如图9-10所示。

学习过程中的RMS误差曲线显示大部分学习是在前3000次迭代中完成的，如图9-11所示。

图9-12中的测试结果显示，每一组测试数据集（20个数据集，共计200次测试）都能够正确地识别。

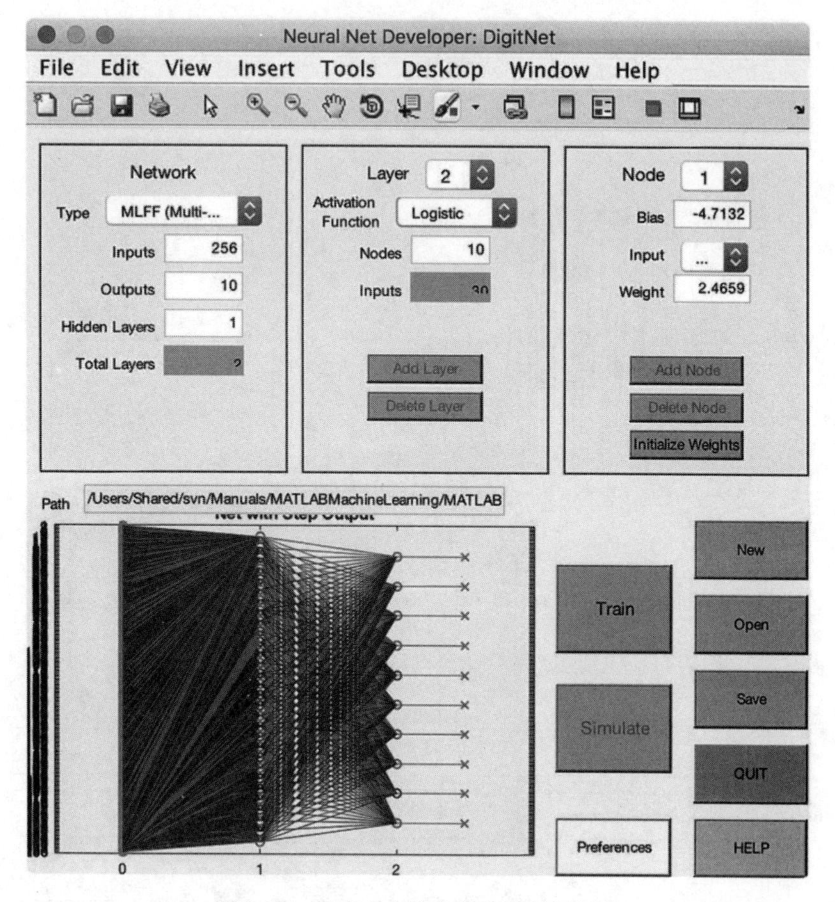

图 9-10　具有多个输出节点的神经网络

当用户将一个训练好的网络模型保存为 MAT 文件后，便可以使用 NeuralNetMLFF 函数调用这个模型，使用新的数据集进行测试，示例代码如下。

```
>> data = load('NeuralNetMat');
>> network = data.DigitsStepNet;
>> y = NeuralNetMLFF( DigitTrainingTS.inputs(:,1), data.DigitsStepNet )
y =
     1
     0
     0
     0
     0
     0
     0
     0
     0
     0
```

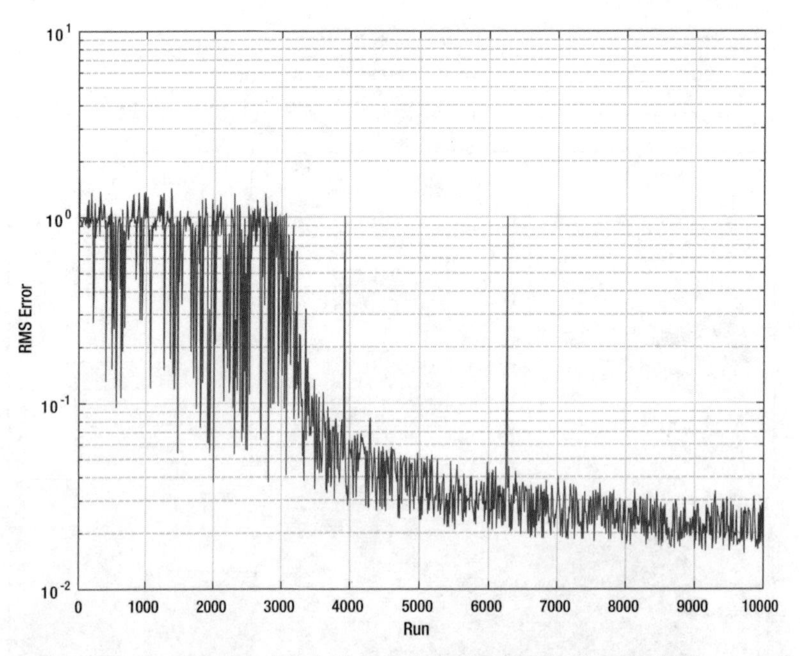

图 9-11　识别多个数字神经网络的学习过程中的 RMS 误差

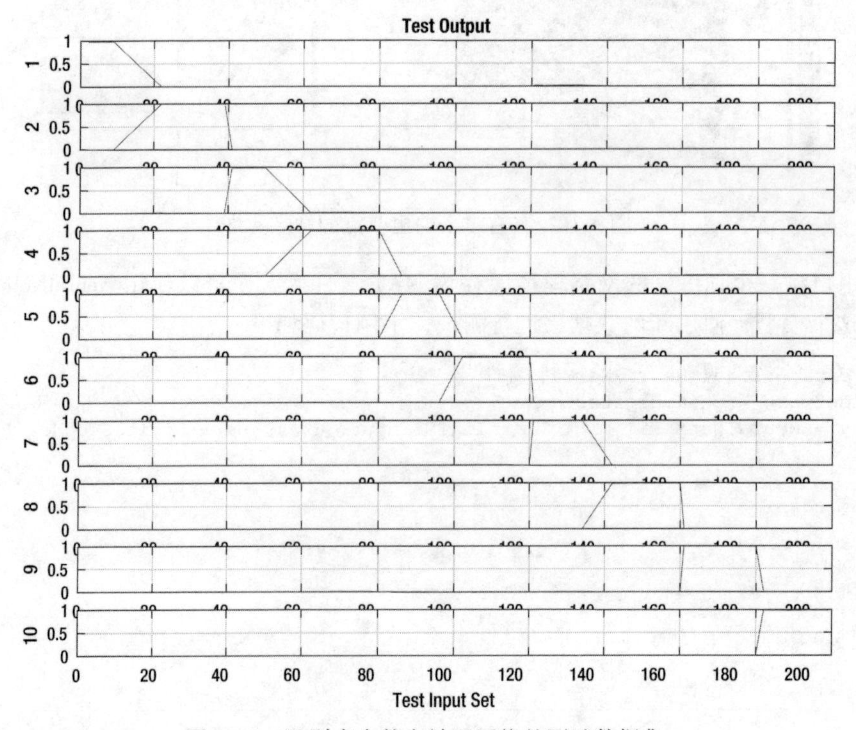

图 9-12　识别多个数字神经网络的测试数据集

如前所述，实现神经网络权重值的可视化充满乐趣，它可以帮助我们深入洞察问题。而且，该问题的规模足够小，可以方便地生成权重值的可视化图像。可以将单个隐含神经元的 256 个权重构成的集合视为一个 16 × 16 像素的图像，而在整个隐含层节点的权重集合的可视化图像中，将每一行作为一个神经元，以查看其中的模式，如图 9-13 所示。

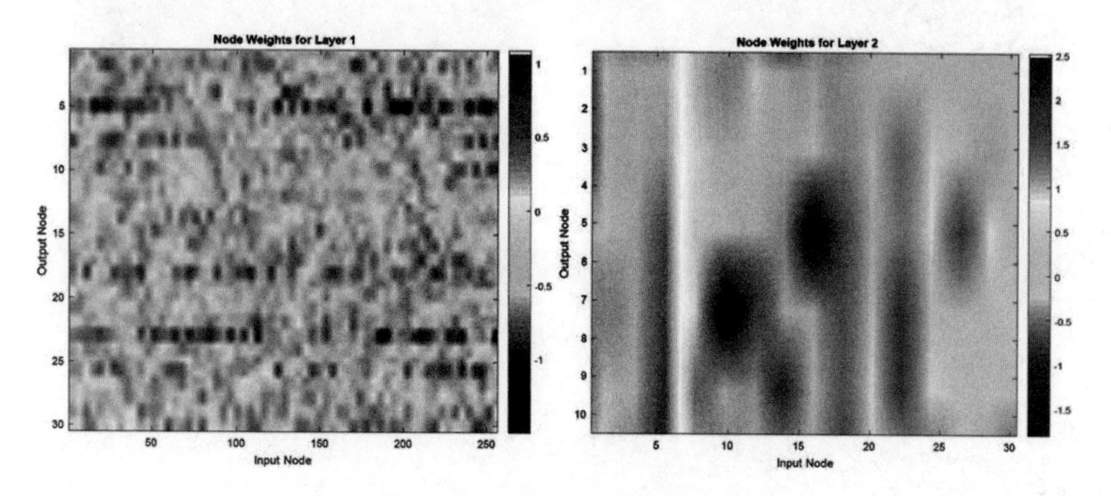

图 9-13 识别多个数字神经网络中的权重可视化

用户也可以使用 imagese 和 reshape 函数，在单节点的权重可视化图像中以迷你模式进行查看：

```
>> figure;
>> imagesc(reshape(net.DigitsStepNet.layer(1).w(23,:),16,16));
>> title('Weights␣to␣Hidden␣Node␣23')
```

可视化结果如图 9-14 所示。

总结

本章展示了利用神经网络学习来分类数字。对所构建的工具箱一个有益的扩展是使用数据存储形式的图像数据，而不是以矩阵形式表示的输入数据。所创建的工具箱可用于任何数值形式的输入数据，但是当数据量变得非常“大”时，就有必要使用更加特定的实现方式。表 9-1 给出了本章中使用的代码清单。

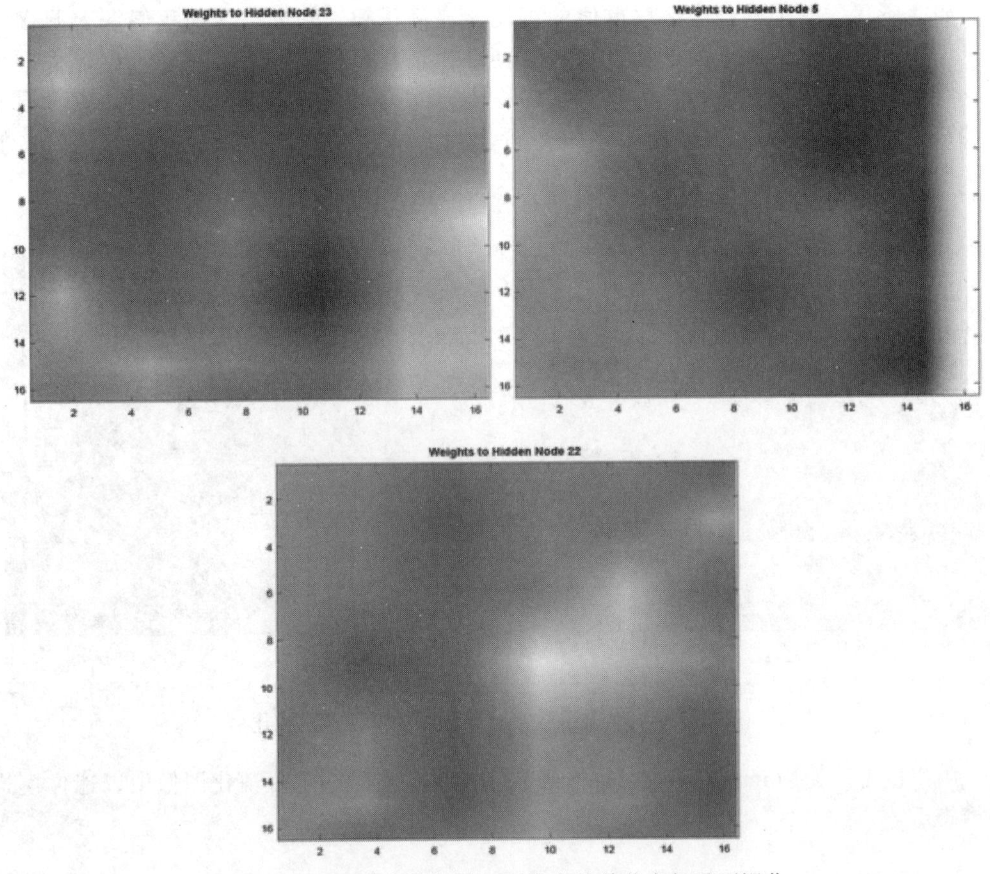

图 9-14　识别多个数字神经网络中的单节点权重可视化

表 9-1　本章代码清单

函　数	功　能
DigitTrainingData	生成数字图像的训练数据集
CreateDigitImage	生成单个数字的带噪声图像
Neuron	建模具有多种激活函数的神经元
NeuralNetMLFF	计算多层前馈神经网络的输出
NeuralNetTraining	反向传播的学习过程
DrawNeuralNet	显示具有多层的神经网络
SaveTS	保存训练数据集及索引数据的 MAT 文件

参考文献

[1] Nils J. Nilsson. *Artificial Intelligence: A New Synthesis*. Morgan Kaufmann Publishers, 1998.
[2] S. Russell and P. Norvig. *Artificial Intelligence: A Modern Approach, Third Edition*. Prentice-Hall, 2010.

CHAPTER 10

第10章 卡尔曼滤波器

理解或控制物理系统通常需要知道系统的模型，即关于系统特征与结构的知识。模型可以是一种预定义结构，或者可以仅仅通过数据来确定其结构。对于卡尔曼滤波，创建一个模型，并使用该模型作为学习系统的框架。

对卡尔曼滤波器来说，重要的是，关于我们想要了解的系统，它严格地解释了模型中的不确定性。系统模型中存在不确定性；如果你有一个模型，那么这种不确定性（或者噪声）就存在于对系统的测量中。

系统可以通过其动态状态及参数进行定义，其中参数往往是常数。例如，如果你研究一个在桌面上滑动的目标，则其状态包括位置和速度；而参数会是物体的质量和摩擦系数。可能还会对作用于目标的一个外力进行估计。此时，参数与状态便构成了目标模型，我们需要知道两者，才能正确理解系统。有时会很难确定某个量属于状态还是参数。例如，质量通常是一个参数，但是对于飞机、汽车或火箭来说，随着燃料消耗，质量会发生变化，因此它通常被建模为一个状态。

由 R. E. Kalman 等人发明的卡尔曼滤波器是用于估计或学习系统状态的数学框架。估计器会给出位置和速度在统计上的最佳估计。卡尔曼滤波器也可以用来识别系统参数，因此，卡尔曼滤波器就为识别状态与参数提供了数学框架。

该领域也称为系统辨识（或者系统识别）。系统辨识是识别任意系统的结构与参数的过程。例如，对于一个作用于弹簧的简单质量，系统辨识就包括识别或者确定质量和弹簧常数，以及确定用于建模系统的微分方程。它是机器学习的一种形式，起源于控制理论。系统辨识包括许多方法，本章将仅研究卡尔曼滤波器。术语“学习”通常并不与估计相关联，但实际上它们是同一内容。

系统辨识问题的一个重要方面是，在给定可用测量值的情形下，确定哪些参数和状态可以估计。这是适用于所有学习系统的一个关键问题，即是否可以通过观察来学习我们想要了解的东西。为此，我们需要知道一个参数或状态是否可以观察，并且是否可以

与其他观察量独立区分开来。例如，假设使用牛顿定律

$$F = ma \tag{10-1}$$

其中，F 是力，m 是质量，a 是加速度。在此处的模型中，加速度是观察和测量目标，那么我们可以同时估计力和质量吗？答案是否定的，因为我们正在测量力与质量之比

$$a = \frac{F}{m} \tag{10-2}$$

我们无法将这两者分开。如果具有力传感器或者质量传感器，就可以独立确定每个量。我们应该意识到在包括卡尔曼滤波器在内的所有学习系统中都存在这样的问题。

10.1 状态估计器

10.1.1 问题

估计某个质量的速度和位置，该质量通过弹簧和阻尼器连接到一个结构上。系统如图 10-1 所示，其中 m 是质量，k 是弹簧常数，c 是阻尼常数，F 是外力，x 是位置，质量只能在一个方向上移动。

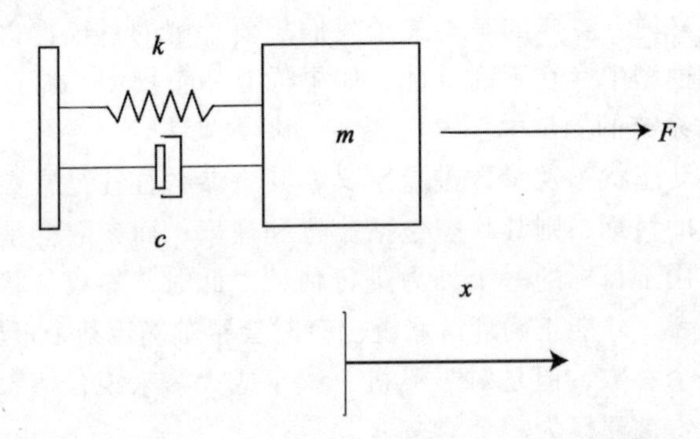

图 10-1 弹簧式阻尼器系统。质量位于右侧，弹簧位于质量的左上方，阻尼器位于弹簧下方

用于系统建模的连续时间微分方程是

$$\frac{\mathrm{d}r}{\mathrm{d}t} = v \tag{10-3}$$

$$m\frac{\mathrm{d}v}{\mathrm{d}t} = f - cv - kx \tag{10-4}$$

这说明位置 r 相对于时间 t 的变化是速度 v，速度相对于时间的变化等于外力减去阻尼常数与速度的乘积，再减去弹簧常数与位置的乘积。事实上，第二个方程式就是牛顿定律

$$F = f - cv - kx \tag{10-5}$$

$$\frac{\mathrm{d}v}{\mathrm{d}t} = a \tag{10-6}$$

为简化问题，将式（10-4）的两侧都除以质量，得到

$$\frac{\mathrm{d}r}{\mathrm{d}t} = v \tag{10-7}$$

$$\frac{\mathrm{d}v}{\mathrm{d}t} = a - 2\zeta\omega v - \omega^2 x \tag{10-8}$$

其中

$$\frac{c}{m} = 2\zeta\omega \tag{10-9}$$

$$\frac{k}{m} = \omega^2 \tag{10-10}$$

a 是加速度$\left(\frac{f}{m}\right)$，ζ 是阻尼比，ω 是无阻尼固有频率。无阻尼固有频率是指当没有阻尼时，质量的振荡频率。阻尼比表示系统阻滞的速度以及我们观测到的振荡水平。如果阻尼比为0，系统永不衰减，质量将永远振荡下去。如果阻尼比为1，我们将观察不到任何振荡。这种形式使得我们更容易理解预期的阻尼和振荡，而关于 c 和 k 的表达式并不会使这种理解变得更加清晰。

下面的仿真代码将生成阻尼波形。

```
%% Damping ratio Demo
% Demonstrate an oscillator with different damping ratios.
%% See also
% RungeKutta, RHSOscillator, TimeLabel

%% Initialize
nSim          = 1000;           % Number of simulation steps
dT            = 0.1;            % Time step (sec)
d             = RHSOscillator;  % Get the default data structure
d.a           = 0.0;            % Disturbance acceleration
d.omega       = 0.2;            % Oscillator frequency
zeta          = [0 0.2 0.7071 1];

%% Simulation
xPlot = zeros(length(zeta),nSim);
s     = cell(1,4);

for j = 1:length(zeta)
  d.zeta        = zeta(j);
  x             = [0;1];            % Initial state [position;velocity]
  s{j}     = sprintf('\\zeta␣=␣%6.4f',zeta(j));
  for k = 1:nSim
    % Plot storage
    xPlot(j,k)  = x(1);

    % Propagate (numerically integrate) the state equations
```

```
    x              = RungeKutta( @RHSOscillator, 0, x, dT, d );
  end
end

%% Plot the results
[t,tL] = TimeLabel(dT*(0:(nSim-1)));
PlotSet(t,xPlot,'x␣label',tL,'y␣label','r','figure␣title','Damping␣Ratios','
    legend',s,'plot␣set',{1:4})
```

仿真结果如图 10-2 所示，初始条件为位置 0 和速度 1，从图中可以看到对不同阻尼比的响应。

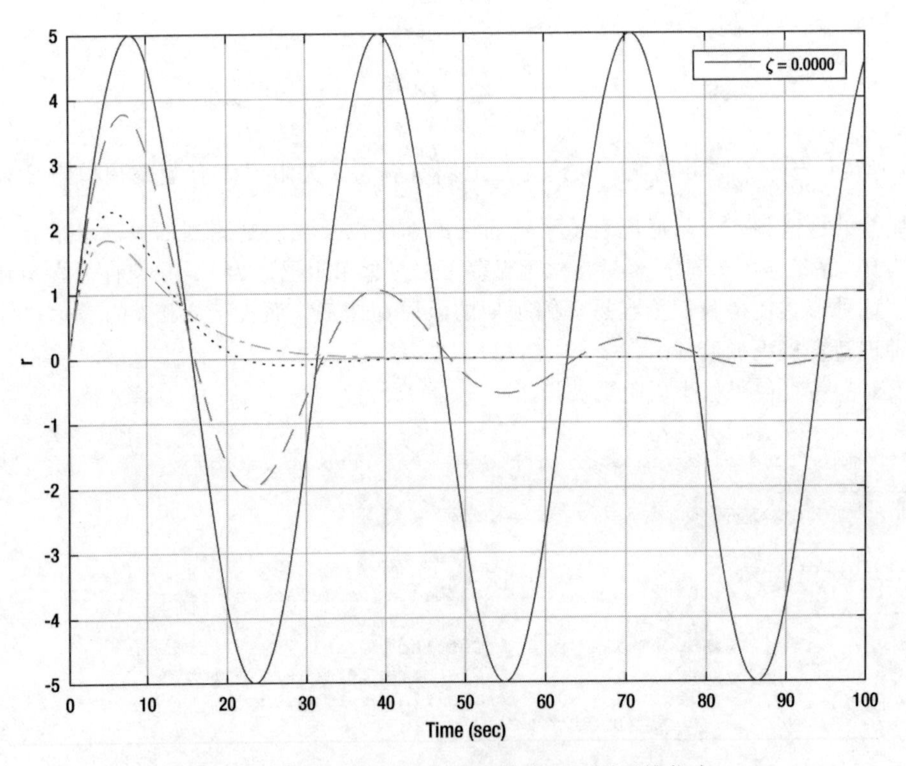

图 10-2 具有不同阻尼比的弹簧式阻尼器系统仿真

由于状态向量导数

$$x = \begin{bmatrix} r \\ v \end{bmatrix} \tag{10-11}$$

没有与任何数量相乘，因此这是真正的状态空间形式下的阻尼响应。

状态方程的右侧（一阶微分方程）如下列代码所示。请注意，如果没有要求的输入，则返回默认数据结构。也就是说，代码 if（nargin < 1）告诉函数如果没有给定的输入，则返回预定义的数据结构。这是帮助人们使用函数功能的一种便捷方式。

```
%% RHSOSCILLATOR Right hand side of an oscillator.
%% Form
%  xDot = RHSOscillator( ~, x, a )
%
%% Description
% An oscillator models linear or rotational motion plus many other
% systems. It has two states, position and velocity. The equations of
% motion are:
%
%  rDot = v
%  vDot = a - 2*zeta*omega*v - omega^2*r
%
% This can be called by the MATLAB Recipes RungeKutta function or any MATLAB
% integrator. Time is not used.
%
% If no inputs are specified it will return the default data structure.
%
%% Inputs
%  t       (1,1) Time (unused)
%  x       (2,1) State vector [r;v]
%  d       (.)   Data structure
%                .a      (1,1) Disturbance acceleration (m/s^2)
%                .zeta   (1,1) Damping ratio
%                .omega  (1,1) Natural frequency (rad/s)
%
%% Outputs
%  x       (2,1) State vector derivative d[r;v]/dt
%

function xDot = RHSOscillator( ~, x, d )

if( nargin < 1 )
  xDot = struct('a',0,'omega',0.1,'zeta',0);
  return
end

xDot = [x(2);d.a-2*d.zeta*d.omega*x(2)-d.omega^2*x(1)];
```

仿真脚本如下列代码所示，它完成了状态方程右侧的数值积分。首先从右侧获取默认数据结构，然后将需要的参数填写进去。

```
%% Initialize
nSim            = 1000;           % Simulation end time (sec)
dT              = 0.1;            % Time step (sec)
dRHS            = RHSOscillator;  % Get the default data structure
dRHS.a            = 0.1;            % Disturbance acceleration
dRHS.omega        = 0.2;            % Oscillator frequency
dRHS.zeta         = 0.1;            % Damping ratio
x               = [0;0];          % Initial state [position;velocity]
baseline        = 10;             % Distance of sensor from start point
yR1Sigma        = 1;              % 1 sigma position measurement noise
yTheta1Sigma      = asin(yR1Sigma/baseline);    % 1 sigma angle measurement
    noise
```

```
%% Simulation
xPlot = zeros(4,nSim);

for k = 1:nSim

  % Measurements
  yTheta        = asin(x(1)/baseline) + yTheta1Sigma*randn(1,1);
  yR            = x(1) + yR1Sigma*randn(1,1);

  % Plot storage
  xPlot(:,k)  = [x;yTheta;yR];
  % Propagate (numerically integrate) the state equations
  x             = RungeKutta( @RHSOscillator, 0, x, dT, dRHS );

end

%% Plot the results
yL      = {'r␣(m)' 'v␣(m/s)' 'y_\theta␣(rad)' 'y_r␣(m)'};
[t,tL] = TimeLabel(dT*(0:(nSim-1)));

PlotSet( t, xPlot, 'x␣label', tL, 'y␣label', yL,...
  'plot␣title', 'Oscillator', 'figure␣title', 'Oscillator' );
```

仿真结果如图10-3所示。输入是扰动加速度，在时间 $t=0$ 处从0变为该值。在仿真持续期间，该加速度是恒定的。这称为阶跃扰动，将导致系统振荡。由于存在阻尼，振荡幅度将逐渐减缓，直至为0。如果阻尼比为1，将看不到任何振荡。

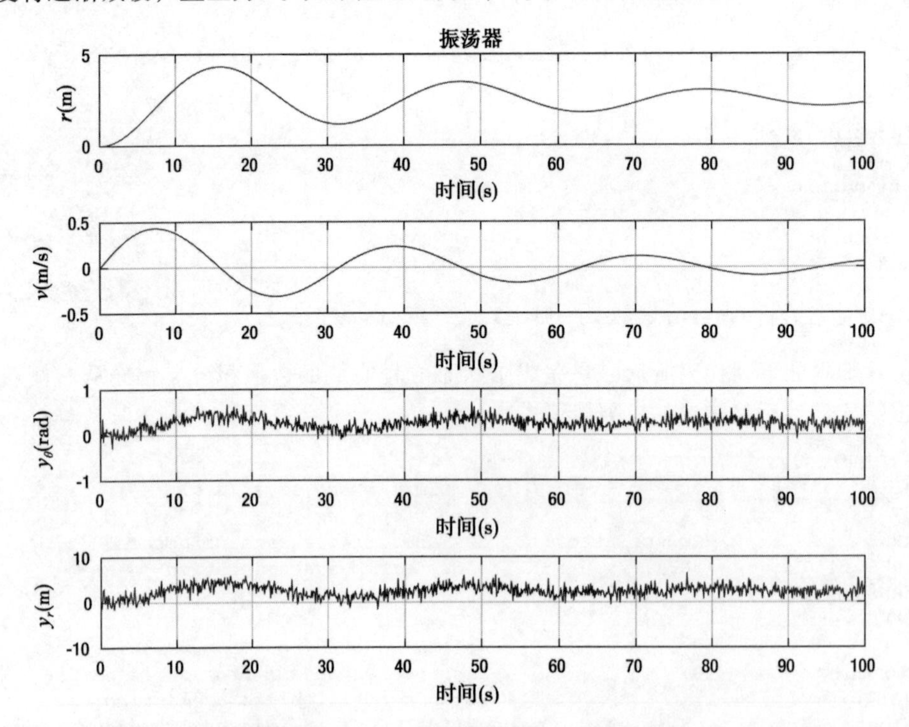

图10-3　弹簧式阻尼器系统仿真。输入为步进加速度。振荡缓慢地消失。也就是说，随着时间的推移逐渐变为0。由于具有恒定的加速度，位置产生了偏移

通过设定 $v=0$，利用解析方法来求偏移。基本来说，弹簧力将抵消外力。

$$0=\frac{\mathrm{d}v}{\mathrm{d}t}=a-\omega^2 x \tag{10-12}$$

$$x=\frac{a}{\omega^2} \tag{10-13}$$

现在我们已经完成了模型推导，接下来将开始构建卡尔曼滤波器。

10.1.2　方法

卡尔曼滤波器可以从贝叶斯定理推导得出。那么什么是贝叶斯定理呢？贝叶斯定理是

$$P(A_i\mid B)=\frac{P(B\mid A_i)P(A_i)}{\sum P(B\mid A_i)} \tag{10-14}$$

$$P(A_i\mid B)=\frac{P(B\mid A_i)P(A_i)}{P(B)} \tag{10-15}$$

式中只给出了给定 B 时 A_i 的概率。P 表示“概率”，式中的竖线“|”表示“给定”。这里假设 B 的概率不为0；也就是说，$P(B)\neq 0$。在贝叶斯解释中，定理引入了证据对信念的影响。该定理提供了一个严格的数学框架，用于纳入任何具有一定程度上不确定性的数据。简单来说，给定目前所有的证据（或数据），贝叶斯定理可以让你确定新证据将如何影响信念。对于状态估计，就是对状态估计准确性的信念。

图10-4显示了卡尔曼滤波器家族树及其与贝叶斯滤波器的关系。在本书中，只涵盖

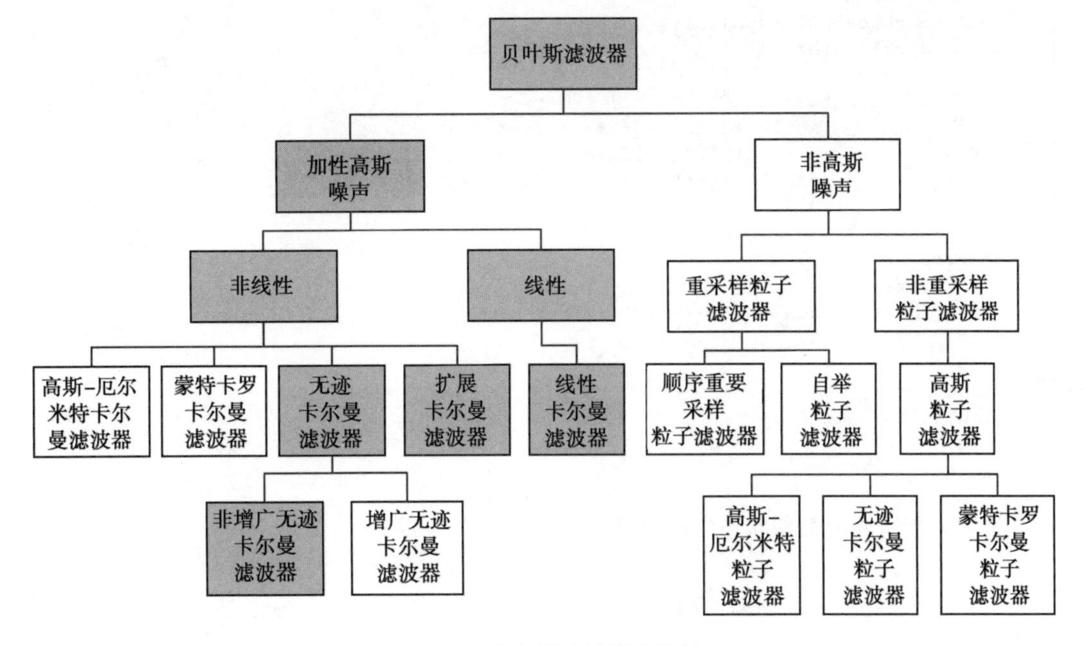

图10-4　卡尔曼滤波器家族树

图中那些灰色方框的部分，完整的推导过程将在后面给出。家族树为所有卡尔曼滤波方法的实现提供了一个统一的框架。基于多种假设，包括对模型和传感器噪声的假设，以及对测量和动力学模型的线性或非线性的假设，会有不同的滤波器从贝叶斯模型中衍生出来。所有的过滤器都属于马尔可夫类型，也就是说，当前的动力学状态完全可以基于之前的状态预测出来。本书中没有讨论粒子滤波器，它们属于蒙特卡罗方法。蒙特卡罗（以著名的赌场命名）方法是依靠随机取样获得结果的计算方法。例如，振荡器仿真的蒙特卡罗方法就使用 MATLAB 函数 nrandn 来生成加速度。示例中会进行多次测试，以验证质量是否按照预期在移动。

10.1.3　步骤

推导过程中将使用符号 $N(\mu, \sigma^2)$ 来表示正态变量（或者高斯变量），这意味着变量服从均值为 μ、方差为 σ^2 的正态分布。针对一系列标准偏差值，下列代码计算了均值为 2 的高斯或正态分布，图形如图 10-5 显示。其中图形高度表示变量的某一给定测量值实际具有该数值的可能性。

```
%% Initialize
mu            = 2;             % Mean
sigma         = [1 2 3 4]; % Standard deviation
n             = length(sigma);
x             = linspace(-7,10);

%% Simulation
xPlot = zeros(n,length(x));
s     = cell(1,n);

for k = 1:length(sigma)
  s{k}        = sprintf('Sigma␣=␣%3.1f',sigma(k));
  f           = -(x-mu).^2/(2*sigma(k)^2);
  xPlot(k,:) = exp(f)/sqrt(2*pi*sigma(k)^2);
end

%% Plot the results
h = figure;
set(h,'Name','Gaussian');
plot(x,xPlot)
grid
xlabel('x');
ylabel('Gaussian');
grid on
legend(s)
```

给定离散时间的概率状态空间模型[1]为

$$x_k = f_k(x_{k-1}, w_{k-1}) \tag{10-16}$$

其中，x 为状态向量，w 为噪声向量，测量值方程为

$$y_k = h_k(x_k, v_n) \tag{10-17}$$

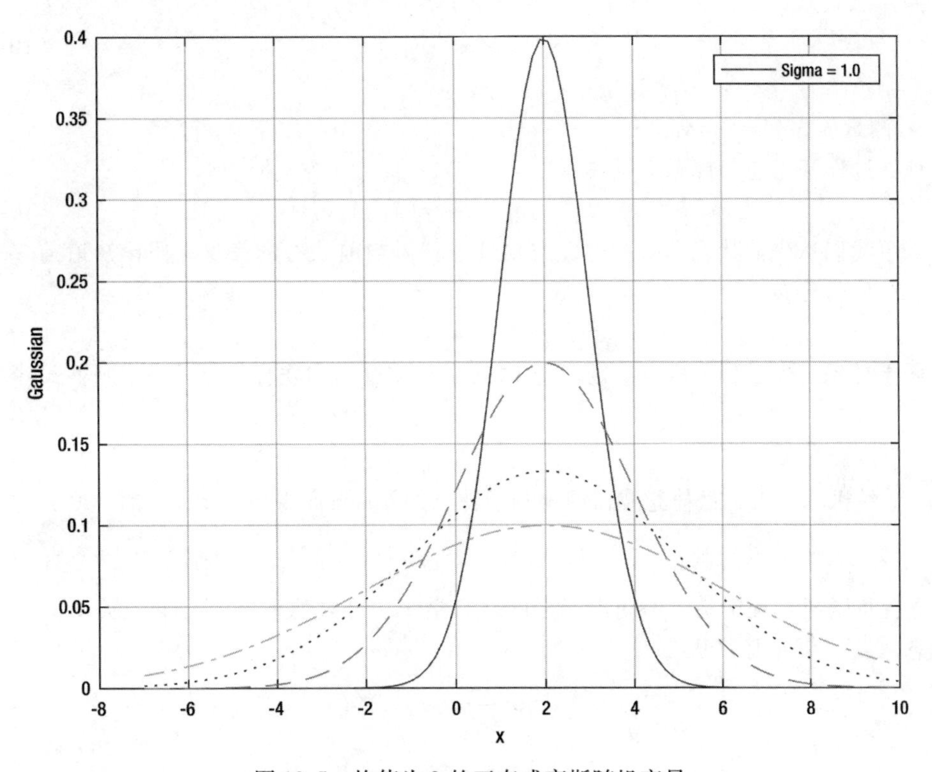

图 10-5　均值为 2 的正态或高斯随机变量

其中，v_n 为测量噪声。因为状态是隐藏的，所以上式也具有隐马尔可夫模型（HMM）的形式。

如果这个过程是马尔可夫过程，也就是说，未来的 x_k 只依赖于当前状态，而不依赖于过去状态（当前状态为 x_{k-1}），那么

$$p(x_k \mid x_{1:k-1}, y_{1:k-1}) = p(x_k \mid x_{k-1}) \tag{10-18}$$

符号“|”表示“给定“的意思。在上式中，第一项读为“给定 $x_{1:k-1}$和 $y_{1:k-1}$时 x_k 的概率”，表示在给定直到 $k-1$ 次测量所包含的所有过去状态和测量值时，当前状态的概率。在给定当前状态 x_k 时，过去状态 x_{k-1}是独立于未来状态的，如下式所示：

$$p(x_{k-1} \mid x_{k:T}, y_{k:T}) = p(x_{k-1} \mid x_k) \tag{10-19}$$

其中，T 是最近的一个样本，测量值 y_k 有条件地独立于给定的 x_k：

$$p(y_k \mid x_{1:k}, y_{1:k-1}) = p(y_k \mid x_k) \tag{10-20}$$

可以定义计算概率分布的递归贝叶斯最优滤波器为

$$p(x_k \mid y_{1:k}) \tag{10-21}$$

给定

- 先验概率分布 $p(x_0)$，其中 x_0 是第一次测量之前的状态。
- 状态空间模型

$$x_k \sim p(x_k \mid x_{k-1}) \tag{10-22}$$

$$y_k \sim p(y_k \mid x_k) \tag{10-23}$$

- 测量值序列 $y_{1:k} = y_1, \cdots, y_k$。

计算过程基于递归规则

$$p(x_{k-1} \mid y_{1:k-1}) \rightarrow p(x_k \mid y_{1:k}) \tag{10-24}$$

这意味着我们从先前状态和所有过去的测量中获得当前状态的信息。假设知道前一个时间步长的后验分布

$$p(x_{k-1} \mid y_{1:k-1}) \tag{10-25}$$

因为属于马尔可夫过程，所以给定 $y_{1:k-1}$时关于 x_k 和 x_{k-1}的联合分布可以按照下式计算

$$p(x_k, x_{k-1} \mid y_{1:k-1}) = p(x_k \mid x_{k-1}, y_{1:k-1}) p(x_{k-1} \mid y_{1:k-1}) \tag{10-26}$$

$$= p(x_k \mid x_{k-1}) p(x_{k-1} \mid y_{1:k-1}) \tag{10-27}$$

在 x_{k-1}上的积分给出了最佳滤波器的预测步骤，即 Chapman-Kolmogorov 方程（C-K 方程）

$$p(x_k \mid y_{1:k-1}) = \int p(x_k \mid x_{k-1}, y_{1:k-1}) p(x_{k-1} \mid y_{1:k-1}) \mathrm{d}x_{k-1} \tag{10-28}$$

C-K 方程将随机过程中基于不同坐标系的联合概率分布函数联系在一起。关于测量的更新状态从贝叶斯规则中得到：

$$P(x_k \mid y_{1:k}) = \frac{1}{C_k} p(y_k \mid x_k) p(x_k \mid y_{k-1}) \tag{10-29}$$

$$C_k = p(y_k \mid y_{1:k-1}) = \int p(y_k \mid x_k) p(x_k \mid y_{1:k-1}) \mathrm{d}x_k \tag{10-30}$$

其中，C_k 是在给定所有过去测量时，当前测量的概率。

如果噪声是具有状态协方差 Q_n 和测量协方差 R_n 的加性高斯分布，则模型和测量噪声具有零均值，可以将状态方程写为

$$x_k = f_k(x_{k-1}) + w_{k-1} \tag{10-31}$$

其中，x 是状态向量，w 是噪声向量。测量方程可以改写为

$$y_k = h_k(x_k) + v_\mathrm{n} \tag{10-32}$$

给定 Q 为非时间依赖，则可以写出

$$p(x_k \mid x_{k-1}, y_{1:k-1}) = N(x_k; f(x_{k-1}), Q) \tag{10-33}$$

现在可以将预测步骤（即式（10.28））写为

$$p(x_k \mid y_{1:k-1}) = \int \mathrm{N}(x_k; f(x_{k-1}), Q) p(x_{k-1} \mid y_{1:k-1}) \mathrm{d}x_{k-1} \tag{10-34}$$

我们需要求出 x_k 的一阶矩和二阶矩。统计学中的矩是指关于变量的期望值（或均值）。一阶矩是关于变量自身，二阶矩是关于变量的平方，以此类推。方程式为

$$E[x_k] = \int x_k p(x_k \mid y_{1:k-1}) \mathrm{d}x_k \tag{10-35}$$

$$E[x_k x_k^\mathrm{T}] = \int x_k x_k^\mathrm{T} p(x_k \mid y_{1:k-1}) \mathrm{d}x_k \tag{10-36}$$

E是期望值，$E[x_k]$是均值，$E[x_k x_k^{\mathrm{T}}]$是协方差。展开一阶矩方程，使用恒等矩阵$E[x]=\int xN(x;f(s),\Sigma)\mathrm{d}x=f(s)$，其中$s$为任意参数，

$$E[x_k]=\int x_k\left[\int \mathrm{N}(x_k;f(x_{k-1}),Q)p(x_{k-1}\mid y_{1:k-1})\mathrm{d}x_{k-1}\right]\mathrm{d}x_k \tag{10-37}$$

$$=\int x_k\left[\int \mathrm{N}(x_k;f(x_{k-1}),Q)\mathrm{d}x_k\right]p(x_{k-1}\mid y_{1:k-1})\mathrm{d}x_{k-1} \tag{10-38}$$

$$=\int f(x_{k-1})p(x_{k-1}\mid y_{1:k-1})\mathrm{d}x_{k-1} \tag{10-39}$$

假设$p(x_{k-1}|y_{1:k-1})=\mathrm{N}(x_{k-1};\hat{x}_{k-1|k-1},P_{k-1|k-1}^{xx})$，其中$P^{xx}$是$x$的协方差，由$x_k=f_k(x_{k-1})+w_{k-1}$，得到

$$\hat{x}_{k|k-1}=\int f(x_{k-1})\mathrm{N}(x_{k-1};\hat{x}_{k-1|k-1},P_{k-1|k-1}^{xx})\mathrm{d}x_{k-1} \tag{10-40}$$

对于二阶矩，有

$$E[x_k x_k^{\mathrm{T}}]=\int x_k x_k^{\mathrm{T}}p(x_k\mid y_{1:k-1})\mathrm{d}x_k \tag{10-41}$$

$$=\int\left[\int(x_k;f(x_{k-1}),Q)x_k x_k^{\mathrm{T}}\mathrm{d}x_k\right]p(x_{k-1}\mid y_{1:k-1})\mathrm{d}x_{k-1} \tag{10-42}$$

进而得到

$$P_{k|k-1}^{xx}=Q+\int f(x_{k-1})f^{\mathrm{T}}(x_{k-1})\mathrm{N}(x_{k-1};\hat{x}_{k-1|k-1},P_{k-1|k-1}^{xx})\mathrm{d}x_{k-1}-\hat{x}_{k|k-1}^{\mathrm{T}}\hat{x}_{k|k-1} \tag{10-43}$$

初始状态的协方差P_0^{xx}为高斯形式。在不引入更多近似的情况下，卡尔曼滤波器可以写为

$$\hat{x}_{k|k}=\hat{x}_{k|k-1}+K_n[y_k-\hat{y}_{k|k-1}] \tag{10-44}$$

$$P_{k|k}^{xx}=P_{k|k-1}^{xx}-K_n P_{k|k-1}^{yy}K_n^T \tag{10-45}$$

$$K_n=P_{k|k-1}^{xy}[P_{k|k-1}^{yy}]^{-1} \tag{10-46}$$

其中，K_n是卡尔曼增益，P^{yy}是测量协方差。对于这些方程的解，需要求解形如下式的5个积分

$$I=\int g(x)\mathrm{N}(x;\hat{x},P^{xx})\mathrm{d}x \tag{10-47}$$

其中用于求解滤波器的三个积分为

$$P_{k|k-1}^{yy}=R+\int h(x_n)h^{\mathrm{T}}(x_n)\mathrm{N}(x_n;\hat{x}_{k|k-1},P_{k|k-1}^{xx})\mathrm{d}x_k-\hat{x}_{k|k-1}^{T}\hat{y}_{k|k-1} \tag{10-48}$$

$$P_{k|k-1}^{xy}=\int x_n h^{\mathrm{T}}(x_n)\mathrm{N}(x_n;\hat{x}_{k|k-1},P_{k|k-1}^{xx})\mathrm{d}x \tag{10-49}$$

$$\hat{y}_{k|k-1}=\int h(x_k)\mathrm{N}(x_k;\hat{x}_{k|k-1},P_{k|k-1}^{xx})\mathrm{d}x_k \tag{10-50}$$

10.1.4　传统卡尔曼滤波器

假设一个模型具有如下形式：

$$x_k = A_{k-1}x_{k-1} + B_{k-1}u_{k-1} + q_{k-1} \tag{10-51}$$

$$y_k = H_k x_k + r_k \tag{10-52}$$

其中，$x_k \in \Re^n$ 是在时间 k 的系统状态；A_{k-1}是在时间 $k-1$ 的状态转移矩阵；B_{k-1}是在时间 $k-1$ 的输入矩阵；$q_{k-1}\mathrm{N}(0, Q_k)$ 是在时间 $k-1$ 的过程噪声；$y_k \in \Re^m$ 是在时间 k 的测量值；H_k 是在时间 k 的测量矩阵，可以在 $h(x)$ 的雅可比矩阵中看到该项；$r_k\mathrm{N}(0, R_k)$ 是在时间 k 的测量噪声。

状态的先验分布是 $x_0 = \mathrm{N}(m_0, P_0)$，其中，参数 m_0 和 P_0 包含关于系统的所有先验知识，m_0 是时间零点的平均值，P_0是协方差。由于状态是高斯形式，因此可以对系统状态做出完整的描述。

$\Re^n$ 表示 n 阶向量中的实数。也就是说，状态中包含 n 个量。以概率形式表示的模型为

$$p(x_k \mid x_{k-1}) = \mathrm{N}(x_k; A_{k-1}x_{k-1}, Q_k) \tag{10-53}$$

$$p(y_k \mid x_k) = \mathrm{N}(y_k; H_k x_k, R_k) \tag{10-54}$$

积分方程就变成了简单的矩阵方程式。在这些方程式中，P_k^- 表示测量更新之前的协方差。

$$P_{k|k-1}^{yy} = H_k P_k^- H_k^{\mathrm{T}} + R_k \tag{10-55}$$

$$P_{k|k-1}^{xy} = P_k^- H_k^{\mathrm{T}} \tag{10-56}$$

$$R_{k|k-1}^{xx} = A_{k-1}P_{k-1}A_{k-1}^{\mathrm{T}} + Q_{k-1} \tag{10-57}$$

$$\widehat{x}_{k|k-1} = m_k^- \tag{10-58}$$

$$\widehat{y}_{k|k-1} = H_k m_k^- \tag{10-59}$$

则预测步骤变为

$$m_k^- = A_{k-1}m_{k-1} \tag{10-60}$$

$$P_k^- = A_{k-1}P_{k-1}A_{k-1}^{\mathrm{T}} + Q_{k-1} \tag{10-61}$$

上述协方差方程中的第一项根据状态转移矩阵 A 传播协方差，Q_{k+1}与其相加，就形成了下一个协方差。过程噪声 Q_{k+1}表示系统中数学模型 A 的精度测量，例如，假设 A 是一个全部状态衰减为 0 的数学模型。没有 Q 时，P 会变为 0。但是如果我们对模型确实不太了解，协方差将不会小于 Q。选择 Q 会很困难。在具有不确定性扰动的动力学系统中，可以通过计算扰动的标准偏差来计算 Q。如果模型 A 不确定，则可以对模型的范围进行统计分析，或者可以在仿真中尝试不同的 Q，并查看哪些效果最好。

更新步骤为

$$v_k = y_k - H_k m_k^- \tag{10-62}$$

$$S_k = H_k P_k^- H_k^{\mathrm{T}} + R_k \tag{10-63}$$

$$K_k = P_k^- H_k^{\mathrm{T}} S_k^{-1} \tag{10-64}$$

$$m_k = m_k^- + K_k v_k \tag{10-65}$$

$$P_k = P_k^- - K_k S_k K_k^{\mathrm{T}} \tag{10-66}$$

S_k是中间量。v_k是残差，残差是在给定估计状态时测量值与估计值之间的差值。R是测量协方差矩阵。白噪声在所有频率都具有相等的能量。如果不是白噪声，则应该使用不同的滤波器。许多类型的噪声（例如来自成像仪的噪声）并不是真正的白噪声，而是带限白噪声。也就是说，只在有限的频率范围内具有噪声。有时可以在A中添加附加状态以更好地对噪声进行建模，例如，添加低通滤波器对噪声进行带限。这也会使得A变得更大，但通常并不是一个问题。

我们将研究卡尔曼滤波器在振荡器中的应用。首先，需要将连续时间问题转换为离散时间的方法，这样我们就只需要知道在离散时间或固定时间间隔T下的状态。使用MATLAB中的expm函数实现连续时间到离散时间的变换，示例代码如下所示。

```
function [f, g] = CToDZOH( a, b, T )

if( nargin < 1 )
  Demo;
  return
end

[n,m] = size(b);
q      = expm([a*T b*T;zeros(m,n+m)]);
f      = q(1:n,1:n);
g      = q(1:n,n+1:n+m);

%% Demo
function Demo

T        = 0.5;

fprintf(1,'Double␣integrator␣with␣a␣%4.1f␣second␣time␣step.\n',T);
a        = [0 1;0 0]
b        = [0;1]
[f, g]   = CToDZOH( a, b, T );
f
g
```

如果运行关于双重积分器的演示程序，将得到如下所示结果。双重积分器是

$$\frac{\mathrm{d}^2x}{\mathrm{d}t^2} = a \tag{10-67}$$

写为状态空间形式，则为

$$\frac{\mathrm{d}r}{\mathrm{d}t} = v \tag{10-68}$$

$$\frac{\mathrm{d}v}{\mathrm{d}t} = a \tag{10-69}$$

或者矩阵形式

$$\dot{x} = Ax + Bu \tag{10-70}$$

其中

$$x = \begin{bmatrix} r \\ v \end{bmatrix} \tag{10-71}$$

$$u = \begin{bmatrix} 0 \\ a \end{bmatrix} \tag{10-72}$$

$$A = \begin{bmatrix} 0 & 1 \\ 0 & 0 \end{bmatrix} \tag{10-73}$$

$$B = \begin{bmatrix} 0 \\ 1 \end{bmatrix} \tag{10-74}$$

```
>> CToDZOH
Double integrator with a 0.5-s time step.
a =
     0     1
     0     0
b =
     0
     1
f =
    1.0000    0.5000
         0    1.0000
g =
    0.1250
    0.5000
```

离散矩阵f很容易理解。时刻$k+1$处的位置状态是时刻k的状态加上时刻k的速度乘以0.5s的时间步长。时刻$k+1$处的速度是时刻k的速度加上时间步长与时刻k的加速度的乘积。时刻k的加速度与$\frac{1}{2}T^2$相乘，可获得速度对位置改变的影响。这是恒定加速度下对质点的标准求解方法。

$$r_{k+1} = r_k + Tv_k + \frac{1}{2}T^2 a_k \tag{10-75}$$

$$v_{k+1} = v_k + Ta_k \tag{10-76}$$

矩阵形式为

$$x_{k+1} = fx_k + bu_k \tag{10-77}$$

利用离散时间逼近，可以改变每个时刻k的加速度以获得整个时间段的历史，这是基于加速度在时间范围T期间内恒定的假设。因此需要仔细选择T，以保证我们大致上能够获得真实的计算结果。

用于测试卡尔曼滤波器的脚本 KFSim. m 如下所示。KFInitialize 用于初始化过滤器(在下面的示例中为卡尔曼滤波器，'kf')。

```
%% KFINITIALIZE Kalman Filter initialization

%% Form:
```

```
%   d = KFInitialize( type, varargin )
%
%% Description
%   Initializes Kalman Filter data structures for the KF, UKF,  EKF and
%   UKFP, parameter update..
%
%   Enter parameter pairs after the type.
%
%   If you return with only one input it will return the default data
%   structure for the filter specified by type. Defaults are returned
%   for any parameter you do not enter.
%
%
%%  Inputs
%   type            (1,1) Type of filter 'ukf', 'kf', 'ekf'
%   varargin        {:}   Parameter pairs
%
%% Outputs
%   d               (1,1) Data structure
%

function d = KFInitialize( type, varargin )

% Default data structures
switch lower(type)
        case 'ukf'
    d = struct( 'm',[],'alpha',1, 'kappa',0,'beta',2, 'dT',0,...
                'p',[],'q',[],'f','','fData',[], 'hData',[],'hFun','','t',0)
                    ;

        case 'kf'
    d = struct( 'm',[],'a',[],'b',[],'u',[],'h',[],'p',[],...
                'q',[],'r',[], 'y',[]);

        case 'ekf'
    d = struct( 'm',[],'x',[],'a',[],'b',[],'u',[],'h',[],'hX',[],'hData'
        ,[],'fX',[],'p',[],...
                'q',[],'r',[],'t',0, 'y',[],'v',[],'s',[],'k',[]);

        case 'ukfp'
    d = struct( 'm',[],'alpha',1, 'kappa',0,'beta',2, 'dT',0,...
                'p',[],'q',[],'f','','fData',[], 'hData',[],'hFun','','t',0,
                    'eta',[]);

  otherwise
    error([type '␣is␣not␣available']);
end

% Return the defaults
if( nargin == 1 )
    return
end
```

```
% Cycle through all the parameter pairs
for k = 1:2:length(varargin)
    switch lower(varargin{k})
        case 'a'
            d.a     = varargin{k+1};

        case {'m' 'x'}
            d.m     = varargin{k+1};
            d.x     = varargin{k+1};

        case 'b'
            d.b     = varargin{k+1};

        case 'u'
            d.u     = varargin{k+1};

        case 'hx'
            d.hX    = varargin{k+1};

        case 'fx'
            d.fX    = varargin{k+1};

        case 'h'
            d.h     = varargin{k+1};

        case 'hdata'
            d.hData     = varargin{k+1};

        case 'hfun'
            d.hFun      = varargin{k+1};

        case 'p'
            d.p     = varargin{k+1};

        case 'q'
            d.q     = varargin{k+1};

        case 'r'
            d.r     = varargin{k+1};

        case 'f'
            d.f     = varargin{k+1};

        case 'eta'
            d.eta   = varargin{k+1};

        case 'alpha'
            d.alpha = varargin{k+1};

        case 'kappa'
            d.kappa = varargin{k+1};
```

```
        case 'beta'
            d.beta       = varargin{k+1};

        case 'dt'
            d.dT         = varargin{k+1};

        case 't'
            d.t    = varargin{k+1};

        case 'fdata'
            d.fData = varargin{k+1};

        case 'nits'
            d.nIts  = varargin{k+1};

        case 'kmeas'
            d.kMeas = varargin{k+1};

    end
end
```

首先通过连续时间到离散时间的模型转换来设置卡尔曼滤波器，然后将 KFPredict 和 KFUpdate 添加到仿真循环中。将预测与更新步骤放在正确的位置，以便估计过程能够与仿真时间同步。仿真过程开始于为仿真中的所有变量分配数值。利用函数 RHSOscillator 获取数据结构，然后修改其值。以矩阵形式写出连续时间模型，然后将其转换为离散时间。函数 randn 用于向仿真中添加高斯噪声。代码其余部分是仿真循环，以及之后的图形绘制。

```
%% KFSim
% Demonstrate a Kalman Filter.
%% See also
% RungeKutta, RHSOscillator, TimeLabel, KFInitialize, KFUpdate, KFPredict

%% Initialize
tEnd          = 100.0;            % Simulation end time (sec)
dT            = 0.1;              % Time step (sec)
d             = RHSOscillator;    % Get the default data structure
d.a           = 0.1;              % Disturbance acceleration
d.omega       = 0.2;              % Oscillator frequency
d.zeta        = 0.1;              % Damping ratio
x             = [0;0];            % Initial state [position;velocity]
y1Sigma        = 1;                % 1 sigma position measurement noise

% xdot = a*x + b*u
a             = [0 1;-2*d.zeta*d.omega -d.omega^2]; % Continuous time model
b             = [0;1];            % Continuous time input matrix

% x[k+1] = f*x[k] + g*u[k]
[f,g]         = CToDZOH(a,b,dT);  % Discrete time model
xE            = [0.3; 0.1];       % Estimated initial state
```

```
q              = [1e-6 1e-6];      % Model noise covariance ;
                                   % [1e-4 1e-4] is for low model noise test
dKF            = KFInitialize('kf','m',xE,'a',f,'b',g,'h',[1 0],...
                          'r',y1Sigma^2,'q',diag(q),'p',diag(xE.^2));

%% Simulation
nSim  = floor(tEnd/dT) + 1;
xPlot = zeros(5,nSim);

for k = 1:nSim

  % Measurements
  y            = x(1) + y1Sigma*randn(1,1);

  % Update the Kalman Filter
  dKF.y        = y;
  dKF          = KFUpdate(dKF);

  % Plot storage
  xPlot(:,k)   = [x;y;dKF.m-x];

  % Propagate (numerically integrate) the state equations
  x            = RungeKutta( @RHSOscillator, 0, x, dT, d );

  % Propagate the Kalman Filter
  dKF.u        = d.a;
       dKF          = KFPredict(dKF);

end
%% Plot the results
yL     = {'r␣(m)' 'v␣(m/s)'  'y␣(m)' '\Delta␣r_E␣(m)' '\Delta␣v_E␣(m/s)' };
[t,tL] = TimeLabel(dT*(0:(nSim-1)));

PlotSet( t, xPlot, 'x␣label', tL, 'y␣label', yL,...
  'plot␣title', 'Oscillator', 'figure␣title', 'KF␣Demo' );
```

预测卡尔曼滤波器的实现步骤如下列代码所示。预测将状态传播一个时间步长，协方差矩阵也随其一起传播。这就是说，当传播状态时存在不确定性，所以必须将其加在协方差矩阵中。

```
function d = KFPredict( d )

% The first path is if there is no input matrix b
if( isempty(d.b) )
  d.m = d.a*d.m;
else
  d.m = d.a*d.m + d.b*d.u;
end

d.p = d.a*d.p*d.a' + d.q;
```

更新卡尔曼滤波器的步骤如下列代码所示，将测量值添加到估计值中，并考虑了测量中的不确定度（噪声）。

```
function d = KFUpdate( d )

s   = d.h*d.p*d.h' + d.r;       % Intermediate value
k   = d.p*d.h'/s;          % Kalman gain
v   = d.y - d.h*d.m;       % Residual
d.m = d.m + k*v;           % Mean update
d.p = d.p - k*s*k';        % Covariance update
```

注意，滤波器的“内存”是存储在数据结构中的。不使用永久性数据存储，这样可以更容易在代码中的多个位置使用这些函数。还要注意，不必在每个时间步长都调用KFUpdate，只需要在有新的数据时才去执行调用。不过，滤波器自己会使用均匀的时间步长。

脚本中给出了模型噪声协方差矩阵的两个示例。图10-6显示了模型协方差使用更高数值［1e-4 1e-4］时的结果，而使用较低数值［1e-6 1e-6］时的结果如图10-7所示。并不改变测量协方差，因为只有噪声协方差与模型协方差之间的比率是重要的。

当使用较高的数值时，误差为高斯形式，但是噪声很大。当使用较低数值时，结果非常平滑，几乎看不到噪声。然而，在模型协方差较低的情形下，误差很大。这是因为滤波器认为模型非常准确，而从本质上忽略了测量。用户应该在脚本中尝试不同的选项，并查看它们的效果。如我们所见，参数对滤波器学习系统状态的程度会产生巨大的差别。

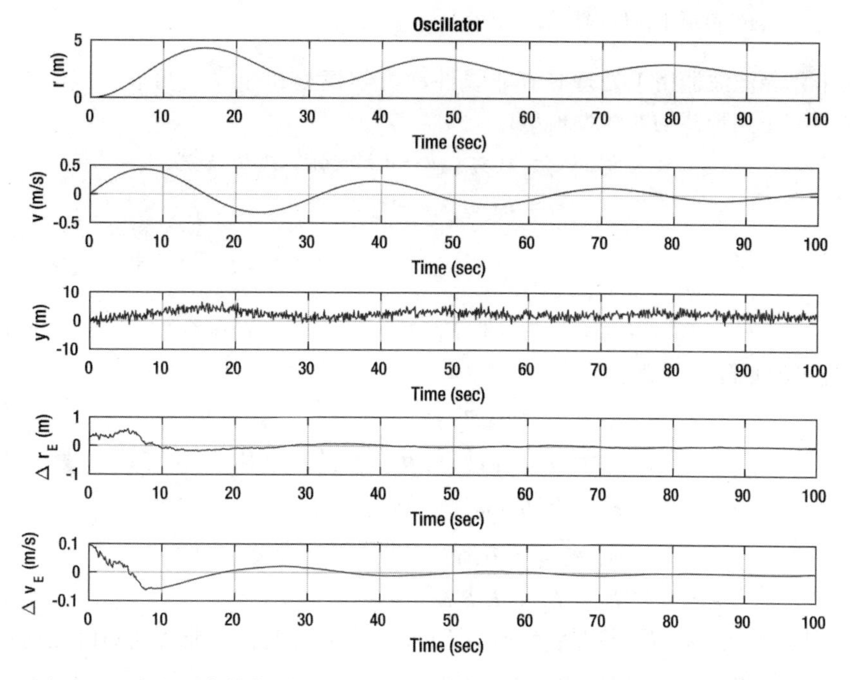

图10-6 具有更高数值［1e-4 1e-4］的模型噪声矩阵的卡尔曼滤波器结果

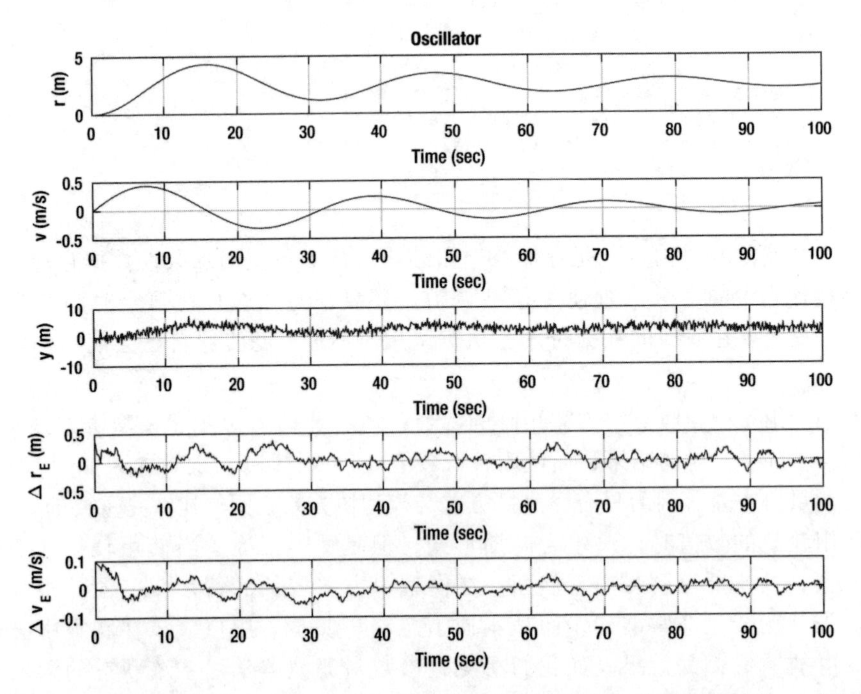

图 10-7　具有较低数值［1e-6　1e-6］的模型噪声矩阵的卡尔曼滤波器结果，可以看到噪声更小，但误差依然很大

扩展卡尔曼滤波器用于处理具有非线性动力学模型和非线性测量模型的那些模型。给出一个具有下列形式的非线性模型

$$x_k = f(x_{k-1}, k-1) + q_{k-1} \tag{10-78}$$

$$y_k = h(x_k, k) + r_k \tag{10-79}$$

预测步骤为

$$m_k^- = f(m_{k-1}, k-1) \tag{10-80}$$

$$P_k^- = F_x(m_{k-1}, k-1) P_{k-1} F_x(m_{k-1}, k-1)^{\mathrm{T}} + Q_{k-1} \tag{10-81}$$

F 是 f 的雅可比矩阵。更新步骤为

$$v_k = y_k - h(m_k^-, k) \tag{10-82}$$

$$S_k = H_x(m_k^-, k) P_k^- H_x(m_k^-, k)^{\mathrm{T}} + R_k \tag{10-83}$$

$$K_k = P_k^- H_x(m_k^-, k)^{\mathrm{T}} S_k^{-1} \tag{10-84}$$

$$m_k = m_k^- + K_k v_k \tag{10-85}$$

$$P_k = P_k^- - K_k S_k K_k^{\mathrm{T}} \tag{10-86}$$

$F_x(m, k-1)$ 和 $H_x(m, k)$ 是非线性函数 f 和 h 的雅可比矩阵。雅可比矩阵是向量 F 和 H 的偏微分矩阵，例如，假设有 $f(x, y)$ 形如

$$f = \begin{bmatrix} f_x(x,y) \\ f_y(x,y) \end{bmatrix} \tag{10-87}$$

则其在 x_k、y_k 处的雅可比矩阵为

$$F_k = \begin{bmatrix} \frac{\partial f_x(x_k,y_k)}{\partial x} & \frac{\partial f_x(x_k,y_k)}{\partial y} \\ \frac{\partial f_y(x_k,y_k)}{\partial x} & \frac{\partial f_y(x_k,y_k)}{\partial y} \end{bmatrix} \tag{10-88}$$

雅可比矩阵可以通过解析方法或者数值方法得到。如果使用数值方法，雅可比矩阵需要计算 m_k 的当前值。在迭代扩展卡尔曼滤波器中，更新步骤在第一次迭代后使用更新的 m_k 值进行循环。$H_x(m, k)$ 在每个步骤中都需要更新。

书中没有给出扩展卡尔曼滤波器的应用示例，但给出了示例代码供读者参考。

10.2　使用 UKF 进行状态估计

10.2.1　问题

在给定非线性角度测量值时，了解弹簧式阻尼器系统的状态。

10.2.2　方法

创建无迹卡尔曼滤波器（UKF）作为状态估计器，将测量值作为输入并确定系统状态。UKF 将根据已经存在的模型自主学习系统状态。

10.2.3　步骤

通过 UKF，可以直接使用非线性动力学和测量方程，而不必将其线性化。UKF 也称为 σ 点滤波器，因为它可以同时使模型与均值之间的偏差维持在一个 σ 值（标准偏差）内。

下面的章节给出了用于非增广卡尔曼滤波器的方程，其中仅允许加性高斯噪声。给出如下形式的非线性模型

$$x_k = f(x_{k-1}, k-1) + q_{k-1} \tag{10-89}$$

$$y_k = h(x_k, k) + r_k \tag{10-90}$$

权重定义为

$$W_m^0 = \frac{\lambda}{n+\lambda} \tag{10-91}$$

$$W_c^0 = \frac{\lambda}{n+\lambda} + 1 - \alpha^2 + \beta \tag{10-92}$$

$$W_m^i = \frac{\lambda}{2(n+\lambda)}, i = 1, \cdots, 2n \tag{10-93}$$

$$W_c^i = \frac{\lambda}{2(n+\lambda)}, i = 1, \cdots, 2n \tag{10-94}$$

请注意 $W_m^i = W_c^i$。

$$\lambda = \alpha^2(n+\kappa) - n \tag{10-95}$$

$$c = \lambda + n = \alpha^2(n+\kappa) \tag{10-96}$$

其中，α，β 和 κ 为缩放常数。缩放常数的一般规则如下。

- α：0 用于状态估计，3 减去状态数则用于参数估计。
- β：确定 σ 点的扩散程度，较小的值意味着空间分布更为紧密的 σ 点。
- κ：先验知识常数，高斯过程中设置为 2。

n 是系统的阶数。权重可以写为矩阵形式。

$$w_m = [W_m^0 \cdots W_m^{2n}]^{\mathrm{T}} \tag{10-97}$$

$$W = (I - [w_m \cdots w_m]) \begin{bmatrix} W_c^0 & \cdots & 0 \\ \vdots & \ddots & \vdots \\ 0 & \cdots & W_c^{2n} \end{bmatrix} (I - [w_m \cdots w_m])^{\mathrm{T}} \tag{10-98}$$

I 是 $(2n+1) \times (2n+1)$ 的单位矩阵。在等式中，矢量 w_m 被复制 $2n+1$ 次。W 是 $(2n+1) \times (2n+1)$ 的矩阵。权重在 UKFWeight 中计算。

```
%% UKFWEIGHT Unscented Kalman Filter weight calculation
%% Form:
%   d = UKFWeight( d )
%
%% Description
%   Unscented Kalman Filter weights.
%
%   The weight matrix is used by the matrix form of the Unscented
%   Transform. Both UKSPredict and UKSUpdate use the data structure
%   generated by this function.
%
%   The constant alpha determines the spread of the sigma points around x
%   and is usually set to between 10e-4 and 1. beta incorporates prior
%   knowledge of the distribution of x and is 2 for a Gaussian
%   distribution. kappa is set to 0 for state estimation and 3 - number of
%   states for parameter estimation.
%   d = UKFWeight( d )
%% Inputs
%   d   (1,1)    Data structure with constants
%                .kappa   (1,1)    0 for state estimation, 3-#states for
%                                  parameter estimation
%                .m       (:,1)    Vector of mean states
%                .alpha   (1,1)    Determines spread of sigma points
%                .beta    (1,1)    Prior knowledge - 2 for Gaussian
%
%% Outputs
%  d    (1,1)    Data structure with constants
%                .w       (2*n+1,2*n+1)    Weight matrix
```

```
%               .wM      (1,2*n+1)       Weight array
%               .wC      (2*n+1,1)       Weight array
%               .c       (1,1)           Scaling constant
%               .lambda  (1,1)           Scaling constant
%

function d = UKFWeight( d )

% Compute the fundamental constants
n            = length(d.m);
a2           = d.alpha^2;
d.lambda     = a2*(n + d.kappa) - n;
nL           = n + d.lambda;
wMP          = 0.5*ones(1,2*n)/nL;
d.wM         = [d.lambda/nL               wMP]';
d.wC         = [d.lambda/nL+(1-a2+d.beta) wMP];

d.c          = sqrt(nL);

% Build the matrix
f            = eye(2*n+1) - repmat(d.wM,1,2*n+1);
d.w          = f*diag(d.wC)*f';
```

预测步骤为

$$X_{k-1} = [\, m_{k-1} \quad \cdots \quad m_{k-1} \,] + \sqrt{c}\,[\, 0 \quad \sqrt{P_{k-1}} \quad -\sqrt{P_{k-1}} \,] \tag{10-99}$$

$$\widehat{X}_k = f(X_{k-1}, k-1) \tag{10-100}$$

$$m_k^- = \widehat{X}_k w_m \tag{10-101}$$

$$P_k^- = \widehat{X}_k W \widehat{X}_k^T + Q_{k-1} \tag{10-102}$$

其中 X 是矩阵，其中每列是可能增加了 σ 点向量的状态向量。更新步骤是

$$X_k^- = [\, m_k^- \quad \cdots \quad m_k^- \,] + \sqrt{c}\,[\, 0 \quad \sqrt{P_k^-} \quad -\sqrt{P_k^-} \,] \tag{10-103}$$

$$Y_k^- = h(X_k^-, k) \tag{10-104}$$

$$\mu_k = Y_k^- w_m \tag{10-105}$$

$$S_k = Y_k^- W [\, Y_k^- \,]^T + R_k \tag{10-106}$$

$$C_k = X_k^- W [\, Y_k^- \,]^T \tag{10-107}$$

$$K_k = C_k S_k^{-1} \tag{10-108}$$

$$m_k = m_k^- + K_k (y_k - \mu_k) \tag{10-109}$$

$$P_k = P_k^- - K_k S_k K_k^T \tag{10-110}$$

μ_k 是测量矩阵，其中每一列是由 σ 点修改后的数值副本。S_k 和 C_k 是中间量。Y_k^- 两侧的方括号只是为了清楚起见。

UKFSim 的测试脚本如下所示。如前所述，不需要将连续时间模型转换为离散时间。相反，将滤波器传递至微分方程右侧；同时，还必须传递一个可以非线性的测量模型，

并且将 UKFPredict 和 UKFUpdate 添加至仿真循环中。从参数初始化开始，函数 KFInitialize 使用位于参数'ukf'之后的参数对进行过滤器的初始化。其余部分的脚本则为仿真循环和图形绘制部分。

```
%% UKFSim
% Demonstrate an Unscented Kalman Filter.
%% See also
% RungeKutta, RHSOscillator, TimeLabel, KFInitialize, UKFUpdate, UKFPredict
% AngleMeasurement

%% Initialize
nSim            = 5000;             % Simulation steps
dT              = 0.1;              % Time step (sec)
d               = RHSOscillator;    % Get the default data structure
d.a             = 0.1;              % Disturbance acceleration
d.zeta          = 0.1;              % Damping ratio
x               = [0;0];            % Initial state [position;velocity]
y1Sigma         = 0.01;             % 1 sigma measurement noise
dMeas.baseline  = 10;               % Distance of sensor from start
xE              = [0;0];            % Estimated initial state
q               = diag([0.01 0.001]);
p               = diag([0.001 0.0001]);
dKF             = KFInitialize( 'ukf','m',xE,'f',@RHSOscillator,'fData',d
    ,...
                                'r',y1Sigma^2,'q',q,'p',p,...
                                'hFun',@AngleMeasurement,'hData',dMeas,'dT',
                                   dT);
dKF             = UKFWeight( dKF );

%% Simulation
xPlot = zeros(5,nSim);

for k = 1:nSim

  % Measurements
  y           = AngleMeasurement( x, dMeas ) + y1Sigma*randn;

  % Update the Kalman Filter
  dKF.y       = y;
  dKF         = UKFUpdate(dKF);

  % Plot storage
  xPlot(:,k)  = [x;y;dKF.m-x];

  % Propagate (numerically integrate) the state equations
  x           = RungeKutta( @RHSOscillator, 0, x, dT, d );

  % Propagate the Kalman Filter
        dKF         = UKFPredict(dKF);

end
```

```
%% Plot the results
yL      = {'r␣(m)' 'v␣(m/s)'  'y␣(rad)' '\Delta␣r_E␣(m)' '\Delta␣v_E␣(m/s)'
    };
[t,tL] = TimeLabel(dT*(0:(nSim-1)));

PlotSet( t, xPlot, 'x␣label', tL, 'y␣label', yL,...
```

UKF 的预测步骤如下列代码所示。

```
function d = UKFPredict( d )

pS       = chol(d.p)';
nS       = length(d.m);
nSig     = 2*nS + 1;
mM       = repmat(d.m,1,nSig);
x        = mM + d.c*[zeros(nS,1) pS -pS];

xH       = Propagate( x, d );
d.m      = xH*d.wM;
d.p      = xH*d.w*xH' + d.q;
d.p      = 0.5*(d.p + d.p'); % Force symmetry

%% Propagate each sigma point state vector
function x = Propagate( x, d )

for j = 1:size(x,2)
        x(:,j) = RungeKutta( d.f, d.t, x(:,j), d.dT, d.fData );
end
```

UKFPredict 使用 RungeKutta 通过数值积分方法进行预测。实际上，我们正在运行的是模型的一次仿真，只需用下一个函数 UKFUpdate 来校正结果。这正是卡尔曼滤波器的核心，具有测量校正步骤的一次模型仿真。在传统卡尔曼滤波器中，使用的是线性离散时间模型。

UKF 的更新步骤如下列代码所示，更新过程将状态传播一个时间步长。

```
function d = UKFUpdate( d )

% Get the sigma points
pS       = d.c*chol(d.p)';
nS       = length(d.m);
nSig     = 2*nS + 1;
mM       = repmat(d.m,1,nSig);
x        = mM + [zeros(nS,1) pS -pS];
[y, r]   = Measurement( x, d );
mu       = y*d.wM;
s        = y*d.w*y' + r;
c        = x*d.w*y';
k        = c/s;
d.v      = d.y - mu;
d.m      = d.m + k*d.v;
d.p      = d.p - k*s*k';

%%       Measurement estimates from the sigma points
function [y, r] = Measurement( x, d )
```

```
nSigma = size(x,2);

% Create the arrays
lR   = length(d.r);
y    = zeros(lR,nSigma);
r    = d.r;

for j = 1:nSigma
f         = feval(d.hFun, x(:,j), d.hData );
iR        = 1:lR;
y(iR,j)   = f;
end
```

σ 点使用 chol 生成。chol 是 Cholesky 分解，一种分解矩阵的方法，生成矩阵的近似平方根。完全精确的矩阵平方根的计算代价非常昂贵，近似方法则是围绕均值对 σ 点进行分配，而且使用 chol 函数的计算结果非常好。下面是对两种方法的一个比较：

```
>> z = [1 0.2;0.2 2]
z =

    1.0000    0.2000
    0.2000    2.0000

>> b = chol(z)
b =

    1.0000    0.2000
         0    1.4000

>> b*b
ans =

    1.0000    0.4800
         0    1.9600

>> q = sqrtm(z)
q =

    0.9965    0.0830
    0.0830    1.4118

>> q*q
ans =

    1.0000    0.2000
    0.2000    2.0000
```

从例子中可以看出，近似平方根方法确实生成了平方根的计算结果，而且 b * b 对角线的值非常接近于 z 这一点非常重要。测量几何学如图 10-8 所示。

仿真结果如图 10-9 所示，图中的误差 Δr_E 和 Δv_E 只是噪声。测量结果覆盖了大范围的角度，这会产生一个具有不确定性的线性逼近。

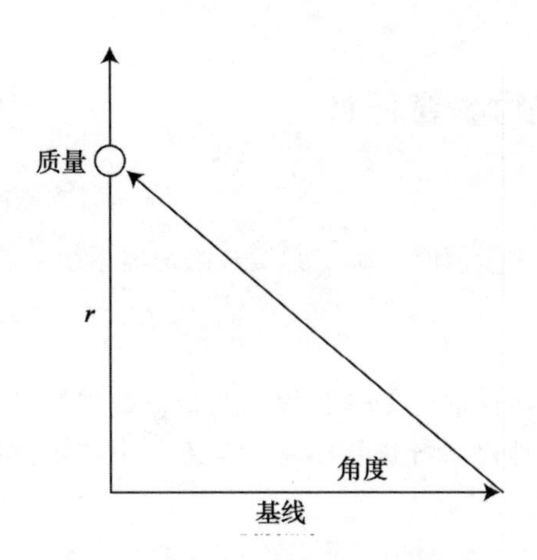

图 10-8 测量几何学，测量对象是角度

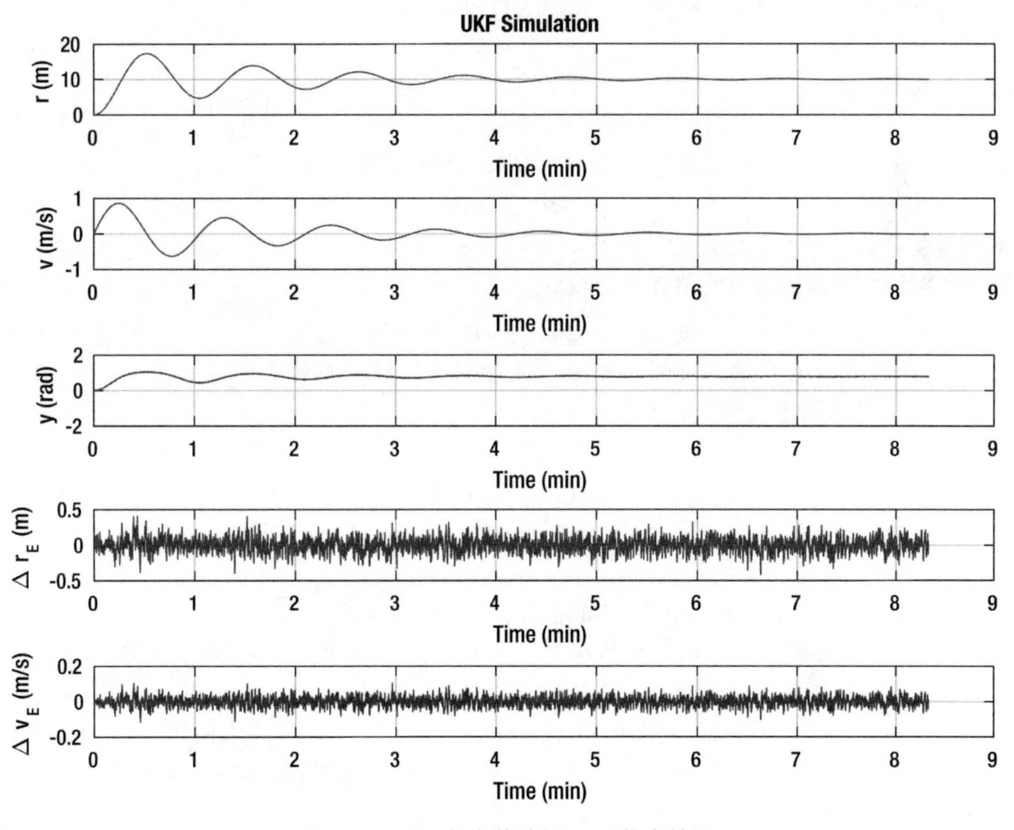

图 10-9 用于状态估计的 UKF 仿真结果

10.3 使用 UKF 进行参数估计

10.3.1 问题

当给定非线性的角度测量值时，确定弹簧式阻尼器系统的参数。

10.3.2 方法

创建一个配置为参数估计器的 UKF，根据测量值确定质量、弹簧常数和阻尼。它将根据已经存在的模型自主地对系统进行学习。与上节中描述方法类似，编写脚本，利用并行运行的 UKF 生成参数估计。

10.3.3 步骤

使用参数 η[2] 的预期值对参数滤波器进行初始化：

$$\widehat{\eta}(t_0) = E\{\widehat{\eta}_0\} \tag{10-111}$$

以及参数协方差：

$$P_{\eta o} = E\{(\eta(t_0) - \widehat{\eta}_0)(\eta(t_0) - \widehat{\eta}_0)^{\mathrm{T}}\} \tag{10-112}$$

更新步骤开始于将参数模型不确定性 Q 加入到协方差 P 中，

$$P = P + Q \tag{10-113}$$

不确定性 Q 是针对参数而言的，而不是状态。然后计算 σ 点，这些点通过将协方差矩阵的平方根添加到参数的当前估计中而得到。

$$\eta_\sigma = [\widehat{\eta} \quad \widehat{\eta} + \gamma\sqrt{P} \quad \widehat{\eta} - \gamma\sqrt{P}] \tag{10-114}$$

其中，γ 是决定 σ 点扩散的因子。使用 chol 计算平方根。如果存在 L 个参数，则矩阵 P 为 $L \times L$，因此该数组将为 $L\times(2L+1)$。

状态方程形如

$$\dot{x} = f(x,u,t) \tag{10-115}$$

测量方程为

$$y = h(x,u,t) \tag{10-116}$$

其中，x 是由状态估计器或其他过程确定的系统的先前状态，u 是一个包含系统中所有未估计的其他输入的结构，η 是正在估计的参数向量，t 是时间，y 是测量向量。这是一个二元估计方法，我们不会同时对 x 和 η 做出估计。

用于测试 UKF 参数估计的脚本 UKFPSim 如下所示，代码中并未使用 UKF 状态估计来简化脚本。通常会以并行方式运行 UKF。从参数初始化开始，KFInitialize 利用参数对初始化滤波器，代码其余部分则是仿真循环和图形绘制。

```
%% UKFPSim
% Demonstrate parameter learning using Unscented Kalman Filter.
%% See also
% RungeKutta, RHSOscillator, TimeLabel, KFInitialize, UKFPUpdate
% AngleMeasurement

%% Initialize
nSim            = 150;              % Simulation steps
dT              = 0.01;              % Time step (sec)
d               = RHSOscillator;     % Get the default data structure
d.a             = 0.0;               % Disturbance acceleration
d.zeta          = 0.0;               % Damping ratio
d.omega         = 2;                 % Undamped natural frequency
x               = [1;0];             % Initial state [position;velocity]
y1Sigma         = 0.0001;            % 1 sigma measurement noise
q               = 0.001;             % Plant uncertainty
p               = 0.4;                  % Initial covariance for the
    parameter
dRHSUKF         = struct('a',0.0,'zeta',0.0,'eta',0.1);
dKF             = KFInitialize( 'ukfp','x',x,'f',@RHSOscillatorUKF,...
                                'fData',dRHSUKF,'r',y1Sigma^2,'q',q,...
                                'p',p,'hFun',@LinearMeasurement,...
                                'dT',dT,'eta',d.omega/2,...
                                'alpha',1,'kappa',2,'beta',2);

dKF             = UKFPWeight( dKF );
y               = LinearMeasurement( x );

%% Simulation
xPlot = zeros(5,nSim);

for k = 1:nSim

  % Update the Kalman Filter parameter estimates
  dKF.x       = x;

  % Plot storage
  xPlot(:,k)  = [y;x;dKF.eta;dKF.p];

  % Propagate (numerically integrate) the state equations
  x           = RungeKutta( @RHSOscillator, 0, x, dT, d );

        % Measurements
  y           = LinearMeasurement( x ) + y1Sigma*randn;

  dKF.y       = y;
  dKF         = UKFPUpdate(dKF);

end

%% Plot the results
yL     = {'y␣(rad)' 'r␣(m)' 'v␣(m/s)'  '\omega␣(rad/s)' 'p' };
```

```
[t,tL] = TimeLabel(dT*(0:(nSim-1)));

PlotSet( t, xPlot, 'x␣label', tL, 'y␣label', yL,...
  'plot␣title', 'UKF␣Parameter␣Estimation', 'figure␣title', 'UKF␣Parameter␣
     Estimation' );
```

UKF 的参数更新功能如以下代码所示，它使用由 UKF 生成的状态估计。如上所述，将使用由仿真生成的关于状态的精确数值，该功能需要将参数估计 d. eta 应用于特定的方程式右侧。为此，对 RHSOscillator 进行修改，生成新的函数 RHSOscillatorUKF。

```
%% UKFPUPDATE Unscented Kalman Filter parameter update step
%%  Form:
%   d = UKFPUpdate( d )
%
%% Description
%   Implement an Unscented Kalman Filter for parameter estimation.
%   The filter uses numerical integration to propagate the state.
%   The filter propagates sigma points, points computed from the
%   state plus a function of the covariance matrix. For each parameter
%   there are two sigma parameters. The current estimated state must be
%   input each step.
%
%% Inputs
%   d    (1,1)    UKF data structure
%          .x        (n,1)        State
%          .p            (n,n)        Covariance
%          .q        (n,n)        State noise covariance
%          .r        (m,m)        Measurement noise covariance
%          .wM           (1,2n+1)     Model weights
%          .wC           (1,2n+1)     Model weights
%          .f            (1,:)        Pointer for the right hand side function
%          .fData        (.)          Data structure with data for f
%              .hFun     (1,:)        Pointer for the measurement function
%              .hData    (.)          Data structure with data for hFun
%              .dT       (1,1)        Time step (s)
%              .t        (1,1)        Time (s)
%              .eta      (:,1)        Parameter vector
%              .c        (1,1)        Scaling constant
%          .lambda       (1,1)            Scaling constant
%
%% Outputs
%   d    (1,1)    UKF data structure
%              .p        (n,n)        Covariance
%              .eta      (:,1)        Parameter vector
%
%% References
%   References: Van der Merwe, R. and Wan, E., "Sigma-Point Kalman Filters
%   for
%               Probabilistic Inference in Dynamic State-Space Models".
%               Matthew C. VanDyke, Jana L. Schwartz, Christopher D. Hall,
```

```
%                "UNSCENTED KALMAN FILTERING FOR SPACECRAFT ATTITUDE STATE
   AND
%                PARAMETER ESTIMATION,"AAS-04-115.

function d = UKFPUpdate( d )

d.wA    = zeros(d.L,d.n);
D       = zeros(d.lY,d.n);
yD      = zeros(d.lY,1);

% Update the covariance
d.p     = d.p + d.q;

% Compute the sigma points
d       = SigmaPoints( d );

% We are computing the states, then the measurements
% for the parameters +/- 1 sigma
for k = 1:d.n
  d.fData.eta   = d.wA(:,k);
  x             = RungeKutta( d.f, d.t, d.x, d.dT, d.fData );
  D(:,k)        = feval( d.hFun, x, d.hData );
  yD            = yD + d.wM(k)*D(:,k);
end

pWD = zeros(d.L,d.lY);
pDD = d.r;
for k = 1:d.n
  wD    = D(:,k) - yD;
  pDD   = pDD + d.wC(k)*(wD*wD');
  pWD = pWD + d.wC(k)*(d.wA(:,k) - d.eta)*wD';
end

pDD = 0.5*(pDD + pDD');

% Incorporate the measurements
K       = pWD/pDD;
dY      = d.y - yD;
d.eta   = d.eta + K*dY;
d.p     = d.p - K*pDD*K';
d.p     = 0.5*(d.p + d.p'); % Force symmetry

%% Create the sigma points for the parameters
function d = SigmaPoints( d )

n           = 2:(d.L+1);
m           = (d.L+2):(2*d.L + 1);
etaM        = repmat(d.eta,length(d.eta));
sqrtP       = chol(d.p);
d.wA(:,1) = d.eta;
d.wA(:,n) = etaM + d.gamma*sqrtP;
d.wA(:,m) = etaM - d.gamma*sqrtP;
```

示例中还包括权重初始化函数 UKFPWeight. m。

```
%% UKFPWEIGHT Unscented Kalman Filter parameter estimation weights
%% Form:
%  d = UKFPWeight( d )
%
%% Description
%  Unscented Kalman Filter parameter estimation weights.
%
%  The weight matrix is used by the matrix form of the Unscented
%  Transform.
%
%  The constant alpha determines the spread of the sigma points around x
%  and is usually set to between 10e-4 and 1. beta incorporates prior
%  knowledge of the distribution of x and is 2 for a Gaussian
%  distribution. kappa is set to 0 for state estimation and 3 - number of
%  states for parameter estimation.
%
%%  Inputs
%  d   (.)     Data structure with constants
%        .kappa       (1,1)   0 for state estimation, 3-#states
%        .alpha       (1,1)   Determines spread of sigma points
%        .beta   (1,1) Prior knowledge - 2 for Gaussian
%
%% Outputs
%  d   (.)     Data structure with constants
%        .wM     (1,2*n+1)     Weight array
%        .wC     (1,2*n+1)     Weight array
%        .lambda       (1,1)         Scaling constant
%        .wA     (p,n)         Empty matrix
%        .L      (1,1)         Number of parameters to  estimate
%        .lY     (1,1)         Number of measurements
%        .D            (m,n)         Empty matrix
%        .n      (1,1)         Number of sigma i
%

function d = UKFPWeight( d )

d.L          = length(d.eta);
d.lambda     = d.alpha^2*(d.L + d.kappa) - d.L;
d.gamma      = sqrt(d.L + d.lambda);
d.wC(1)      = d.lambda/(d.L + d.lambda) + (1 - d.alpha^2 + d.beta);
d.wM(1)      = d.lambda/(d.L + d.lambda);
d.n          = 2*d.L + 1;
for k = 2:d.n
  d.wC(k) = 1/(2*(d.L + d.lambda));
  d.wM(k) = d.wC(k);
end

d.wA    = zeros(d.L,d.n);
y   = feval( d.hFun, d.x, d.hData );
d.lY    = length(y);
d.D    = zeros(d.lY,d.n);
```

RHSOscillatorUKF是UKF使用的振荡器模型，UKF与振荡器模型具有不同的输入格式。

```
%% RHSOSCILLATORUKF Right hand side of a double integrator.
%% Form
%  xDot = RHSOscillatorUKF( t, x, a )
%
%% Description
% An oscillator models linear or rotational motion plus many other
% systems. It has two states, position and velocity. The equations of
% motion are:
%
%  rDot = v
%  vDot = a - omega^2*r
%
% This can be called by the MATLAB Recipes RungeKutta function or any MATLAB
% integrator. Time is not used. This function is compatible with the
% UKF parameter estimation. eta is the parameter to be estimated which is
% omega in this case.
%
% If no inputs are specified, it will return the default data structure.
%
%% Inputs
%  t        (1,1) Time (unused)
%  x        (2,1) State vector [r;v]
%  d        (.)   Data structure
%                 .a      (1,1) Disturbance acceleration (m/s^2)
%                 .zeta   (1,1) Damping ratio
%                 .eta    (1,1) Natural frequency (rad/s)
%
%% Outputs
%  x        (2,1) State vector derivative d[r;v]/dt
%
%% References
% None.

function xDot = RHSOscillatorUKF( ~, x, d )

if( nargin < 1 )
  xDot = struct('a',0,'eta',0.1,'zeta',0);
  return
end

xDot = [x(2);d.a-2*d.zeta*d.eta*x(2)-d.eta^2*x(1)];
```

LinearMeasurement是一个简单的测量函数，仅仅用于演示目的。UKF可以使用任意复杂度的测量函数。

```
%% LINEARMEASUREMENT Function for an angle measurement
%% Form
%  y = LinearMeasurement( x, d )
%
%% Description
% A linear measurement
```

```
%
%% Inputs
%  x        (2,1) State [r;v]
%  d        (.)   Data structure
%
%% Outputs
%  y        (1,1) Distance
%
%% References
% None.

function y = LinearMeasurement( x, ~ )

if( nargin < 1 )
  y = [];
  return
end

y = x(1);
```

无阻尼振荡器的仿真结果如图 10-10 所示。滤波器实现了对无阻尼固有频率的快速估计，不过结果是有噪音的。可以通过改变代码中的数值来尝试不同的仿真结果。

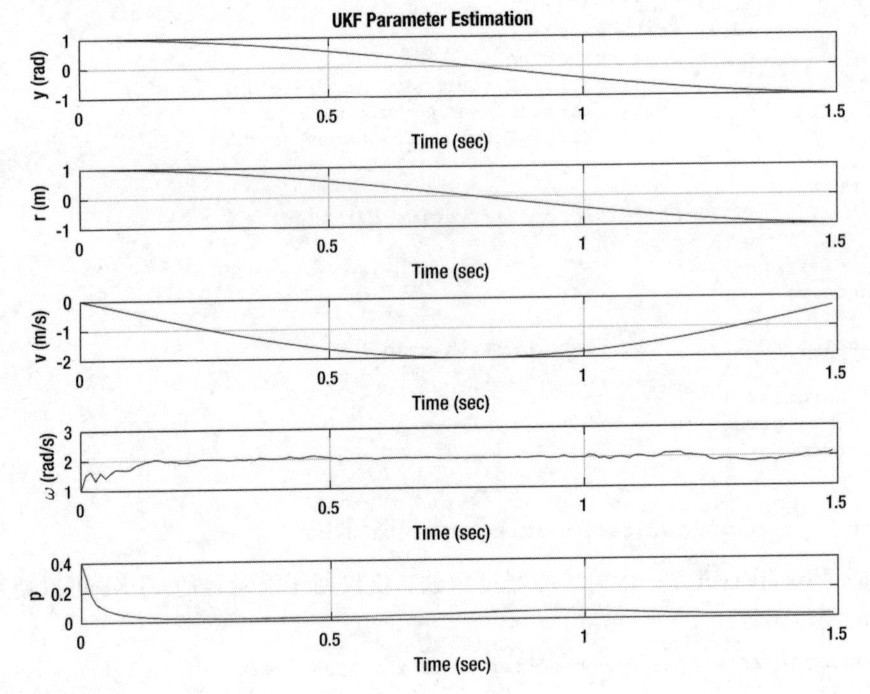

图 10-10　UKF 的参数估计仿真结果

总结

本章展示了使用卡尔曼滤波器的学习方法。在这种情形下，学习过程是对阻尼振荡器的状态和参数的估计。我们讨论了传统卡尔曼滤波器与无迹卡尔曼滤波器，并且测试了后者的参数学习功能。全部示例使用阻尼振荡器模型完成。表 10-1 列出了本章中的示例代码清单。

表 10-1　本章代码清单

函　数	功　能
AngleMeasurement	质量的角度测量
LinearMeasurement	质量的位置测量
OscillatorSim	阻尼振荡器仿真
OscillatorDampingRatioSim	具有不同阻尼比的阻尼振荡器仿真
RHSOscillator	阻尼振荡器的动力学模型
RungeKutta	四阶 Runge－Kutta 积分器
PlotSet	创建数据集的二维图形
TimeLabel	生成时间标签，对时间向量进行缩放
Gaussian	绘制高斯分布
KFInitialize	初始化卡尔曼滤波器
KFSim	传统卡尔曼滤波器的演示
KFPredict	传统卡尔曼滤波器的预测步骤
KFUpdate	传统卡尔曼滤波器的更新步骤
EKFPredict	扩展卡尔曼滤波器的预测步骤
EKFUpdate	扩展卡尔曼滤波器的更新步骤
UKFPredict	UKF 的预测步骤
UKFUpdate	UKF 的更新步骤
UKFPUpdate	UKF 参数更新的更新步骤
UKFSim	UKF 仿真
UKFPSim	UKF 参数估计仿真
UKFWeights	生成 UKF 的权重
UKFPWeights	生成 UKF 参数估计器的权重
RHSOscillatorUKF	用于 UKF 参数估计的阻尼振荡器的动力学模型

参考文献

[1] S. Sarkka. Lecture 3: Bayesian Optimal Filtering Equations and the Kalman Filter. Technical report, Department of Biomedical Engineering and Computational Science, Aalto University School of Science, February 2011.

[2] M. C. VanDyke, J. L. Schwartz, and C. D. Hall. Unscented Kalman filtering for spacecraft attitude state and parameter estimation. *Advances in Astronautical Sciences*, 2005.

CHAPTER 11

第11章

自适应控制

控制系统需要以一种可预测与可重复的方式对环境做出反应。控制系统对环境进行测量并且通过改变测量值来实现控制过程，例如，船舶测量其航向，并改变方向舵的角度以达到指定航向。

通常，控制系统以全部参数都硬编码到软件中的方式进行设计与实现。这种方式在大多数情况下效果很好，特别是当系统在设计过程中已知时。当系统定义不明确或预期在运行期间会发生显著变化时，实施学习控制就变得非常必要。例如，电动车的电池性能随着时间的退化，将导致电池容量降低。自动驾驶系统需要了解到电池容量的变化，这可以在消耗相同电池电量时通过比较行驶距离来判断。更剧烈和突然的变化可以改变系统行为。例如，传感器故障可能会导致飞机上的大气数据系统失效。如果全球定位系统（GPS）仍在正常运行，飞机将切换到只有GPS的模式。在多输入多输出控制系统中，某个分支可能会失败，而其他分支工作正常。在这种情况下，系统可能需要切换至正常工作的分支模式。

学习与自适应控制通常可以互换使用。在本章中，我们将学习多种不同系统的自适应控制技术。示例中每种技术都将应用于一个不同的系统，但是所有技术对于任何控制系统都是适用的。

图11-1展示了自适应与学习控制技术的分类，其中的分类路径取决于动力学系统的性质。最右边的分支是调校，这是设计人员在测试过程中会做的工作，当然这也可以自动完成，如11.1节描述的自我调校技术。最左边的路径适用于随时间变化的系统，第一个示例是使用模型参考自适应控制的转子系统，将在11.2节中讨论。

11.3节讨论飞机控制，需要根据高度与速度的变化实现飞机的纵向控制。示例中将展示如何利用神经网络来生成非线性控制的关键参数，这是一个在线学习的例子。神经网络的例子已经在第7章中进行了展示。

最后一个示例是11.4节中的轮船控制。轮船动力学是关于前进速度的函数，其中我

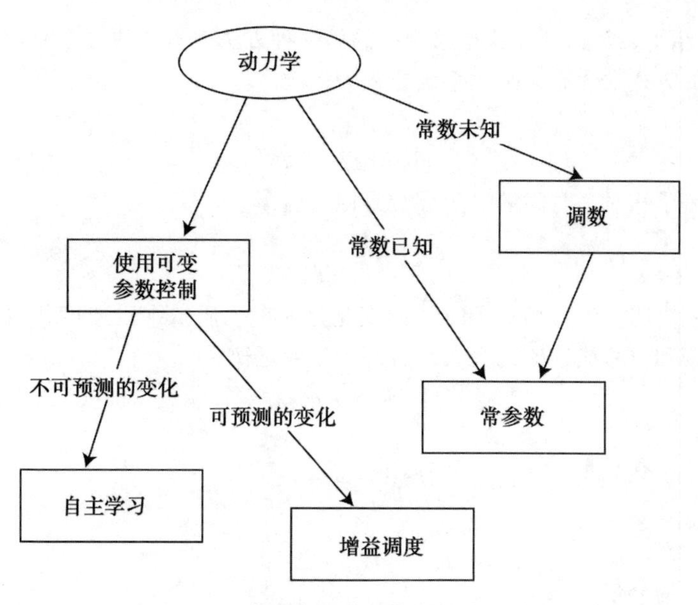

图 11-1　自适应与学习控制技术的分类

们想要控制的是航向角度。这是增益调度的一个例子，虽然它并不是真正地从经验中学习，但它是根据其环境信息进行适应性调整的。

11.1　自调谐：求振荡器频率

我们想实现阻尼器调校，从而能够精确地减少一个弹性常数变化的弹簧系统的振幅。系统利用减振器对无阻尼弹簧进行扰动，使用快速傅里叶变换（FFT）测量频率。然后使用频率计算阻尼，并在仿真中添加阻尼器。接着，再次测量无阻尼固有频率，以确保频率值是正确的。最后，将阻尼比设为 1，并观察系统响应。系统如图 11-2 所示。

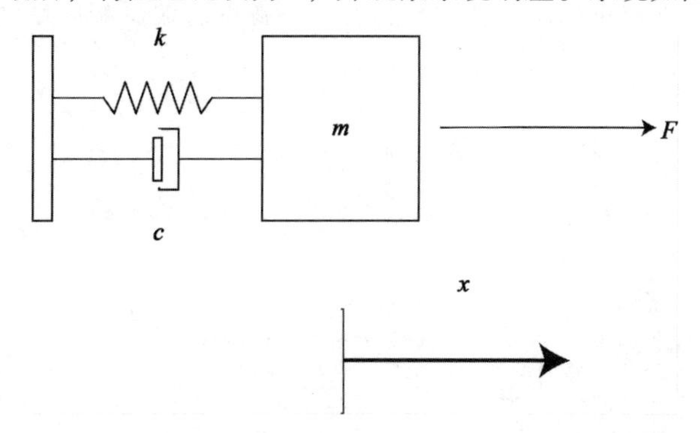

图 11-2　弹簧式阻尼器系统。质量位于图中右侧，弹簧位于质量的左上侧，阻尼器位于左下侧

第10章介绍了参数识别，这是求频率的另一种方法。本章的方法是收集大量样本数据并以批处理的方式求固有频率。系统方程为

$$\dot{r} = v \tag{11-1}$$

$$m\dot{v} = -cv - kr \tag{11-2}$$

符号之上的点表示相对于时间的一阶导数，即

$$\dot{r} = \frac{\mathrm{d}r}{\mathrm{d}t} \tag{11-3}$$

前两个式子分别表明，位移相对于时间的变化是速度。质量乘以速度相对于时间的变化等于一个与速度和位移成正比的力。后者即为牛顿定律，

$$F = ma \tag{11-4}$$

其中，

$$F = -cv - kr \tag{11-5}$$

$$a = \frac{\mathrm{d}v}{\mathrm{d}t} \tag{11-6}$$

控制系统产生力的分量 - cv。

11.1.1　问题

识别振荡器频率。

11.1.2　方法

解决方案是使控制系统适应弹簧的频率。使用FFT来识别振荡频率。

11.1.3　步骤

下面的脚本显示了如何利用FFT识别阻尼振荡器的振荡频率。

函数代码如下所示。系统使用RHSOscillator动力学模型，从一个很小的初始位置开始摆动，同时设置一个很小的阻尼比，所以摆动会逐渐减弱。频谱精度取决于样本数量

$$r = \frac{2\pi}{nT} \tag{11-7}$$

其中，n是样本数，T是采样周期，最大频率是

$$\omega = \frac{nr}{2} \tag{11-8}$$

```
%% Initialize
nSim          = 2^16;          % Number of time steps
dT            = 0.1;           % Time step (sec)
dRHS          = RHSOscillator; % Get the default data structure
dRHS.omega      = 0.1;           % Oscillator frequency
dRHS.zeta     = 0.1;           % Damping ratio
x             = [1;0];         % Initial state [position;velocity]
y1Sigma       = 0.000;         % 1 sigma position measurement noise
```

```
%% Simulation
xPlot = zeros(3,nSim);

for k = 1:nSim

  % Measurements
  y           = x(1) + y1Sigma*randn;

  % Plot storage
  xPlot(:,k)  = [x;y];

  % Propagate (numerically integrate) the state equations
  x           = RungeKutta( @RHSOscillator, 0, x, dT, dRHS );

end

%% Plot the results
yL     = {'r␣(m)' 'v␣(m/s)' 'y_r␣(m)'};
[t,tL] = TimeLabel(dT*(0:(nSim-1)));

PlotSet( t, xPlot, 'x␣label', tL, 'y␣label', yL,...
  'plot␣title', 'Oscillator', 'figure␣title', 'Oscillator' );

FFTEnergy( xPlot(3,:), dT );
```

函数 FFTEnergy 如下所示。FFT 使用采样时间序列计算频谱。使用 MATLAB 中的 fft 函数实现 FFT 计算，并将结果与其共轭进行相乘以获得能量值。计算结果的前半部分包含频率信息。

```
function [e, w, wP] = FFTEnergy( y, tSamp, aPeak )

if( nargin < 3 )
  aPeak  = 0.95;
end

n = size( y, 2 );

% If the input vector is odd drop one sample
if( 2*floor(n/2) ~= n )
  n = n - 1;
  y = y(1:n,:);
end

x  = fft(y);
e  = real(x.*conj(x))/n;

hN = n/2;
e  = e(1,1:hN);
r  = 2*pi/(n*tSamp);
w  = r*(0:(hN-1));

if( nargin > 1 )
  k    = find( e > aPeak*max(e) );
```

```
  wP  = w(k);
end

if( nargout == 0 )
  tL = sprintf('FFT␣Energy␣Plot:␣Resolution␣=␣%10.2e␣rad/sec',r);
  PlotSet(w,log10(e),'x␣label','Frequency␣(rad/sec)','y␣label','Log
␣␣(Energy)','figure␣title',tL,'plot␣title',tL,'plot␣type','xlog');
end
```

阻尼振荡如图 11-3 所示，频谱如图 11-4 所示。通过搜索能量最大值可以找到频谱峰值，在较高频率下可以看到信号中的噪声。无噪声仿真如图 11-5 所示。

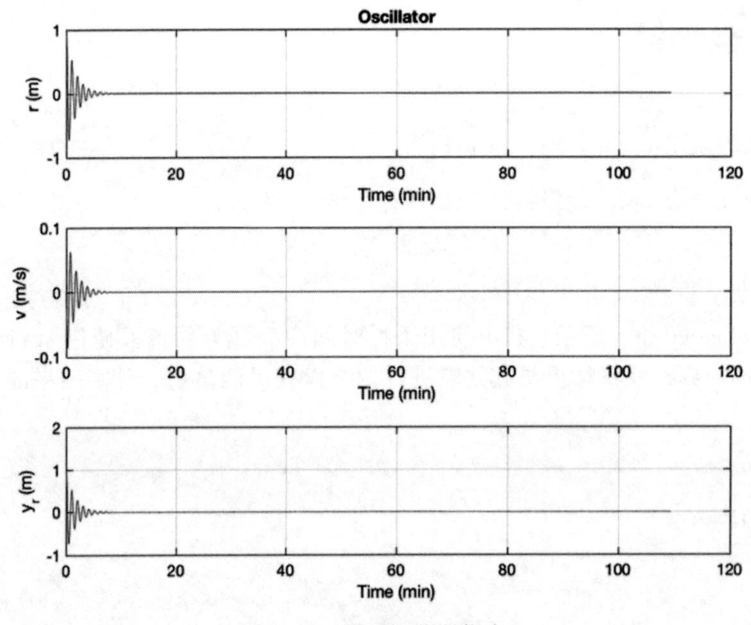

图 11-3　阻尼振荡器仿真

调谐方法是：

1. 使用脉冲激励振荡器。
2. 执行 2^n 步。
3. 计算 FFT。
4. 如果只有一个峰值，则计算阻尼增益。

代码如下所示。将 aPeak 设置为 0.7，调用 FFTEnergy. m 脚本文件。扰动采用高斯分布，测量数据中包含噪声。

```
n             = 4;                   % Number of measurement sequences
nSim          = 2^16;                % Number of time steps
dT            = 0.1;                 % Time step (sec)
dRHS          = RHSOscillatorControl;  % Get the default data structure
```

```
dRHS.omega      = 0.1;                    % Oscillator frequency
zeta            = 0.5;                    % Damping ratio
x               = [0;0];                  % Initial state [position;velocity]
y1Sigma         = 0.001;                  % 1 sigma position measurement noise
a               = 1;                      % Perturbation
kPulseStop      = 10;
aPeak           = 0.7;
a1Sigma         = 0.01;
%% Simulation
xPlot = zeros(3,n*nSim);
yFFT  = zeros(1,nSim);
i     = 0;
tuned = false;
wOsc  = 0;

for j = 1:n
  aJ = a;
  for k = 1:nSim
    i = i + 1;
    % Measurements
    y           = x(1) + y1Sigma*randn;

    % Plot storage
    xPlot(:,i)  = [x;y];
    yFFT(k)     = y;
    dRHS.a      = aJ + a1Sigma*randn;
    if( k == kPulseStop )
        aJ = 0;
    end

    % Propagate (numerically integrate) the state equations
    x           = RungeKutta( @RHSOscillatorControl, 0, x, dT, dRHS );
  end
  FFTEnergy( yFFT, dT );
  [~, ~, wP] = FFTEnergy( yFFT, dT, aPeak );
  if( length(wP) == 1 )
    wOsc    = wP;
    fprintf(1,'Estimated oscillator frequency %12.4f rad/s\n',wP);
    dRHS.c      = 2*zeta*wOsc;
  else
    fprintf(1,'Tuned\n');
  end
end

%% Plot the results
yL     = {'r (m)' 'v (m/s)' 'y_r (m)'};
[t,tL] = TimeLabel(dT*(0:(n*nSim-1)));

PlotSet( t, xPlot, 'x label', tL, 'y label', yL,...
  'plot title', 'Oscillator', 'figure title', 'Oscillator' );
```

命令窗口中的结果如图 11-6 所示。

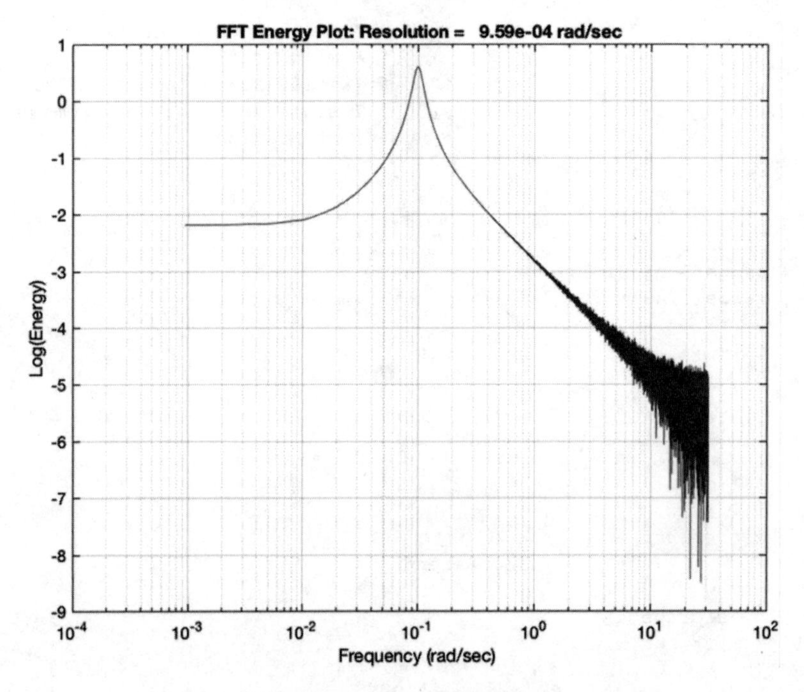

图 11-4　频谱图，峰值位于振荡频率 0.1rad/s 处

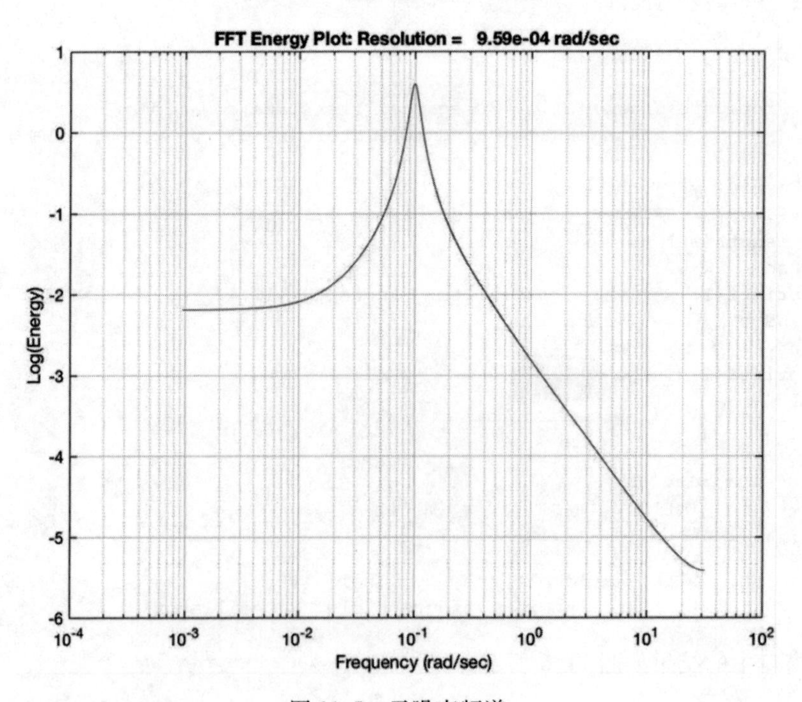

图 11-5　无噪声频谱

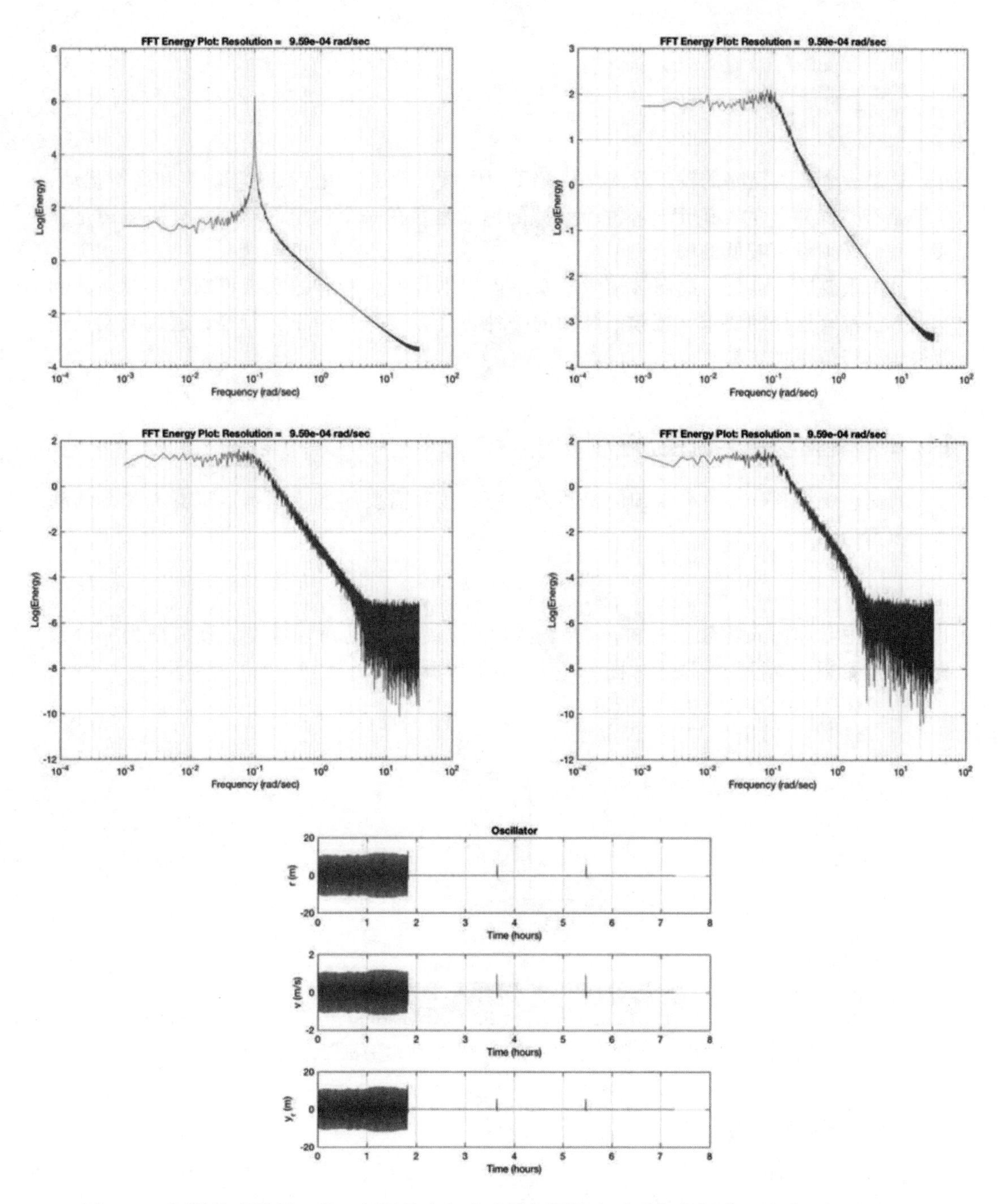

图 11-6　调谐仿真结果。前 4 幅图是在每个采样间隔结束时采集的频谱，最后一幅图显示了整个时间段的仿真结果

```
TuningSim
Estimated oscillator frequency       0.0997 rad/s
Tuned
Tuned
Tuned
```

这是一个较为粗略的校正方法。从 FFT 图中可以看出，由于传感器噪声和高斯扰动，频谱是有“噪声”的。确定其不完全衰减的标准是存在一个特定的峰值。如果噪声足够大，我们必须设定较低的阈值。

其中重要的一点是，我们必须激励系统以识别峰值。所有的系统识别、参数估计和调谐算法都有这样的要求。宽频谱脉冲的一种替代方案是使用正弦扫描，通过激发共振使得识别峰值更加容易。

11.2 模型参考自适应控制

我们想要控制一个负载未知的机器人，使其按照需要的方式运行。机器人关节的动力学模型为[1]

$$\frac{\mathrm{d}\omega}{\mathrm{d}t} = -a\omega + bu + u_{\mathrm{d}} \tag{11-9}$$

其中，阻尼 a 和输入常数 b 未知，u 是输入电压，u_{d}是扰动角加速度。该模型为一阶系统，我们希望系统行为类似于如图 11-7 所示的参考模型。

$$\frac{\mathrm{d}\omega}{\mathrm{d}t} = -a_{\mathrm{m}}\omega + b_{\mathrm{m}}u_{\mathrm{c}} + u_{\mathrm{d}} \tag{11-10}$$

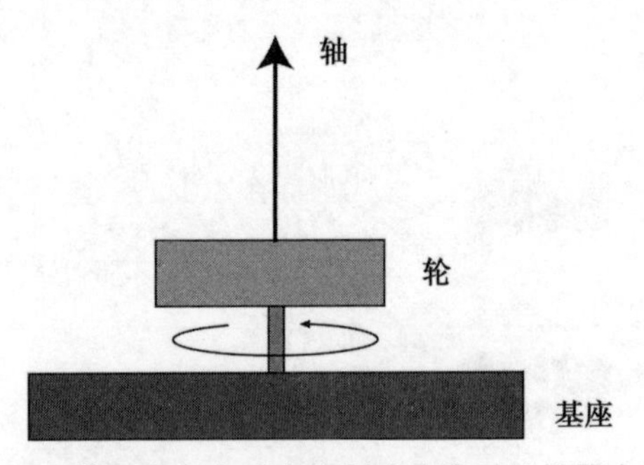

图 11-7 用于模型参考自适应控制功能演示的机器人速度控制

11.2.1 创建方波输入

11.2.1.1 问题

产生一个方波来激励转子。

11.2.1.2 方法

为了实现对控制器的仿真与测试，利用 MATLAB 函数生成一个方波。

11.2.1.3 步骤

下面的示例函数 SquareWave 将生成方波。

```
function [v,d] = SquareWave( t, d )

if( nargin < 1 )
  if( nargout == 0 )
    Demo;
  else
    v = DataStructure;
  end
        return
end

if( d.state == 0 )
  if( t - d.tSwitch >= d.tLow )
    v         = 1;
    d.tSwitch = t;
    d.state   = 1;
  else
    v         = 0;
  end
else
  if( t - d.tSwitch >= d.tHigh )
    v         = 0;
    d.tSwitch = t;
    d.state   = 0;
  else
    v         = 1;
  end
end

function d = DataStructure
%% Default data structure

d           = struct();
d.tLow      = 10.0;
d.tHigh     = 10.0;
d.tSwitch   = 0;
d.state     = 0;

function Demo
%% Demo

d = SquareWave;
t = linspace(0,100,1000);
v = zeros(1,length(t));
for k = 1:length(t)
  [v(k),d] = SquareWave(t(k),d);
end

PlotSet(t,v,'x␣label', 't␣(sec)', 'y␣label', 'v', 'plot␣title','Square␣Wave'
    ,... 'figure␣title', 'Square␣Wave');
```

方波如图 11-8 所示。有很多方法来指定一个方波，示例函数利用最小值 0 和最大值 1，通过分别指定 0 和 1 的时间来创建方波。

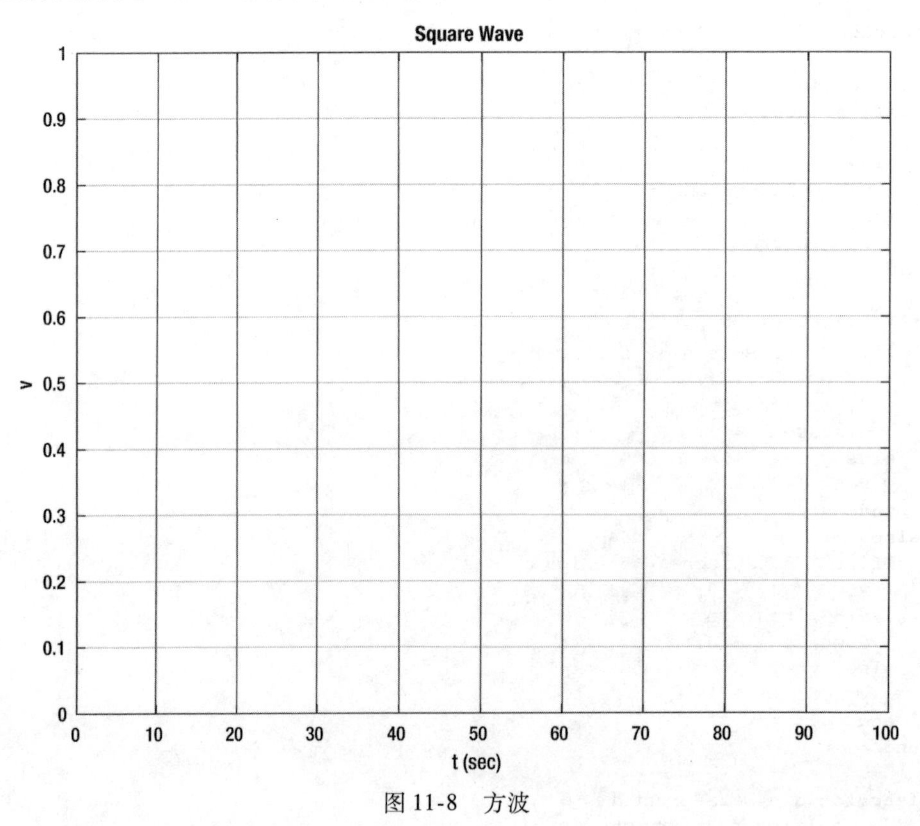

图 11-8　方波

11.2.2　实现模型参考自适应控制

11.2.2.1　问题

控制系统行为，使其符合特定模型的要求。

11.2.2.2　方法

实现模型参考自适应控制（MRAC）系统。

11.2.2.3　步骤

使用 MIT 规则来设计实现模型参考自适应控制系统。MIT 规则最先由麻省理工学院仪器实验室（现为 Draper 实验室）提出，该实验室曾开发了阿波罗和航天飞机的制导控制系统。

考虑一个具有可调参数 θ 的闭环系统，期望输出为 y_m，令

$$e = y - y_m \tag{11-11}$$

损失函数（或成本函数）定义为

$$J(\theta)=\frac{1}{2}e^2 \tag{11-12}$$

平方操作去除了符号的影响。如果误差为0，则损失为0。我们希望最小化 $J(\theta)$，为了使 J 变小，沿着 J 的负梯度方向改变参数，或者使用下式

$$\frac{\mathrm{d}\theta}{\mathrm{d}t}=r\frac{\partial J}{\partial \theta}=-\gamma e\frac{\partial e}{\partial \theta} \tag{11-13}$$

这就是 MIT 规则。当有多个参数时规则仍然适用。如果系统变化缓慢，那么可以假设系统在做出适应时，参数 θ 是恒定的。

令控制器满足

$$u=\theta_1 u_c-\theta_2\omega \tag{11-14}$$

其中第二项提供了阻尼。控制器包含两个参数，如果它们分别满足

$$\theta_1=\frac{b_m}{b} \tag{11-15}$$

$$\theta_2=\frac{a_m-a}{b} \tag{11-16}$$

则误差是

$$e=\omega-\omega_m \tag{11-17}$$

基于参数 θ_1 与 θ_2，系统方程为

$$\frac{\mathrm{d}\omega}{\mathrm{d}t}=-(a+b\theta_2)\omega+b\theta_1 u_c+u_d \tag{11-18}$$

引入算子 $p=\frac{\mathrm{d}}{\mathrm{d}t}$。令 $u_d=0$，则系统方程可改写为

$$p\omega=-(a+b\theta_2)\omega+b\theta_1 u_c \tag{11-19}$$

或者

$$\omega=\frac{b\theta_1}{p+a+b\theta_2}u_c \tag{11-20}$$

需要得到误差相对于θ_1与θ_2的偏微分。根据复合函数求导的链式法则，它们分别为

$$\frac{\partial e}{\partial \theta_1}=\frac{b}{p+a+b\theta_2}u_c \tag{11-21}$$

$$\frac{\partial e}{\partial \theta^2}=-\frac{b^2\theta_1}{(p+a+b\theta_2)}u_c \tag{11-22}$$

其中，

$$u_c=\frac{p+a+b\theta_2}{b\theta_1}\omega \tag{11-23}$$

式（11-22）就可以改写为

$$\frac{\partial e}{\partial \theta_2}=\frac{b}{p+a+b\theta_2}y \tag{11-24}$$

由于 a 是未知的，因此假设已经非常接近于 a 的真实值。然后，令

$$p + a \approx p + a + b\theta_2 \tag{11-25}$$

此时，得到适应性规则的方程为

$$\frac{d\theta_1}{dt} = -\gamma\left(\frac{a_m}{p + a_m}u_c\right)e \tag{11-26}$$

$$\frac{d\theta_2}{dt} = \gamma\left(\frac{a_m}{p + a_m}\omega\right)e \tag{11-27}$$

其中，γ 是适应性增益，圆括号中的项是两个偏微分。完整的方程组为

$$\frac{dx_1}{dt} = -a_m x_1 + a_m u_c \tag{11-28}$$

$$\frac{dx_2}{dt} = -a_m x_2 + a_m \omega \tag{11-29}$$

$$\frac{d\theta_1}{dt} = -\gamma x_1 e \tag{11-30}$$

$$\frac{d\theta_2}{dt} = \gamma x_2 e \tag{11-31}$$

如前所述，控制器方程为

$$u = \theta_1 u_c - \theta_2 \omega \tag{11-32}$$

$$e = \omega - \omega_m \tag{11-33}$$

$$\frac{d\omega_m}{dt} = -a_m \omega_m + b_m u_c \tag{11-34}$$

模型参考自适应控制由函数 MRAC 实现，代码如下所示。其中控制器包含 5 个需要传递的微分方程，RungeKutta 函数用于实现传递，当然也可以使用计算密集度更低的低阶数值积分计算方法来代替，例如 Euler 方法。

```
function d = MRAC( omega, d )

if( nargin < 1 )
  d = DataStructure;
  return
end

d.x     = RungeKutta( @RHS, 0, d.x, d.dT, d, omega );
d.u = d.x(3)*d.uC - d.x(4)*omega;

function d = DataStructure
%% Default data structure

d       = struct();
d.aM    = 2.0;
d.bM    = 2.0;
d.x     = [0;0;0;0;0];
```

```
d.uC    = 0;
d.u     = 0;
d.gamma = 1;
d.dT    = 0.1;
function xDot = RHS( ~, x, d, omega )
%% RHS for MRAC

e    = omega - x(5);
xDot = [-d.aM*x(1) + d.aM*d.uC;...
        -d.aM*x(2) + d.aM*omega;...
        -d.gamma*x(1)*e;...
         d.gamma*x(2)*e;...
        -d.aM*x(5) + d.bM*d.uC];
```

11.2.3 转子的 MRAC 系统实现

11.2.3.1 问题

使用 MRAC 控制转子。

11.2.3.2 方法

在 MATLAB 脚本中实现 MRAC。

11.2.3.3 步骤

MRAC 在脚本文件 RotorSim 中实现，通过调用 MRAC 函数来控制转子。就像在其他示例中一样，我们使用 PlotSet 函数来绘制图形。请注意，使用了两个新的选项，“Plot Set” 选项允许在一个子图上绘制多行图形，“legend” 选项为每个图形添加图例。传递至选项 “legend” 的元胞数组参数中包含与每个图形对应的元胞数组。在这个示例中，有两个图形，每个图形包含两行，所以元胞数组是

```
{{'true' 'estimated'} {'Control' 'Command'}}
```

每个图形的图例是整个元胞数组中的一个元胞条目。

MRAC 系统的转子仿真脚本如下所示。方波函数对系统产生应该跟踪 ω 的命令。函数 RHSRotor、SquareWave 和 MRAC 都返回默认数据结构。

```
%% Initialize
nSim    = 4000;     % Number of time steps
dT    = 0.1;      % Time step (sec)
dRHS    = RHSRotor;     % Get the default data structure
dC    = MRAC;
dS    = SquareWave;
x       = 0.1;      % Initial state vector

%% Simulation
xPlot = zeros(4,nSim);
theta = zeros(2,nSim);
t     = 0;
for k = 1:nSim

% Plot storage
```

```
  xPlot(:,k)   = [x;dC.x(5);dC.u;dC.uC];
  theta(:,k)   = dC.x(3:4);
  [uC, dS]     = SquareWave( t, dS );
  dC.uC        = 2*(uC - 0.5);
  dC           = MRAC( x, dC );
  dRHS.u       = dC.u;

  % Propagate (numerically integrate) the state equations
  x            = RungeKutta( @RHSRotor, t, x, dT, dRHS );
  t            = t + dT;
end

%% Plot the results
yL          = {'\omega␣(rad/s)' 'u'};
[t,tL]      = TimeLabel(dT*(0:(nSim-1)));

h = PlotSet( t, xPlot, 'x␣label', tL, 'y␣label', yL,'plot␣title', {'Angular␣
    Rate' 'Control'},... 'figure␣title', 'Rotor', 'plot␣set',{[1 2] [3 4]},'
    legend',{{'true' 'estimated'} {'Control' 'Command'}} );

PlotSet( theta(1,:), theta(2,:), 'x␣label', '\theta_1',...
       'y␣label','\theta_2', 'plot␣title', 'Controller␣Parameters',...
       'figure␣title', 'Controller␣Parameters' );
```

结果如图 11-9 所示，其中自适应增益 $\gamma = 1$，$a_m = 2$，$b_m = 2$，$a = 1$，$b = 1/2$。

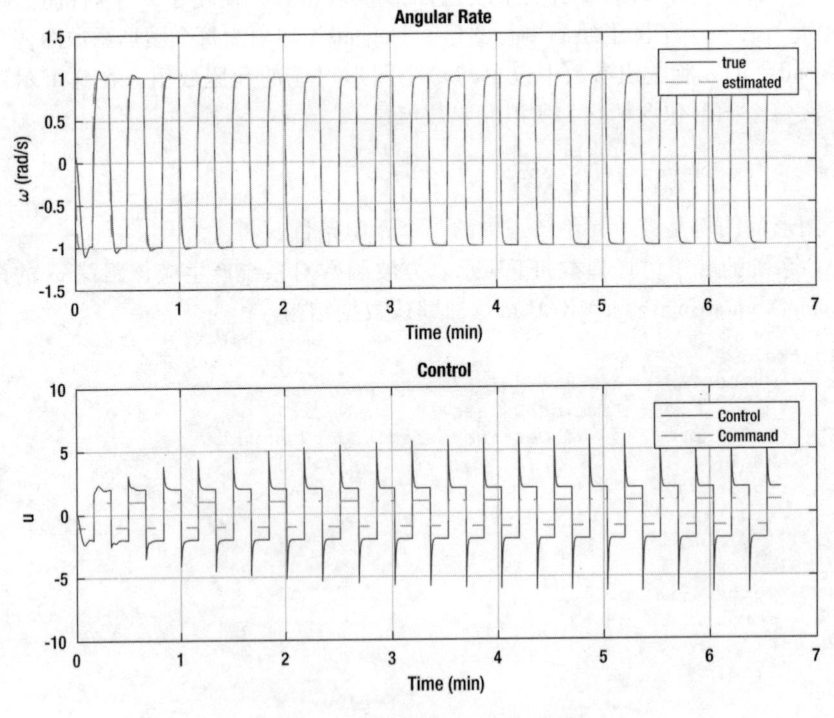

图 11-9　一阶系统的 MRAC 控制

第一个曲线显示了转子角速度与发送到转子的控制需求和实际控制，所期望的控制是（由函数 SquareWave 生成的）方波。请注意图中方波转换时实施控制过程中的瞬变，而且控制的幅度要大于指令控制。还可以注意到，角速度接近我们所需指令的方波形状。

图 11-10 显示了自适应增益 θ_1 与 θ_2 的收敛过程，它们在仿真结束之前都获得了收敛。

MRAC 通过观察对控制激励的响应来了解系统增益。系统需要激励才能进行收敛，这是所有学习系统的本质。如果没有激励，就不可能观察系统的行为，于是系统也就不可能学习。很容易观察到一阶系统的应激响应，但是对于高阶系统或者非线性系统，观察会变得更加困难。

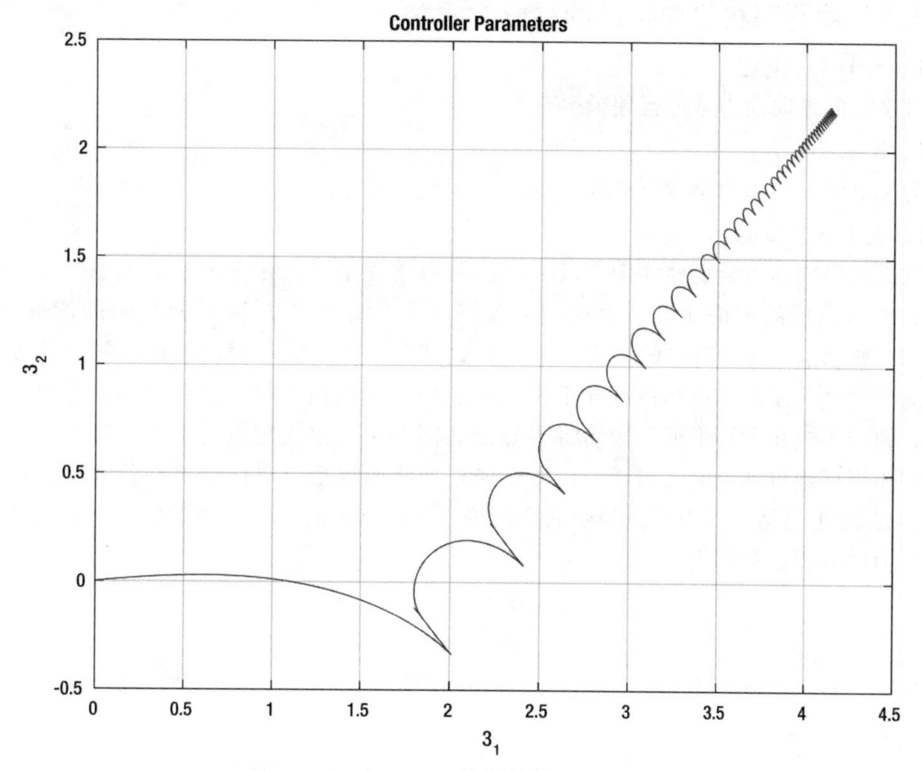

图 11-10　在 MRAC 控制器中的增益收敛

11.3　飞机的纵向控制

在本节中，我们将使用学习控制来控制飞机的纵向运动动力学。我们将推导一个简单的纵向动力学模型，其中只具有较少数目的参数。在控制系统中将使用具有比例－积分－微分（PID）控制器的非线性动力学反演来控制俯仰动力学，学习过程使用 Sigma-Pi

神经网络来完成。

我们使用美国太空总署 Dryden 研究中心开发的学习方法[4]。基线控制器是具有 PID 控制定律的动态反演类型控制器。人工神经网络[3]在飞机飞行过程中提供学习能力，神经网络采用 Sigma - Pi 类型，也就是说，网络将输入与其关联权重的乘积进行相加。网络权重通过训练算法确定，而训练过程中需要下列信息。

1. 参考模型中被控制飞机的比率。
2. PID 误差。
3. 来自神经网络反馈的自适应控制速率。

11.3.1 编写飞机纵向运动的微分方程

11.3.1.1 问题

对飞机的纵向动力学进行建模。

11.3.1.2 方法

为飞机的纵向动力学微分方程写出右侧函数。

11.3.1.3 步骤

飞机的纵向动力学也称为俯仰动力学。动力学完全建立在飞机的对称平面上，动力学行为包括飞机的前向飞行、翻转，以及飞机围绕垂直于对称平面的轴的俯仰运动。图 11-11 展示了一架飞行中的飞机，其中 α 是迎角，即机翼与速度矢量之间的角度。假设风向与速度矢量的方向相反，那么飞机将迎向全部的风。阻力沿着风向，升力垂直于阻力，俯仰力矩在质心附近。我们将要导出的模型中仅仅使用数目不多的参数，但是仍然能够相当好地再现纵向动力学。也可以轻松地修改模型以对任何感兴趣的飞行器进行仿真。表 11-1 总结了动力学模型中的常用符号。示例中的空气动力学模型非常简单，阻力与升力的方程式分别为

$$L = pSC_L \tag{11-35}$$

$$D = pSC_D \tag{11-36}$$

其中，S 是浸湿面积，即计算空气动力的面积；p 是动压，即由速度在飞机上产生的压力。

$$p = \frac{1}{2}\rho v^2 \tag{11-37}$$

其中 ρ 是大气密度，v 是速度。大气密度是高度的函数。S 是浸湿面积，即飞机与气流相互作用的面积，在低速飞行中主要是机翼。很多书籍中使用 q 来表示动压，我们则使用 q 表示俯仰角速度（也是常用表示方法），因此使用 p 来表示动压以避免混淆。

升力系数 C_L 为

$$C_L = C_{L\alpha}\alpha \tag{11-38}$$

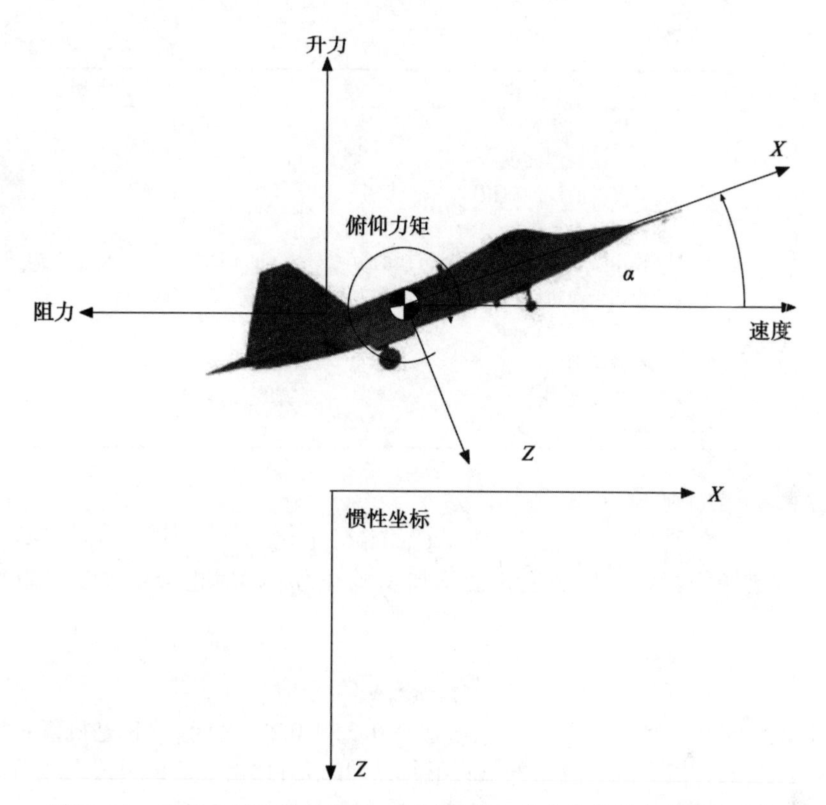

图 11-11 飞行中的飞机示意图，展示了纵向动力学仿真中的关键数据

表 11-1 飞机飞行动力学常用符号

符 号	说 明	单 位
g	海平面位置的重力加速度	9.806m/s^2
h	海拔高度	m
k	诱导阻力系数	无量纲
m	质量	kg
p	动压	N/m^2
q	俯仰角速度	rad/s
u	x 轴速度	m/s
w	z 轴速度	m/s
C_L	升力系数	无量纲
C_D	阻力系数	无量纲
D	阻力	N
I_y	俯仰惯性矩	$\text{kg} \cdot \text{m}^2$
L	升力	N
M	俯仰力矩（扭矩）	N · m
M_e	横舵俯仰力矩	N · m

（续）

符 号	说 明	单 位
r_e	升降舵力矩臂	m
S	机翼的浸湿面积	m^2
S_e	升降舵的浸湿面积	m^2
T	推力	N
X	作用于飞机结构的 X 轴方向的力	N
Z	作用于飞机结构的 Z 轴方向的力	N
α	迎角	rad
γ	航迹倾角	rad
ρ	空气密度	kg/m^3
θ	俯仰角	rad

阻力系数 C_D 为

$$C_D = C_{D_0} + kC_L^2 \tag{11-39}$$

阻力方程也称为阻力极线。增加迎角会增加飞机升力，同时也会增加飞机阻力。系数 k 为

$$k = \frac{1}{\pi\varepsilon_0 \mathrm{AR}} \tag{11-40}$$

其中，ε_0 是奥斯瓦尔德效率因子，取值通常在 0.75 ~ 0.85 之间。AR 是机翼长宽比，即机翼跨度与翼弦的比值。对于复杂的机翼形状，AR 值可以由下面的公式大致给出：

$$\mathrm{AR} = \frac{b^2}{S} \tag{11-41}$$

其中，b 是跨度，S 是机翼面积。跨度是从翼尖到翼尖的测量值。滑翔机具有非常高的长宽比，而三角翼飞机的长宽比则较低。

气动系数是无量纲系数，当乘以飞机的浸湿面积和动压时，便得到了空气动力。

飞行的动力学方程和微分方程[2]分别为

$$m(\dot{u} + qw) = X - mg\sin\theta + T\cos\varepsilon \tag{11-42}$$

$$m(\dot{w} + qu) = Z + mg\cos\theta - T\sin\varepsilon \tag{11-43}$$

$$I_y\dot{q} = M \tag{11-44}$$

$$\dot{\theta} = q \tag{11-45}$$

其中，m 是质量，u 是 x 轴速度，w 是 z 轴速度，q 是俯仰角速度，θ 是俯仰角，T 是发动机推力，ε 是推力矢量与 x 轴的角度，I_y 是俯仰惯性矩，X 是 x 轴方向的力，Z 是 z 轴方向的力，M 是关于俯仰轴的扭矩。x 轴速度与 z 轴速度之间的耦合是由于将力学方程引入旋转坐标系而引起的。俯仰方程基于质心，是 u、w、q 和高度 h 的函数，其中高度方程为

$$\dot{h} = u\sin\theta - w\cos\theta \tag{11-46}$$

迎角 α 是速度 u、w 之间的角度，为

$$\tan\alpha = \frac{w}{u} \tag{11-47}$$

航迹倾角 γ 是速度矢量方向和水平方向之间的夹角，它与 θ 和 α 之间的关系如下

$$\gamma = \theta - \alpha \tag{11-48}$$

该方程并未出现在动力学方程组中，但它对研究飞机飞行非常有用。作用于飞机结构上的力分别为

$$X = L\sin\alpha - D\cos\alpha \tag{11-49}$$

$$Z = -L\cos\alpha - D\sin\alpha \tag{11-50}$$

由于压力中心和质心的偏移，这里假定偏移沿着 x 轴方向，因此便产生了力矩或扭矩

$$M = (c_p - c)Z \tag{11-51}$$

其中，c_p 是压力中心位置。来自于升降舵的力矩为

$$M_e = qr_eS_e\sin(\delta) \tag{11-52}$$

S_e 是升降舵的浸湿面积，r_E 是从质心到升降舵的距离。动力学模型的示例代码在函数 RHSAircraft 中，而大气密度模型属于指数模型，作为子函数包含在其中。

```
function [xDot, lift, drag, pD] = RHSAircraft( ~, x, d )

if( nargin < 1 )
  xDot = DataStructure;
  return
end
g     = 9.806;

u     = x(1);
w     = x(2);
q     = x(3);
theta = x(4);
h     = x(5);

rho   = AtmDensity( h );

alpha = atan(w/u);
cA    = cos(alpha);
sA    = sin(alpha);

v     = sqrt(u^2 + w^2);
pD    = 0.5*rho*v^2; % Dynamic pressure

cL    = d.cLAlpha*alpha;
cD    = d.cD0 + d.k*cL^2;

drag  = pD*d.s*cD;
lift  = pD*d.s*cL;

x     =  lift*sA - drag*cA;
z     = -lift*cA - drag*sA;
m     =  d.c*z + pD*d.sE*d.rE*sin(d.delta);
```

```
sT    = sin(theta);
cT    = cos(theta);

tEng  = d.thrust*d.throttle;
cE    = cos(d.epsilon);
sE    = sin(d.epsilon);

uDot  = (x + tEng*cE)/d.mass - q*w - g*sT + d.externalAccel(1);
wDot  = (z - tEng*sE)/d.mass + q*u + g*cT + d.externalAccel(2);
qDot  = m/d.inertia                       + d.externalAccel(3);
hDot  = u*sT - w*cT;

xDot  = [uDot;wDot;qDot;q;hDot];

function d = DataStructure
%% Data structure

% F-16
d              = struct();
d.cLAlpha      = 2*pi;            % Lift coefficient
d.cD0          = 0.0175;          % Zero lift drag coefficient
d.k            = 1/(pi*0.8*3.09);     % Lift coupling coefficient A/R
    3.09, Oswald Efficiency Factor 0.8
d.epsilon      = 0;               % rad
d.thrust       = 76.3e3;          % N
d.throttle     = 1;
d.s            = 27.87;           % wing area m^2
d.mass         = 12000;           % kg
d.inertia      = 1.7295e5;        % kg-m^2
d.c            = 2;               % m
d.sE           = 25;              % m^2
```

使用F-16型号的飞机进行仿真实验。F-16属于单引擎超音速多用途战斗机，在许多国家的实验中采用。F-16模型如图11-12所示。

通过采用该模型求出惯性矩阵，将质量分布在所有顶点中，并利用下列方程式计算惯性

$$m_k = \frac{m}{N} \tag{11-53}$$

$$c = \sum_k m_k r_k \tag{11-54}$$

$$I = \sum_k m_k (r_k - c)^2 \tag{11-55}$$

其中，N是节点数，r_k是从（任意）原点到节点k的向量。

```
inr =

   1.0e+05 *

    0.3672    0.0002   -0.0604
    0.0002    1.4778    0.0000
   -0.0604    0.0000    1.7295
```

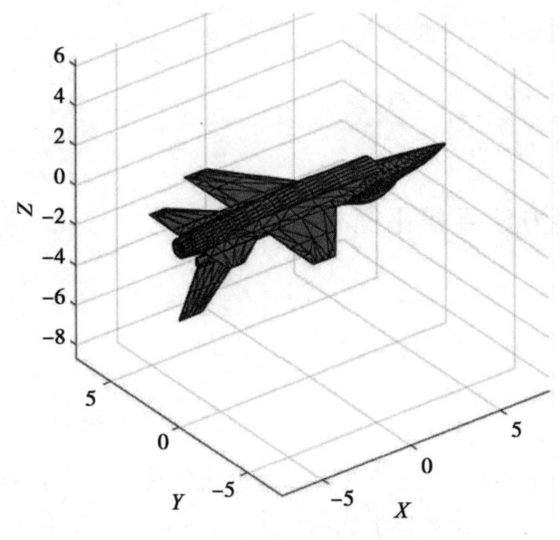

图 11-12　F-16 飞机模型

F-16 的模型参数在表 11-2 中给出。

表 11-2　F-16 模型参数

符　号	字　段　名	取　值	说　明	单　位
C_{L_α}	cLAlpha	6.28	升力系数	无量纲
C_{D_0}	cD0	0.0175	零升阻力系数	无量纲
k	k	0.1288	升力耦合系数	无量纲
ε	epsilon	0	基于 x 轴的推力角	rad
T	thrust	76.3×10^3	引擎推力	N
S	s	27.87	机翼面积	m^2
m	mass	12000	飞机质量	kg
I_y	inertia	1.7295×10^5	z 轴方向的惯性	$kg\cdot m^2$
$c-c_p$	C	1	相对于压力中心的质心偏移	m
S_e	sE	3.5	升降舵面积	m^2
r_e	(rE)	4.0	升降舵力矩臂	m

这个模型存在诸多限制。首先，推力以 100% 的精度立即施加于模型之上，而且也不是航速或高度的函数。真实引擎总是需要一些时间才能达到所需的推力，而且推力大小会随航速与高度而变化。其次，模型中的升降舵也立即响应。升降舵由发动机驱动，通常为液压驱动，有时则为纯电动，并且需要一定时间才能达到指定的角度。使用的空气动力学模型则非常简单。升力与阻力是航速与迎角的复杂函数，通常需要大量的系数进行建模。同时利用力矩臂为俯仰力矩建模，而扭矩则通常利用表格建模。示例中不包括空气动力学阻尼模型，尽管它通常会出现在大多数完整的飞机空气动力学模型中。可

以通过创建下列所示函数来容易地添加这些功能：

```
C_L = CL(v,h,alpha,delta)
C_D = CD(v,h,alpha,delta)
C_M = CL(v,h,vdot,alpha,delta)
```

11.3.2 利用数值方法寻找平衡状态

11.3.2.1 问题

确定飞机的平衡状态。

11.3.2.2 方法

计算动力学模型的雅可比状态。

11.3.2.3 步骤

通过函数 EquilibriumState，从平衡态开始每一次仿真。当给定飞行速度、高度和飞行路径角度时，使用 fminsearch 函数使下式最小化

$$\dot{u}^2 + \dot{w}^2 \tag{11-56}$$

然后，计算使得俯仰角加速度趋于0所需的升降舵角度。函数中包括一个在10km处以平衡态飞行的内置演示。

```
%% Code
if( nargin < 1 )
  Demo;
  return
end

x              = [v;0;0;0;h];
[~,~,drag]     = RHSAircraft( 0, x, d );
y0             = [0;drag];
cost(1)        = RHS( y0, d, gamma, v, h );
y              = fminsearch( @RHS, y0, [], d, gamma, v, h );
w              = y(1);
thrust         = y(2);
u              = sqrt(v^2-w^2);
alpha          = atan(w/u);
theta          = gamma + alpha;
cost(2)        = RHS( y, d, gamma, v, h );
x              = [u;w;0;theta;h];
d.thrust       = thrust;
d.delta        = 0;
[xDot,~,~,p]     = RHSAircraft( 0, x, d );
delta          = -asin(d.inertia*xDot(3)/(d.rE*d.sE*p));
d.delta        = delta;
radToDeg       = 180/pi;

fprintf(1,'Velocity          %8.2f m/s\n',v);
fprintf(1,'Altitude          %8.2f m\n',h);
fprintf(1,'Flight path angle %8.2f deg\n',gamma*radToDeg);
fprintf(1,'Z speed           %8.2f m/s\n',w);
```

```
fprintf(1,'Thrust            %8.2f N\n',y(2));
fprintf(1,'Angle of attack   %8.2f deg\n',alpha*radToDeg);
fprintf(1,'Elevator          %8.2f deg\n',delta*radToDeg);
fprintf(1,'Initial cost      %8.2e\n',cost(1));
fprintf(1,'Final cost        %8.2e\n',cost(2));

function cost = RHS( y, d, gamma, v, h )
%% Cost function for fminsearch

w          = y(1);
d.thrust         = y(2);
d.delta    = 0;
u          = sqrt(v^2-w^2);
alpha      = atan(w/u);
theta      = gamma + alpha;
x          = [u;w;0;theta;h];
xDot       = RHSAircraft( 0, x, d );
cost       = xDot(1:2)'*xDot(1:2);

function Demo
%% Demo
d     = RHSAircraft;
gamma = 0.0;
v     = 250;
```

示例结果如下所示：

```
>> EquilibriumState
Velocity              250.00 m/s
Altitude            10000.00 m
Flight path angle       0.00 deg
Z speed                13.84 m/s
Thrust              11148.95 N
Angle of attack         3.17 deg
Elevator              -11.22 deg
Initial cost        9.62e+01
Final cost          1.17e-17
```

初始和最终代价函数的计算结果显示函数 fminsearch 成功实现了最小化 w 和 u 两个方向上加速度的目标。

11.3.3 飞机的数值仿真

11.3.3.1 问题

实现飞机仿真。

11.3.3.2 方法

创建脚本，在循环中调用右侧函数，并对结果绘制图形。

11.3.3.3 步骤

仿真脚本如下所示。它计算平衡状态，然后通过在循环中调用 RungeKutta 实现动力学仿真，最后使用 PlotSet 绘制结果图形。

```
%% Initialize
nSim     = 2000;      % Number of time steps
dT       = 0.1;        % Time step (sec)
dRHS     = RHSAircraft;  % Get the default data structure has F-16 data
h        = 10000;
gamma    = 0.0;
v        = 250;
nPulse   = 10;
[x,  dRHS.thrust, dRHS.delta, cost] = EquilibriumState( gamma, v, h, dRHS );
fprintf(1,'Finding␣Equilibrium:␣Starting␣Cost␣%12.4e␣Final␣Cost␣%12.4e\n',
    cost);

accel = [0.0;0.1;0.0];

%% Simulation
xPlot = zeros(length(x)+2,nSim);
for k = 1:nSim
  % Plot storage
  [~,L,D]      = RHSAircraft( 0, x, dRHS );
  xPlot(:,k)   = [x;L;D];
  % Propagate (numerically integrate) the state equations
  if( k > nPulse )
    dRHS.externalAccel = [0;0;0];
  else
    dRHS.externalAccel = accel;
  end
  x            = RungeKutta( @RHSAircraft, 0, x, dT, dRHS );
  if( x(5) <= 0 )
    break;
  end
end

xPlot = xPlot(:,1:k);

%% Plot the results
yL      = {'u␣(m/s)' 'w␣(m/s)' 'q␣(rad/s)' '\theta␣(rad)' 'h␣(m)' 'L␣(N)' 'D␣
    (N)'};
[t,tL] = TimeLabel(dT*(0:(k-1)));

PlotSet( t, xPlot(1:5,:), 'x␣label', tL, 'y␣label', yL(1:5),...
```

飞机在仿真中有轻微爬升。

```
>> AircraftSimOpenLoop
Velocity                250.00 m/s
Altitude              10000.00 m
Flight path angle         0.57 deg
Z speed                  13.83 m/s
Thrust                12321.13 N
Angle of attack           3.17 deg
Elevator                 11.22 deg
Initial cost          9.62e+01
Final cost            5.66e-17
Finding Equilibrium: Starting Cost   9.6158e+01 Final Cost   5.6645e-17
```

仿真结果如图 11-13 所示。可以看到飞机的稳步攀升。还可以发现图中的两个振荡：与俯仰角速度相关的高频振荡和与飞机速度相关的低频振荡。

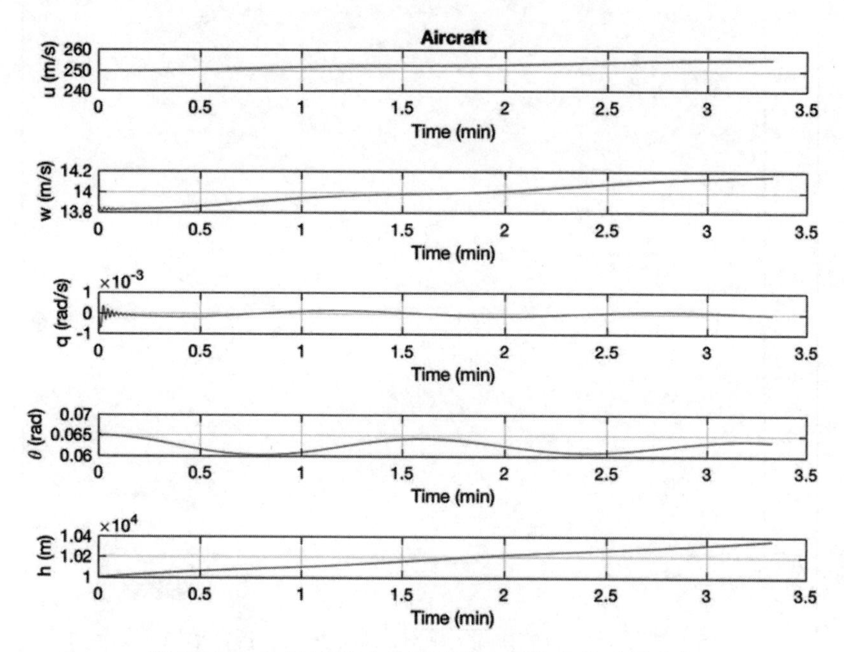

图 11-13　F-16 飞机小角度上升中对脉冲的开环响应

11.3.4　神经网络中对取值范围的限定和缩放

11.3.4.1　问题

利用函数实现对测量值的缩放和取值范围限定。

11.3.4.2　方法

使用 S 形函数。

11.3.4.3　步骤

神经网络中使用如下形式的 S 形函数：

$$g(x) = \frac{1 - e^{-kx}}{1 + e^{-kx}} \tag{11-57}$$

下列脚本绘制了 $k = 1$ 时的 S 形函数，结果如图 11-14 所示。

```
%% Initialize
x = linspace(-7,7);

%% Sigmoid
s = (1-exp(-x))./(1+exp(-x));

PlotSet( x, s, 'x␣label', 'x', 'y␣label', 's',...
  'plot␣title', 'Sigmoid', 'figure␣title', 'Sigmoid' );
```

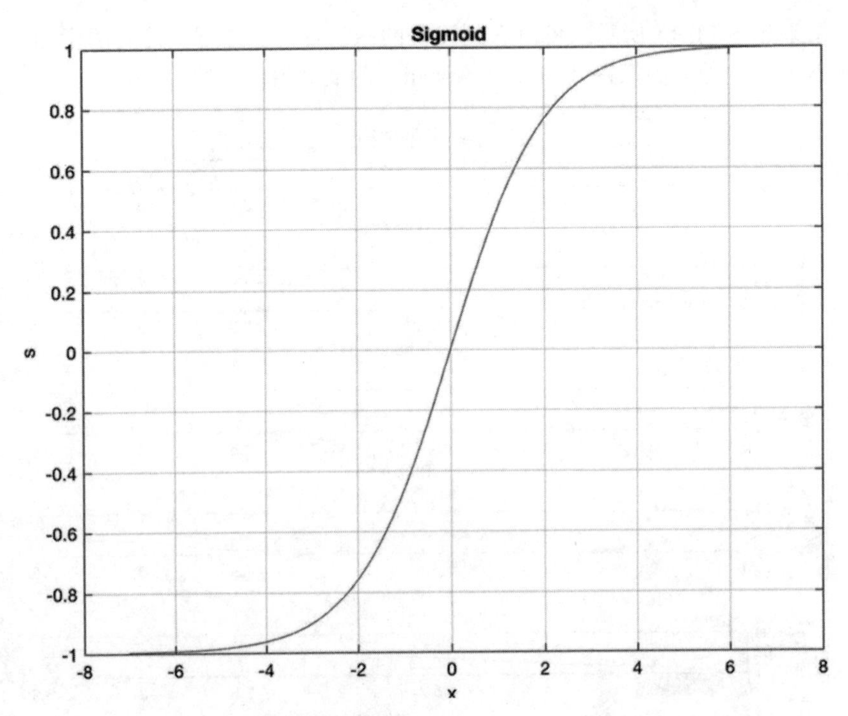

图 11-14　S 形函数，当 x 绝对值非常大时，函数返回 ±1

11.3.5　寻找学习控制的神经网络

11.3.5.1　问题

利用神经网络为飞机控制系统添加学习功能。

11.3.5.2　方法

使用 Sigma-Pi 型神经网络。

11.3.5.3　步骤

用于俯仰轴的自适应神经网络具有 7 个输入，网络输出是俯仰角加速度，用于增强来自于动态反演控制器的控制信号。控制系统如图 11-15 所示。

具有两个输入的 Sigma-Pi 形神经网络的结构如图 11-16 所示。

神经网络的输出为

$$y = w_1 c + w_2 x_1 + w_3 x_2 + w_4 x_1 x_2 \tag{11-58}$$

神经网络中的权重代表非线性函数的实现方式。例如，如果我们想表示动压

$$y = \frac{1}{2}\rho v^2 \tag{11-59}$$

则令 $x_1 = \rho$，$x_2 = v^2$，并使权重 $w_4 = \frac{1}{2}$，其他权重设为 0 即可。假设我们并不知道式中的

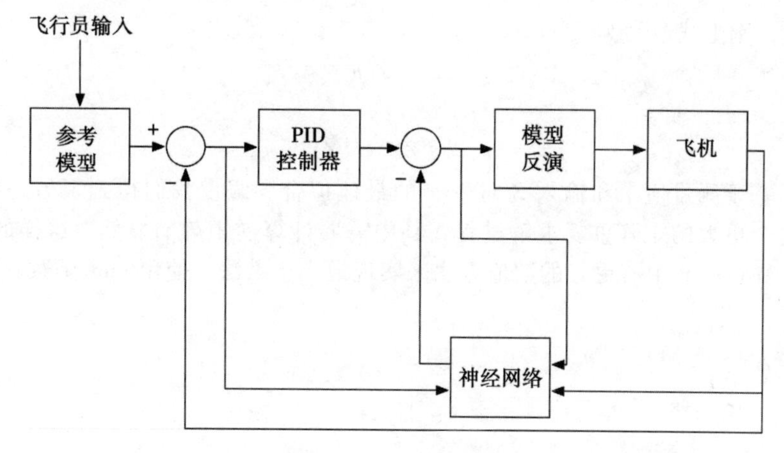

图 11-15　飞机控制系统

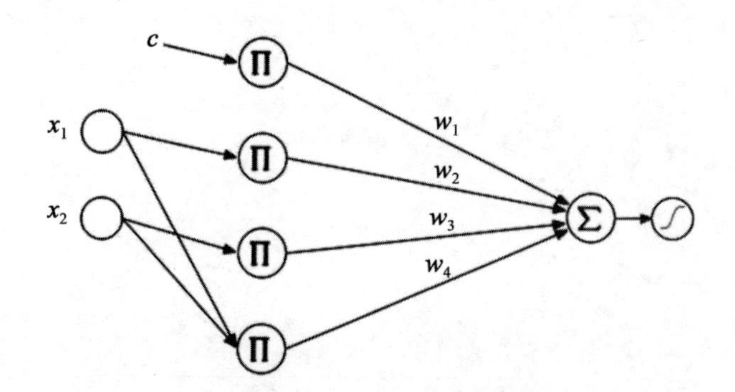

图 11-16　Sigma-Pi 形神经网络，其中∏代表乘积，∑代表求和

常数值为 $\frac{1}{2}$，我们希望神经网络能够通过测量值来确定各个权重的值。

神经网络中的学习意味着确定权重值，从而使得网络能够重现建模函数。定义矢量 z 为乘积结果，在二元输入示例中，即为

$$z = \begin{bmatrix} 1 \\ x_1 \\ x_2 \\ x_1 x_2 \end{bmatrix} \tag{11-60}$$

其中，x_1、x_2 为输入，输出为

$$y = w^{\mathrm{T}} z \tag{11-61}$$

可以将多个输入与输出组合为下式

$$[y_1 \quad y_2 \quad \cdots] = w^{\mathrm{T}} [z_1 \quad z_2 \quad \cdots] \tag{11-62}$$

其中，z_k 为列数组。使用最小二乘法求解 w。将由 y 构成的向量定义为 Y，由 z 构成的矩

阵定义为 Z，则上式改写为

$$Y = Z^{\mathrm{T}}w \tag{11-63}$$

w 的解为

$$w = (ZZ^{\mathrm{T}})^{-1}ZY^{\mathrm{T}} \tag{11-64}$$

这就给出了基于测量值 Y 和输入 Z 对于 w 的最佳拟合。假设我们得到了另一组测量值，然后使用这个更大的矩阵重复求解过程，其中需要计算逆矩阵。显然，这样的求解方法并不可行。MATLAB 中有更好的数值方法来实现最小二乘法，使用 pinv 函数。例如，

```
>> z = rand(4,4);
>> w = rand(4,1);
>> y = w'*z;
>> wL = inv(z*z')*z*y'

wL =

    0.8308
    0.5853
    0.5497
    0.9172

>> w

w =

    0.8308
    0.5853
    0.5497
    0.9172

>> pinv(z')*y'

ans =
0.8308
0.5853
0.5497
0.9172
```

可以看到，不同方法的计算结果完全相同。这是最初训练神经网络的好方法。基于输入 z，收集尽可能多的测量值，并计算权重。那么，你的神经网络就已经准备好了。

递归学习方法是利用 z 中的 n 个值和 y 来初始化递归学习模型。

$$p = (ZZ^{\mathrm{T}})^{-1} \tag{11-65}$$

$$w = pZY \tag{11-66}$$

递归学习算法是

$$p = p - \frac{pzz^{\mathrm{T}}p}{1 + z^{\mathrm{T}}pz} \tag{11-67}$$

$$k = pz \tag{11-68}$$

$$w = w + k(y - z^{\mathrm{T}}w) \tag{11-69}$$

下面的示例脚本展示了递归学习或训练过程。它以对4元素训练集的初始估计开始，然后利用新的数据进行递归学习。

```
w    = rand(4,1); % Initial guess
Z    = randn(4,4);
Y    = Z'*w;

wN   = w + 0.1*randn(4,1); % True weights are a little different
n    = 300;
zA   = randn(4,n); % Random inputs
y    = wN'*zA; % 100 new measurements

% Batch training
p    = inv(Z*Z'); % Initial value
w    = p*Z*Y; % Initial value

%% Recursive learning
dW = zeros(4,n);
for j = 1:n
  z       = zA(:,j);
  p       = p - p*(z*z')*p/(1+z'*p*z);
  w       = w + p*z*(y(j) - z'*w);
  dW(:,j) = w - wN; % Store for plotting
end

%% Plot the results
yL = cell(1,4);
for j = 1:4
  yL{j} = sprintf('\\Delta␣W_%d',j);
end

PlotSet(1:n,dW,'x␣label','Sample','y␣label',yL,...
        'plot␣title','Recursive␣Training',...
        'figure␣title','Recursive␣Training');
```

学习结果如图11-17所示，可以看到初始瞬态之后，学习过程立即收敛。因为使用随机值进行初始化，所以每次执行学习过程，我们都会得到不同的学习结果。

注意，递归学习算法的结果与10.1.4节介绍的常规卡尔曼滤波器方法相同。递归学习算法来源于批量最小二乘法，属于卡尔曼滤波器的替代方法。

11.3.6　枚举输入集合

11.3.6.1　问题

构造函数以实现对所有可能的输入组合的枚举。

11.3.6.2　方法

构造组合函数。

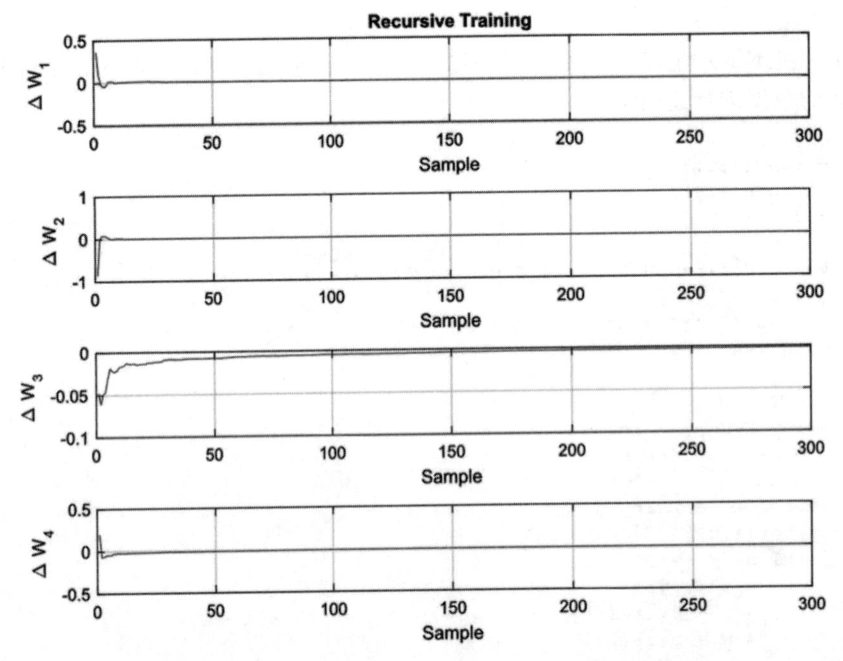

图 11-17 递归训练或学习。初始瞬态之后，权重迅速收敛

11.3.6.3 步骤

我们能够以手工编码的方式来构造输入集合，但是我们希望通过构造更加通用的函数代码实现对所有输入集合的枚举。当有 n 个输入并且每次取其中的 k 个时，组合数量为

$$\frac{n!}{(n-k)!k!} \tag{11-70}$$

枚举全部集合的函数代码 Combinations 如下所示。

```
%% Demo
if( nargin < 1 )
  Combinations(1:4,3)
  return
end

%% Special cases
if( k == 1 )
  c = r';
  return
elseif( k == length(r) )
  c = r;
  return
end

%% Recursion
```

```
rJ      = r(2:end);
c   = [];
if( length(rJ) > 1 )
  for j = 2:length(r)-k+1
    rJ            = r(j:end);
    nC            = NumberOfCombinations(length(rJ),k-1);
    cJ            = zeros(nC,k);
    cJ(:,2:end)   = Combinations(rJ,k-1);
    cJ(:,1)       = r(j-1);
    if( ~isempty(c) )
      c = [c;cJ];
    else
      c = cJ;
    end
  end
else
  c = rJ;
end
c = [c;r(end-k+1:end)];

function j = NumberOfCombinations(n,k)
%% Compute the number of combinations
j = factorial(n)/(factorial(n-k)*factorial(k));
```

示例代码中首先处理了两种特殊的输入情形，然后通过对函数自身的递归调用来处理所有其他情形。下面是两个函数的使用示例：

```
>> Combinations(1:4,3)

ans =

     1     2     3
     1     2     4
     1     3     4
     2     3     4

 >> Combinations(1:4,2)

ans =

     1     2
     1     3
     1     4
     2     3
     2     4
     3     4
```

当有 4 个输入时，如果枚举所有可能的组合，最终会得到 14 种组合。随着输入节点数目的增加，权重数量会更加快速地增长，对于 Sigma-Pi 型神经网络来说，这意味着过多的输入节点会限制网络的实际应用。

11.3.7　编写通用神经网络函数

11.3.7.1　问题

我们需要面向通用问题的神经网络函数。

11.3.7.2　方法

使用 Sigma – Pi 函数。

11.3.7.3　步骤

以下代码展示了如何实现 Sigma-Pi 型神经网络。action 是函数 SigmaPiNeuralNet 的第一个输入参数，用来选择函数将要实现的功能，其中包括以下几个。

1. “initialize”：函数初始化。
2. “set constant”：设定常数项。
3. “batch learning”：执行批量学习。
4. “recursive learning”：执行递归学习。
5. “output”：产生没有经过训练的输出。

通常按照上述顺序依次执行函数的各个功能。如果默认值 1 符合用户需求，则不需要设置该参数项。

函数功能通过在 switch 语句中调用的各个子函数来实现。

```
% None.
function [y, d] = SigmaPiNeuralNet( action, x, d )

% Demo or default data structure
if( nargin < 1 )
  if( nargout == 1)
    y = DefaultDataStructure;
  else
    Demo;
  end
  return
end

switch lower(action)
        case 'initialize'
    d   = CreateZIndices( x, d );
    d.w = zeros(size(d.zI,1)+1,1);
    y   = [];

        case 'set␣constant'
    d.c = x;
    y   = [];

  case 'batch␣learning'
    [y, d] = BatchLearning( x, d );

  case 'recursive␣learning'
```

```
    [y, d] = RecursiveLearning( x, d );

        case 'output'
    [y, d] = NNOutput( x, d );

  otherwise
    error('%s␣is␣not␣an␣available␣action',action );
end

function d = CreateZIndices( x, d )
%% Create the indices

n      = length(x);
m      = 0;
nF     = factorial(n);
for k = 1:n
  m = m + nF/(factorial(n-k)*factorial(k));
end

d.z  = zeros(m,1);
d.zI = cell(m,1);

i   = 1;
for k = 1:n
        c = Combinations(1:n,k);
        for j = 1:size(c,1)

    d.zI{i} = c(j,:);
    i       = i + 1;
  end
end
d.nZ = m+1;

function d = CreateZArray( x, d )
%% Create array of products of x

n = length(x);

d.z(1) = d.c;
for k = 1:d.nZ-1
  d.z(k+1) = 1;
  for j = 1:length(d.zI(k))
    d.z(k+1) = d.z(k)*x(d.zI{k}(j));
  end
end

function [y, d] = RecursiveLearning( x, d )
%% Recursive Learning

d   = CreateZArray( x, d );
z   = d.z;
d.p     = d.p - d.p*(z*z')*d.p/(1+z'*d.p*z);
d.w     = d.w + d.p*z*(d.y - z'*d.w);
y   = z'*d.w;
```

```
function [y, d] = NNOutput( x, d )
%% Output without learning

x = SigmoidFun(x,d.kSigmoid);

d   = CreateZArray( x, d );
y   = d.z'*d.w;

function [y, d] = BatchLearning( x, d )
%% Batch Learning

z = zeros(d.nZ,size(x,2));

x = SigmoidFun(x,d.kSigmoid);

for k = 1:size(x,2)
  d       = CreateZArray( x(:,k), d );
  z(:,k)  = d.z;
end
d.p = inv(z*z');
d.w = (z*z')\z*d.y;
y   = z'*d.w;

function d = DefaultDataStructure
%% Default data structure

d           = struct();
d.w         = [];
d.c         = 1; % Constant term
d.zI        = {};
d.z         = [];
d.kSigmoid  = 0.0001;
d.y         = [];
```

下面的演示代码中展示了如何使用上述函数对动压进行建模的示例。输入是高度与速度的平方。神经网络将尝试将下面的方程式

$$y = w_1c + w_2h + w_3v^2 + w_4hv^2 \tag{11-71}$$

拟合为

$$y = 0.6125e^{-0.0817h^{1.15}}v^2 \tag{11-72}$$

首先得到默认数据结构，用空的 x 初始化过滤器，然后使用批量学习得到初始权重。x 的列数应至少为输入节点数目的两倍。至此得到了起始 p 矩阵和权重的初始估计，然后执行递归学习。重要的是字段 kSigmoid 要足够小，使得有效输入位于 S 形函数的线性区域。请注意，这个字段可以是一个数组，从而针对不同的输入使用不同的缩放范围。

```
%% Sigmoid function

kX   = k.*x;
s    = (1-exp(-kX))./(1+exp(-kX));

function Demo
```

```
%% Demo

x       = zeros(2,1);

d       = SigmaPiNeuralNet;
[~, d]  = SigmaPiNeuralNet( 'initialize', x, d );

h       = linspace(10,10000);
v       = linspace(10,400);
v2      = v.^2;
q       = 0.5*AtmDensity(h).*v2;

n       = 5;
x       = [h(1:n);v2(1:n)];
d.y     = q(1:n)';
[y, d]  = SigmaPiNeuralNet( 'batch␣learning', x, d );

fprintf(1,'Batch␣Results\n#␣␣␣␣␣␣␣␣␣Truth␣␣␣Neural␣Net\n');
for k = 1:length(y)
  fprintf(1,'%d:␣%12.2f␣%12.2f\n',k,q(k),y(k));
end

n = length(h);
y = zeros(1,n);
x = [h;v2];
for k = 1:n
  d.y = q(k);
  [y(k), d]  = SigmaPiNeuralNet( 'recursive␣learning', x(:,k), d );
end

yL = {'q␣(N/m^2)' 'v␣(m/s)' 'h␣(m)'};
```

位于低海拔的批量学习结果如下所示。

```
>> SigmaPiNeuralNet
Batch Results
#          Truth   Neural Net
1:         61.22        61.17
2:        118.24       118.42
3:        193.12       192.88
4:        285.38       285.52
5:        394.51       394.48
```

递归学习结果如图 11-18 所示，可以看到在各种高度上的学习结果都相当不错。那么，在飞机飞行过程中仅仅使用“更新”操作即可。

11.3.8 实现 PID 控制

11.3.8.1 问题

我们需要 PID 控制器。

11.3.8.2 方法

构造函数以实现 PID 控制。

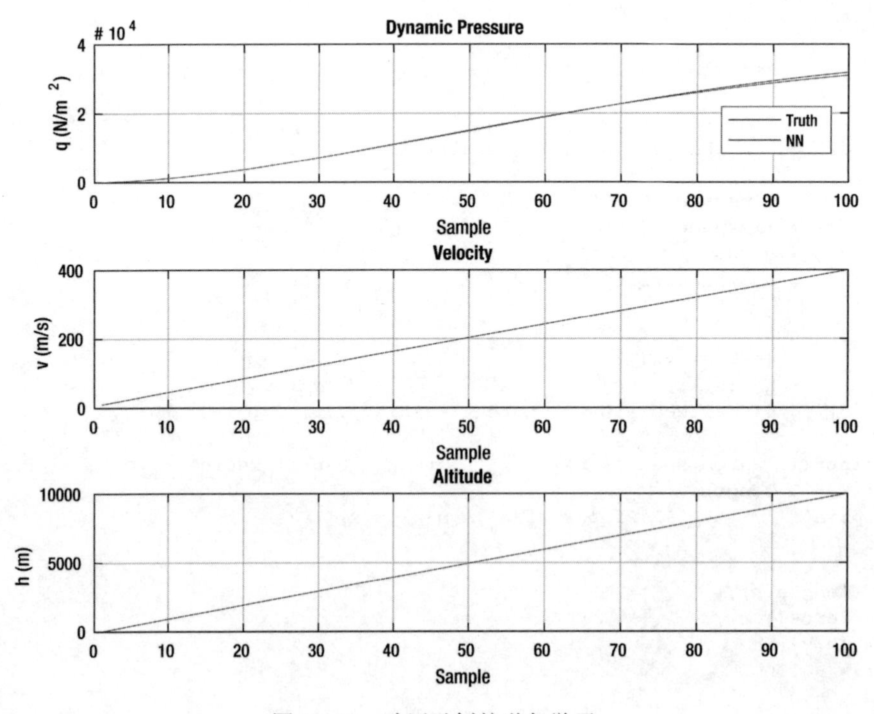

图 11-18 动压示例的递归学习

11.3.8.3 步骤

假设有一个由恒定输入驱动的双重积分器

$$\ddot{x} = u \tag{11-73}$$

其中

$$\ddot{x} = \frac{\mathrm{d}x}{\mathrm{d}t} \tag{11-74}$$

积分结果为

$$x = \frac{1}{2}ut^2 + x(0) + \dot{x}(0)t \tag{11-75}$$

最简单的控制方式是添加反馈控制器

$$u_c = -K(\tau_d\dot{x} + x) \tag{11-76}$$

其中，K 是正向增益，τ 是阻尼时间常数。动力学方程为

$$\ddot{x} + K(\tau_d\dot{x} + x) = u \tag{11-77}$$

阻尼项将导致瞬态逐渐消失。当这种情况发生时，x 的二阶导数和一阶导数为 0，最终得到一个偏移是

$$x = \frac{u}{K} \tag{11-78}$$

这通常并不是我们想要的。可以增加 K 直至偏移量变得很小，但这也意味着激励器将需要产生更大的力或扭矩。目前所拥有的是 PD 控制器，在控制器中再添加一项

$$u_c = -K\left(\tau_d \dot{x} + x + \frac{1}{\tau_i}\int x\right) \tag{11-79}$$

则得到一个 PID 控制器，即比例 - 积分 - 微分控制器，其中有一项增益与 x 的积分成正比。将新控制器添加至式（11-73），并进行微分，得到

$$\dddot{x} + K\left(\tau_d \ddot{x} + \dot{x} + \frac{1}{\tau_i}x\right) = \dot{u} \tag{11-80}$$

则在稳定状态下有

$$x = \frac{\tau_i}{K}\dot{u} \tag{11-81}$$

如果 u 为常数，则偏移量为 0。令

$$s = \frac{\mathrm{d}}{\mathrm{d}t} \tag{11-82}$$

则

$$s^3 x(s) + K\left(\tau_d s^2 x(s) + sx(s) + \frac{1}{\tau_i}x(s)\right) = su(s) \tag{11-83}$$

$$\frac{u_c(s)}{w(s)} = K_p\left(1 + \tau_d s + \frac{1}{\tau_i s}\right) \tag{11-84}$$

其中，τ_d 是速率时间常数，即系统需要多长时间开始衰减，而 τ_i 是系统整合稳定扰动的速度。

开环传递函数为

$$\frac{w(s)}{u(s)} = \frac{K_p}{s^2}\left(1 + \tau_d s + \frac{1}{\tau_i s}\right) \tag{11-85}$$

其中，$s = \mathrm{j}\omega$，$\mathrm{j} = \sqrt{-1}$。闭环传递函数为

$$\frac{w(s)}{u(s)} = \frac{s}{s^3 + K_p \tau_d s^2 + K_p s + K_p/\tau_i} \tag{11-86}$$

期望的闭环传递函数为

$$\frac{w(s)}{u_d(s)} = \frac{s}{(s + \gamma)(s^2 + 2\zeta\sigma s + \sigma^2)} \tag{11-87}$$

或者

$$\frac{w(s)}{u(s)} = \frac{s}{s^3 + (\gamma + 2\zeta\sigma)s^2 + \sigma(\sigma + 2\zeta\gamma)s + \gamma\sigma^2} \tag{11-88}$$

参数包括

$$K_p = \sigma(\sigma + 2\zeta\gamma) \tag{11-89}$$

$$\tau_i = \frac{\sigma + 2\zeta\gamma}{\gamma\sigma} \tag{11-90}$$

$$\tau_{\mathrm{d}}=\frac{\gamma+2\zeta\sigma}{\sigma(\sigma+2\zeta\gamma)} \tag{11-91}$$

这是 PID 控制器的设计。然而，却不能将其写成状态空间的形式

$$\dot{x}=Ax+Au \tag{11-92}$$

$$y=Cx+Du \tag{11-93}$$

因为它有一个微分项。需要给速率项添加一个滤波器，使其看起来形如

$$\frac{s}{\tau_{\mathrm{r}}s+1} \tag{11-94}$$

而不仅仅是 s。这里不再推导其中的常数项，而是将其留作一个练习。PID 控制器的函数代码见文件 PID。

```
function [a, b, c, d] = PID(  zeta, omega, tauInt, omegaR, tSamp )

% Demo
if( nargin < 1 )
  Demo;
  return
end

% Input processing
if( nargin < 4 )
  omegaR = [];
end

% Default roll-off
if( isempty(omegaR) )
  omegaR = 5*omega;
end

% Compute the PID gains
omegaI  = 2*pi/tauInt;

c2  = omegaI*omegaR;
c1  = omegaI+omegaR;
b1  = 2*zeta*omega;
b2  = omega^2;
g   = c1 + b1;
kI  = c2*b2/g;
kP  = (c1*b2 + b1.*c2  - kI)/g;
kR  = (c1*b1 + c2 + b2 - kP)/g;

% Compute the state space model
a   =  [0 0;0 -g];
b   =  [1;g];
c   =  [kI -kR*g];
```

积分器的效果评估如图 11-19 所示，演示代码位于 PID 示例中，如下所示。不使用数值积分求解微分方程，而是将它们转换为采样时间形式，并沿着时间步长进行传播。这种方法非常适用于线性方程。双积分方程形如

$$x_{k+1} = ax_k + bu_k \tag{11-95}$$

$$y = cx_k + du_k \tag{11-96}$$

这种形式与 PID 控制器相同。

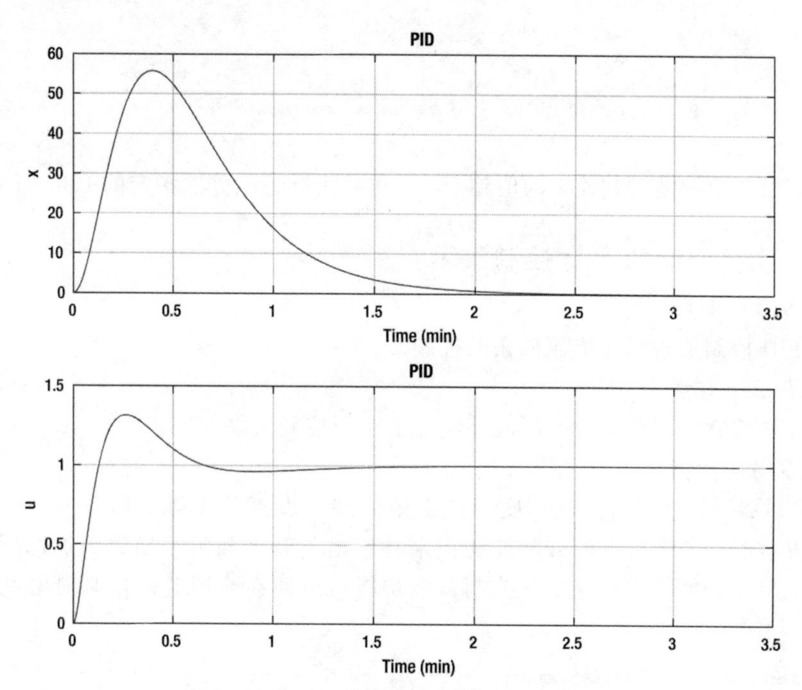

图 11-19 给定单位输入时的 PID 控制

```
% Convert to discrete time
if( nargin > 4 )
  [a,b] = CToDZOH(a,b,tSamp);
end

function Demo
%% Demo

% The double integrator plant
dT            = 0.1; % s
aP            = [0 1;0 0];
bP            = [0;1];
[aP, bP]      = CToDZOH( aP, bP, dT );

% Design the controller
[a, b, c, d]  = PID(  1, 0.1, 100, 0.5, dT );

% Run the simulation
n    = 2000;
p    = zeros(2,n);
x    = [0;0];
```

```
xC  = [0;0];

for k = 1:n
  % PID Controller
  y       = x(1);
  xC      = a*xC + b*y;
  uC      = c*xC + d*y;
  p(:,k)  = [y;uC];
  x       = aP*x + bP*(1-uC); % Unit step response
end
```

大约需要 2 分钟的时间使 x 的值趋于 0，非常接近为积分器指定的 100s 时间。

11.3.9　飞机俯仰角 PID 控制演示

11.3.9.1　问题

利用 PID 控制实现对飞机俯仰角的控制。

11.3.9.2　方法

利用 PID 控制器和俯仰动态反演补偿方法实现控制器脚本。

11.3.9.3　步骤

PID 控制器通过改变升降舵角度以产生俯仰加速度来使飞机旋转。另外，当飞机改变其俯仰方位时，需要额外的升降舵动作来补偿由于升力和阻力导致的加速度变化。利用俯仰动态反演功能来实现这样的控制，该功能将返回在应用俯仰控制时必须补偿的俯仰加速度。

```
function qDot = PitchDynamicInversion( x, d )

if( nargin < 1 )
  qDot = DataStructure;
  return
end

u     = x(1);
w     = x(2);
h     = x(5);

rho   = AtmDensity( h );

alpha = atan(w/u);
cA    = cos(alpha);
sA    = sin(alpha);

v     = sqrt(u^2 + w^2);
pD    = 0.5*rho*v^2; % Dynamic pressure

cL    = d.cLAlpha*alpha;
cD    = d.cD0 + d.k*cL^2;

drag  = pD*d.s*cD;
lift  = pD*d.s*cL;
```

```
z      = -lift*cA - drag*sA;
m      = d.c*z;
qDot   = m/d.inertia;

function d = DataStructure
%% Data structure

% F-16
d                = struct();
d.cLAlpha        = 2*pi;              % Lift coefficient
d.cD0            = 0.0175;            % Zero lift drag coefficient
d.k              = 1/(pi*0.8*3.09);       % Lift coupling coefficient A/R
    3.09, Oswald Efficiency Factor 0.8
d.s              = 27.87;             % wing area m^2
d.inertia        = 1.7295e5;          % kg-m^2
d.c              = 2;                 % m
d.sE             = 25;                % m^2
d.delta          = 0;                 % rad
d.rE             = 4;                 % m
d.externalAccel  = [0;0;0];           % [m/s^2;m/s^2;rad/s^2[
```

结合控制功能的仿真如下所示，其中包含开启控制和开启学习控制的标记选项。

```
% Options for control
addLearning    = true;
addControl     = true;

%% Initialize the simulation
nSim           = 1000;     % Number of time steps
dT             = 0.1;       % Time step (sec)
dRHS           = RHSAircraft;     % Get the default data structure has F-16
    data
h              = 10000;
gamma          = 0.0;
v              = 250;
nPulse         = 10;
pitchDesired   = 0.2;
dL             = load('PitchNNWeights');
[x,  dRHS.thrust, deltaEq, cost] = EquilibriumState( gamma, v, h, dRHS );
fprintf(1,'Finding␣Equilibrium:␣Starting␣Cost␣%12.4e␣Final␣Cost␣%12.4e\n',
    cost);

if( addLearning )
  temp  = load('DRHSL');
  dRHSL = temp.dRHSL;
  temp  = load('DNN');
  dNN   = temp.d;
else
  temp  = load('DRHSL');
  dRHSL = temp.dRHSL;
end

accel = [0.0;0.0;0.0];

% Design the PID Controller
```

```
[aC, bC, cC, dC]  = PID(  1, 0.1, 100, 0.5, dT );
dRHS.delta        = deltaEq;
xDotEq            = RHSAircraft( 0, x, dRHS );
aEq               = xDotEq(3);
xC                = [0;0];

%% Simulation
xPlot = zeros(length(x)+8,nSim);
for k = 1:nSim

  % Control
      [~,L,D,pD]      = RHSAircraft( 0, x, dRHS );

  % Measurement
  pitch       = x(4);

  % PID control
  if( addControl )
    pitchError  = pitch - pitchDesired;
    xC          = aC*xC + bC*pitchError;
    aDI         = PitchDynamicInversion( x, dRHSL );
    aPID        = -(cC*xC + dC*pitchError);
  else
    pitchError  = 0;
    aPID        = 0;
  end
  % Learning
  if( addLearning )
    xNN       = [x(4);x(1)^2 + x(2)^2];
  aLearning = SigmaPiNeuralNet( 'output', xNN, dNN );
else
  aLearning = 0;
end

if( addControl )
  aTotal      = aPID - (aDI + aLearning);

  % Convert acceleration to elevator angle
  gain        = dRHS.inertia/(dRHS.rE*dRHS.sE*pD);
  dRHS.delta  = asin(gain*aTotal);
else
  dRHS.delta  = deltaEq;
end

% Plot storage
xPlot(:,k)  = [x;L;D;aPID;pitchError;dRHS.delta;aPID;aDI;aLearning];

% Propagate (numerically integrate) the state equations
if( k > nPulse )
  dRHS.externalAccel = [0;0;0];
else
  dRHS.externalAccel = accel;
end
x     = RungeKutta( @RHSAircraft, 0, x, dT, dRHS );
```

```
  % A crash
  if( x(5) <= 0 )
    break;
  end
end

%% Plot the results
xPlot    = xPlot(:,1:k);
yL       = {'u␣(m/s)' 'w␣(m/s)' 'q␣(rad/s)' '\theta␣(rad)' 'h␣(m)' 'L␣(N)' 'D
    ␣(N)' 'a_{PID}␣(rad/s^2)' '\delta\theta␣(rad)' '\delta␣(rad)' ...
  'a_{PID}' 'a_{DI}' 'a_{L}'};
[t,tL]   = TimeLabel(dT*(0:(k-1)));

PlotSet( t, xPlot(1:5,:), 'x␣label', tL, 'y␣label', yL(1:5),...
  'plot␣title', 'Aircraft', 'figure␣title', 'Aircraft␣State' );
PlotSet( t, xPlot(6:7,:), 'x␣label', tL, 'y␣label', yL(6:7),...
  'plot␣title', 'Aircraft', 'figure␣title', 'Aircraft␣L␣and␣D' );
PlotSet( t, xPlot(8:10,:), 'x␣label', tL, 'y␣label', yL(8:10),...
  'plot␣title', 'Aircraft', 'figure␣title', 'Aircraft␣Control' );
PlotSet( t, xPlot(11:13,:), 'x␣label', tL, 'y␣label', yL(11:13),...
  'plot␣title', 'Aircraft', 'figure␣title', 'Control␣Acceleratins' );
```

使用 PID 控制来实现 0.2 弧度的俯仰角，仿真结果分别如图 11-20、图 11-21 和图 11-22 所示。

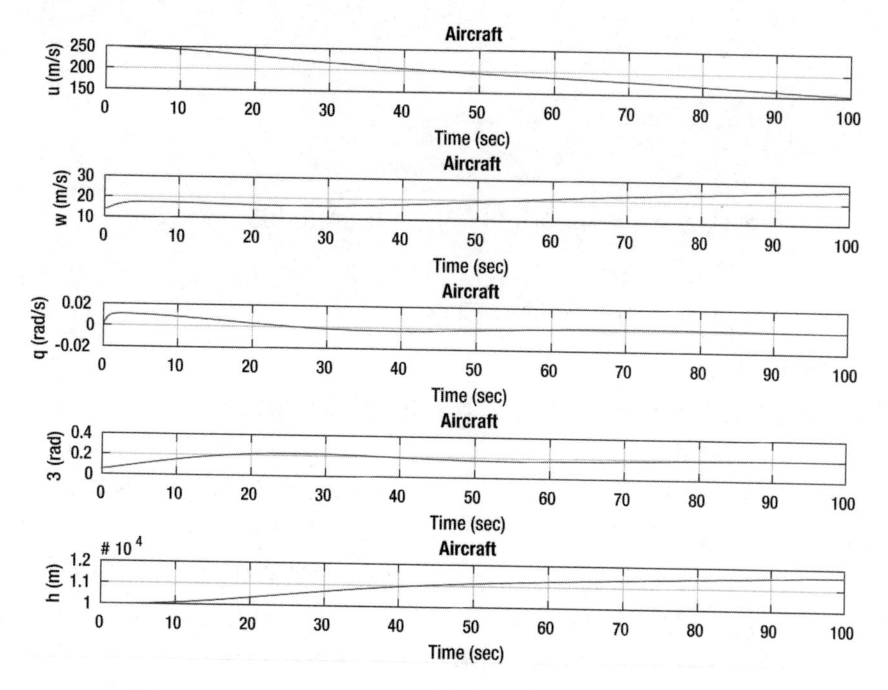

图 11-20　飞机俯仰角变化，飞机由于俯仰动力学而产生振荡

操控过程增加了飞机阻力，但我们并不通过调节油门来进行补偿，这将导致飞机空速下降。在控制器的实现中，并未考虑状态之间的耦合，但这可以很容易添加进控制器中。

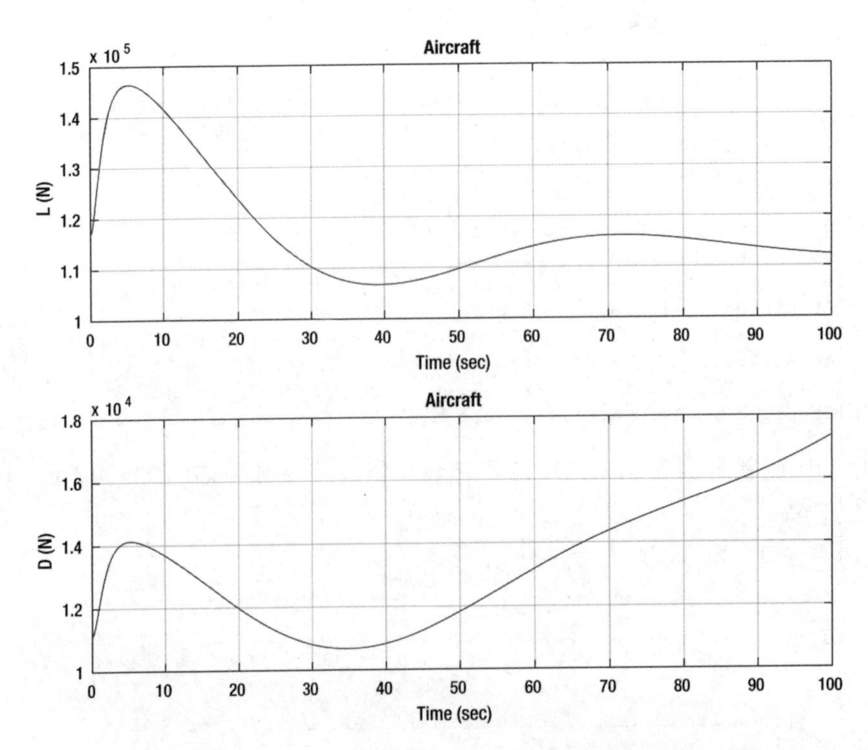

图 11-21　飞机俯仰角变化，请注意升力与阻力随角度的变化

11.3.10　创建俯仰动力学的神经网络

11.3.10.1　问题

实现具有 PID 控制器和神经网络学习系统的非线性反演控制器。

11.3.10.2　方法

编写脚本训练神经网络，输入为角度与速度的平方，并计算俯仰加速度误差。

11.3.10.3　步骤

脚本首先为略微不同的一组参数计算俯仰加速度，然后处理加速度增量。脚本将一系列俯仰角数值传递至神经网络，并对加速度进行学习。使用速度平方作为网络的输入，因为它与动压具有正比关系。因此，dRHSL 中的基本加速度用于“先验”模型，而 dRHS 是测量值，假设这些数值将在飞行测试中获得。

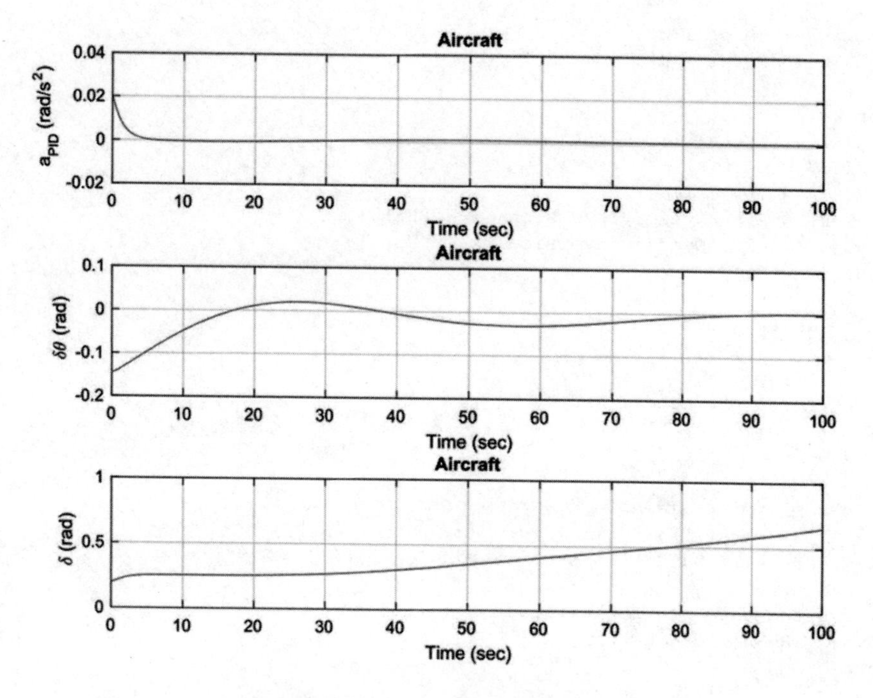

图11-22　飞机俯仰角变化，PID加速度远远低于俯仰反演加速度

```
dRHS            = RHSAircraft;      % Get the default data structure has F-16
                                    % data
h               = 10000;
gamma           = 0.0;
v               = 250;

% Get the equilibrium state
[x,  dRHS.thrust, deltaEq, cost] = EquilibriumState( gamma, v, h, dRHS );

% Angle of attack
    alpha           = atan(x(2)/x(1));
    cA              = cos(alpha);
    sA              = sin(alpha);

% Create the assumed properties
dRHSL           = dRHS;
dRHSL.cD0       = 2.2*dRHS.cD0;
dRHSL.k         = 1.0*dRHSL.k;

% 2 inputs
xNN     = zeros(2,1);
d       = SigmaPiNeuralNet;
[~, d]  = SigmaPiNeuralNet( 'initialize', xNN, d );

theta     = linspace(0,pi/8);
v       = linspace(300,200);
n       = length(theta);
```

```
aT      = zeros(1,n);
aM      = zeros(1,n);

for k = 1:n
  x(4)  = theta(k);
  x(1)  = cA*v(k);
  x(2)  = sA*v(k);
  aT(k) = PitchDynamicInversion( x, dRHSL );
  aM(k) = PitchDynamicInversion( x, dRHS  );
end

% The delta pitch acceleration
dA        = aM - aT;

% Inputs to the neural net
v2        = v.^2;
xNN       = [theta;v2];

% Outputs for training
d.y       = dA';
[aNN, d]  = SigmaPiNeuralNet( 'batch␣learning', xNN, d );

% Save the data for the aircraft simulation
save( 'DRHSL','dRHSL' );
save( 'DNN', 'd'  );
```

完成学习后的权重结果保存在 MAT 文件中，以便在之后的飞机仿真 AircraftSim 中使用。仿真中使用 dRHS，但是俯仰加速度模型中将使用 dRHSL。后者保存在另一个 MAT 文件中。

```
>> PitchNeuralNetTraining
Velocity               250.00 m/s
Altitude             10000.00 m
Flight path angle        0.00 deg
Z speed                 13.84 m/s
Thrust               11148.95 N
Angle of attack          3.17 deg
Elevator                11.22 deg
Initial cost         9.62e+01
Final cost           1.17e-17
```

如图 11-23 所示，神经网络非常好地再现了模型。示例脚本还输出了 DNN. mat 文件，其中包含已经完成训练的神经网络数据。

11.3.11　非线性仿真中的控制器演示

11.3.11.1　问题

演示学习控制系统。

11.3.11.2　方法

激活仿真脚本中的控制功能。

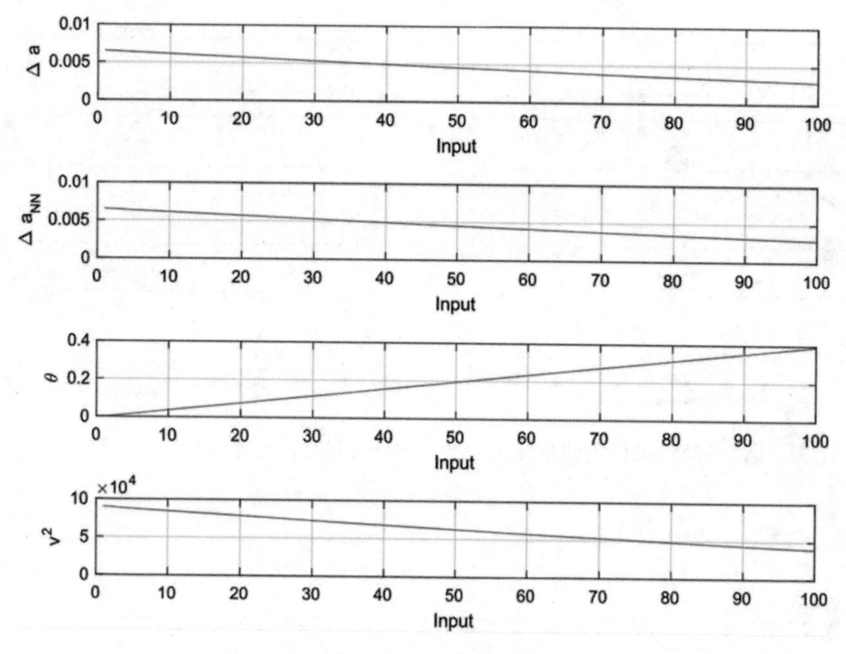

图 11-23 拟合增量加速度的神经网络

11.3.11.3 步骤

在神经网络完成训练之后，将 addLearning 设置为 true。首先读取权重数据，当学习控制开启时，使用神经网络的输出结果。PitchDynamicInversion 使用学习脚本中修改过的参数值来计算权重，这也模拟了模型中的不确定性。

我们使用 PID 学习控制以实现 0.2 弧度的俯仰角，结果分别如图 11-24、图 11-25 和图 11-26 所示。每个图中的左列为没有学习控制的仿真结果，右列则为包含学习控制的结果。

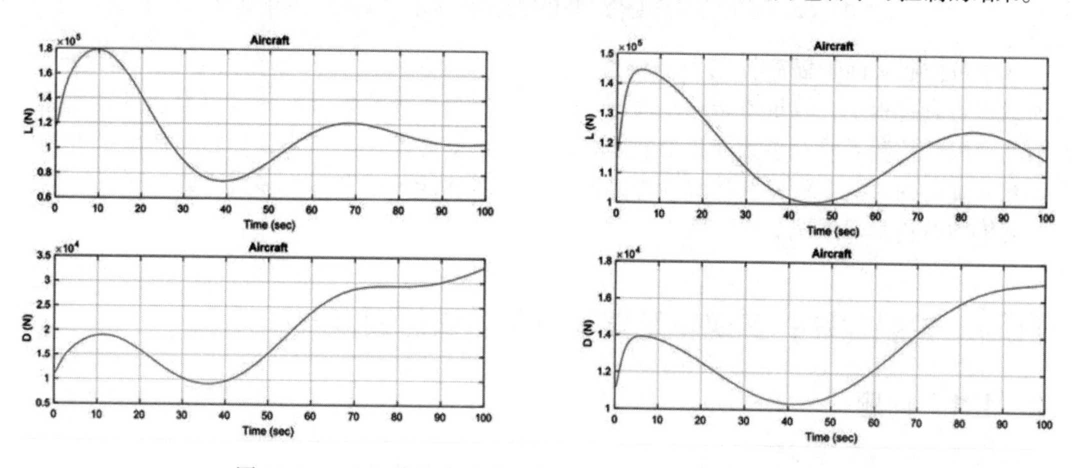

图 11-24 飞机俯仰角变化，与之对应的升力和阻力的变化

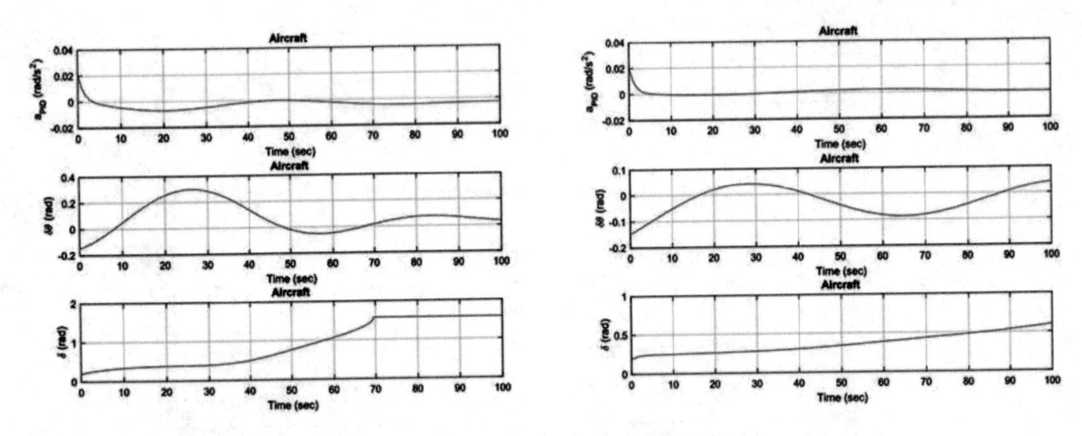

图 11-25　飞机俯仰角变化。没有学习控制时，升降舵达到了饱和

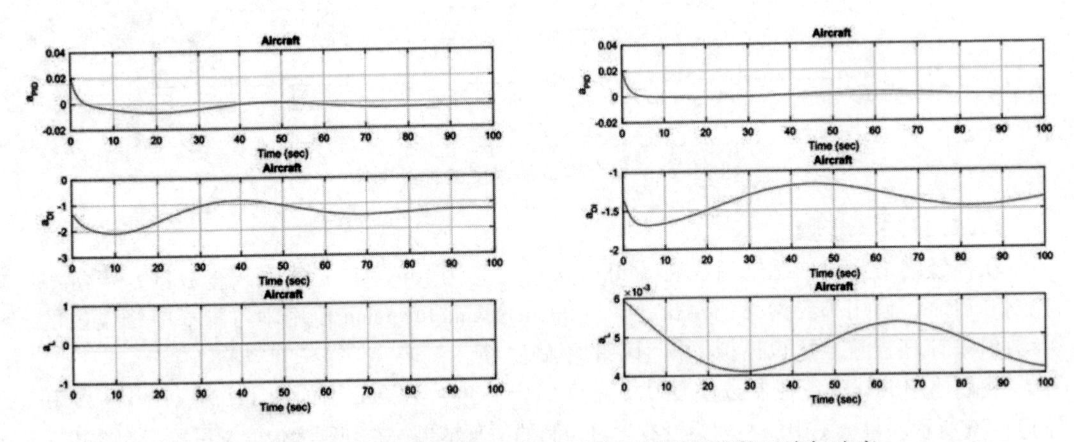

图 11-26　飞机俯仰角变化，PID 加速度远远低于俯仰反演加速度

学习控制有助于提高控制器的性能。然而，因为学习过程发生在激活控制器之前，所以在仿真过程中，权重值始终是固定不变的。控制系统的学习部分是根据预设轨迹完成的，因此控制系统对参数变化依然非常敏感。权重值仅仅是作为俯仰角和速度平方的函数来确定的，更多的输入将提高神经网络的学习性能。读者有很多机会来尝试扩大网络规模与改进学习系统。

11.4　轮船驾驶：实现轮船驾驶控制的增益调度

11.4.1　问题

实现轮船的全速驾驶。

11.4.2　方法

解决方法是使用增益调度来设置基于速度的增益（如图 11-27 所示），其中利用轮船动力学方程来自动计算增益，从而实现增益调度的学习。这类似于前文自调谐的示例，不同之处是我们在为所有的速度值寻求增益集合，而不仅仅是一个特定数值。另外，假设系统模型已知。

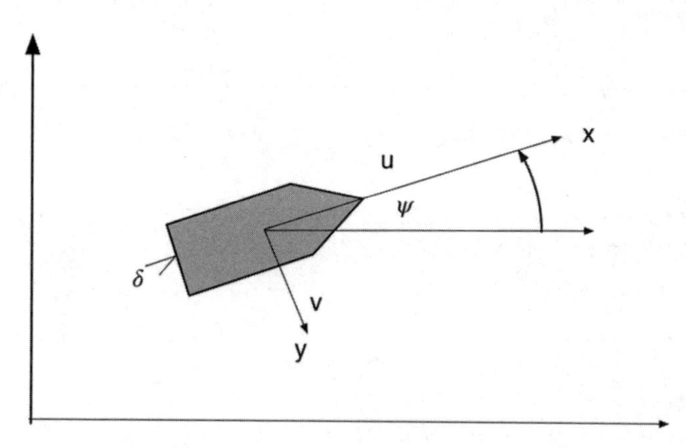

图 11-27　用于增益调度控制的轮船航向控制

11.4.3　步骤

以状态空间形式[1]表达的轮船航向的动力学方程为

$$\begin{bmatrix}\dot{v}\\\dot{r}\\\dot{\psi}\end{bmatrix}=\begin{bmatrix}\left(\frac{u}{l}\right)a_{11} & ua_{12} & 0\\\left(\frac{u}{l^2}\right)a_{21} & \left(\frac{u}{l}\right)a_{22} & 0\\0 & 1 & 0\end{bmatrix}\begin{bmatrix}v\\r\\\psi\end{bmatrix}+\begin{bmatrix}\left(\frac{u^2}{l}\right)b_1\\\left(\frac{u^2}{l^2}\right)b_2\\0\end{bmatrix}\delta+\begin{bmatrix}\alpha_v\\\alpha_r\\0\end{bmatrix}\tag{11-97}$$

其中，v 是横向速度，u 是轮船速度，l 是轮船长度，r 是转向率，ψ 是航向角，α_v 和 α_r 是扰动。这里省略了前向运动方程。假设轮船在以速度 u 移动，这是通过操控未建模的螺旋桨实现的。控制目标是舵角 δ。请注意，如果 $u=0$，则轮船不能被控制系统操控。除了航向角之外，状态矩阵中的所有系数都是速度 u 的函数。目标是在给定第一个式子中的干扰加速度和第二个方程中的扰动角速率的情况下控制航向。

扰动只会影响到动力学状态 r 和 v，最后一个状态 ψ 属于运动学状态，不存在扰动。表 11-3 列出了本章中使用的部分参数。

轮船模型如以下代码所示，其中，第二项和第三项输出用于控制器。请注意，微分方程关于状态和控制是线性的，两个矩阵都是前向速度的函数。默认参数使用表 11-3 中的扫雷舰。

表 11-3 船舶参数[1]

参数	扫雷舰	货船	油轮
l	55	161	350
a_{11}	-0.86	-0.77	-0.45
a_{12}	-0.48	-0.34	-0.44
a_{21}	-5.20	-3.39	-4.10
a_{22}	-2.40	-1.63	-0.81
b_1	0.18	0.17	0.10
b_2	1.40	-1.63	-0.81

```
function [xDot, a, b] = RHSShip( ~, x, d )

if( nargin < 1 )
  xDot = struct('l',100,'u',10,'a',[-0.86 -0.48;-5.2 -2.4],'b',[0.18;-1.4],'
      alpha',[0;0;0],'delta',0);
  return
end

uOL    = d.u/d.l;
uOLSq  = d.u/d.l^2;
uSqOl  = d.u^2/d.l;
a      = [  uOL*d.a(1,1) d.u*d.a(1,2) 0;...
           uOLSq*d.a(2,1) uOL*d.a(2,2) 0;...
                      0             1 0];
b      = [uSqOl*d.b(1);...
           uOL^2*d.b(2);...
           0];

xDot   = a*x + b*d.delta + d.alpha;
```

在轮船仿真中，线性地增加前向速度，同时控制航向 psi 的一系列变化。控制器在每个时间步长下采用状态空间模型，并计算用于操控轮船的新的增益。控制器属于线性二次调节器。因为容易对状态进行建模，所以使用全状态反馈。在这种情况下，控制器将会很好地工作，但是当需要估计某些状态或具有未建模的动力学状态时，控制器将会比较难以实现。

```
%% Initialize
nSim   = 10000;                         % Number of time steps
dT     = 1;                             % Time step (sec)
dRHS   = RHSShip;                       % Get the default data structure
x      = [0;0.001;0.0];                 % [lateral velocity;angular velocity;
    heading]
u      = linspace(10,20,nSim)*0.514;    % m/s
qC     = eye(3);                        % State cost in the controller
rC     = 0.1;                           % Control cost in the controller

% Desired heading angle
psi    = [zeros(1,nSim/4) ones(1,nSim/4) 2*ones(1,nSim/4) zeros(1,nSim/4)];

%% Simulation
```

```
xPlot = zeros(3,nSim);
gain  = zeros(nSim,3);
delta = zeros(1,nSim);
for k = 1:nSim
    % Plot storage
    xPlot(:,k)    = x;
    dRHS.u        = u(k);

    % Control
    % Get the state space matrices
    [~,a,b]       = RHSShip( 0, x, dRHS );
    gain(k,:)     = QCR( a, b, qC, rC );
    dRHS.delta    = -gain(k,:)*[x(1);x(2);x(3) - psi(k)]; % Rudder angle
    delta(k)      = dRHS.delta;

    % Propagate (numerically integrate) the state equations
    x             = RungeKutta( @RHSShip, 0, x, dT, dRHS );
end

%% Plot the results
yL      = {'v␣(m/s)' 'r␣(rad/s)' '\psi␣(rad)' 'u␣(m/s)' 'Gain␣v' 'Gain␣r' '
    Gain␣\psi' '\delta␣(rad)' };
[t,tL] = TimeLabel(dT*(0:(nSim-1)));

PlotSet( t, [xPlot;u], 'x␣label', tL, 'y␣label', yL(1:4),...
  'plot␣title', 'Ship', 'figure␣title', 'Ship' );
```

二次调节器生成器的代码如下所示，它从矩阵形式的黎卡提微分方程中生成增益。黎卡提方程是未知函数中的二次常微分方程，在稳态下简化为代数黎卡提方程，如下列代码所示。

```
function k = QCR( a, b, q, r )

[sinf,rr] = Riccati( [a,-(b/r)*b';-q',-a'] );

if( rr == 1 )
  disp('Repeated␣roots.␣Adjust␣q,␣r␣or␣n');
end

k = r\(b'*sinf);

function [sinf, rr] = Riccati( g )
%% Ricatti
%   Solves the matrix Riccati equation.
%
%   Solves the matrix Riccati equation in the form
%
%   g = [a    r ]
%        [q   -a']

rg = size(g);

[w, e] = eig(g);

es = sort(diag(e));
```

```
% Look for repeated roots
j = 1:length(es)-1;

if ( any(abs(es(j)-es(j+1))<eps*abs(es(j)+es(j+1))) ),
  rr = 1;
else
  rr = 0;
end

% Sort the columns of w
ws    = w(:,real(diag(e)) < 0);

sinf = real(ws(rg/2+1:rg,:)/ws(1:rg/2,:));
```

仿真结果如图 11-28 所示，请注意其中的增益如何演化。转向率 r 的增益几乎是恒定的，另外两个增益随着速度增加。这是增益调度的一个实例，不同之处在于，根据轮船前向速度的测量值自动计算增益。

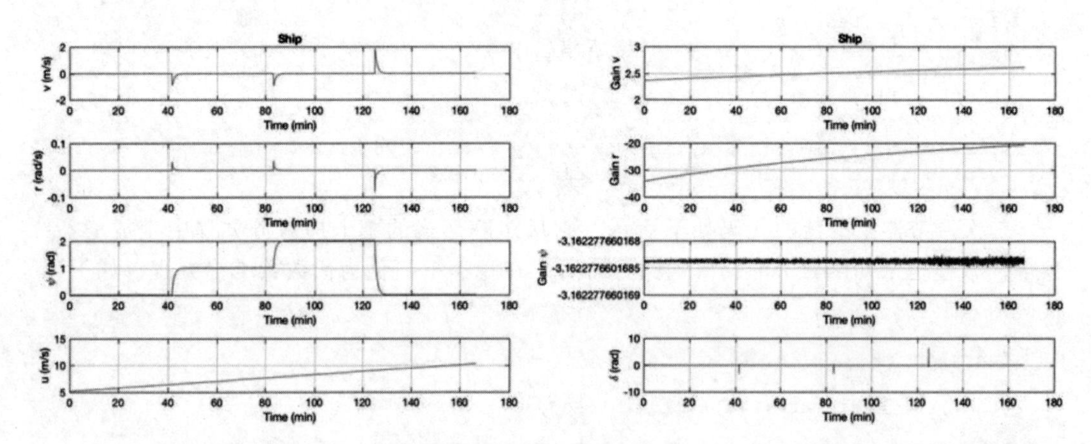

图 11-28　轮船驾驶仿真。左列图形显示具有前向速度时的状态；右列图形显示增益和舵角，请注意那些控制轮船的方向舵中的“脉冲”

接下来的示例代码是 ShipSim 的更新版本，其持续时间较短，只包含一次航向改变，并且在角速率和横向速度上都有扰动。

```
%% Initialize
nSim    = 300;                        % Number of time steps
dT      = 1;                          % Time step (sec)
dRHS    = RHSShip;                     % Get the default data structure
x       = [0;0.001;0.0];              % [lateral velocity;angular velocity;
    heading]
u       = linspace(10,20,nSim)*0.514; % m/s
qC      = eye(3);                     % State cost in the controller
rC      = 0.1;                        % Control cost in the controller
alpha = [0.01;0.001];                 % 1 sigma disturbances

% Desired heading angle
```

```
psi    = [zeros(1,nSim/6) ones(1,5*nSim/6)];

%% Simulation
xPlot = zeros(3,nSim);
gain  = zeros(nSim,3);
delta = zeros(1,nSim);
for k = 1:nSim
        % Plot storage
        xPlot(:,k)   = x;
        dRHS.u       = u(k);

        % Control
        % Get the state space matrices
        [~,a,b]      = RHSShip( 0, x, dRHS );
        gain(k,:)    = QCR( a, b, qC, rC );
        dRHS.alpha   = [alpha.*randn(2,1);0];
        dRHS.delta   = -gain(k,:)*[x(1);x(2);x(3) - psi(k)]; % Rudder angle
        delta(k)     = dRHS.delta;
        % Propagate (numerically integrate) the state equations
        x            = RungeKutta( @RHSShip, 0, x, dT, dRHS );
end

%% Plot the results
yL      = {'v␣(m/s)' 'r␣(rad/s)' '\psi␣(rad)' 'u␣(m/s)' 'Gain␣v' 'Gain␣r'
   'Gain␣\psi' '\delta␣(rad)' };
[t,tL] = TimeLabel(dT*(0:(nSim-1)));

PlotSet( t, [xPlot(1:3,:);delta], 'x␣label', tL, 'y␣label', yL([1:3 8]),...
```

仿真结果如图 11-29 所示。

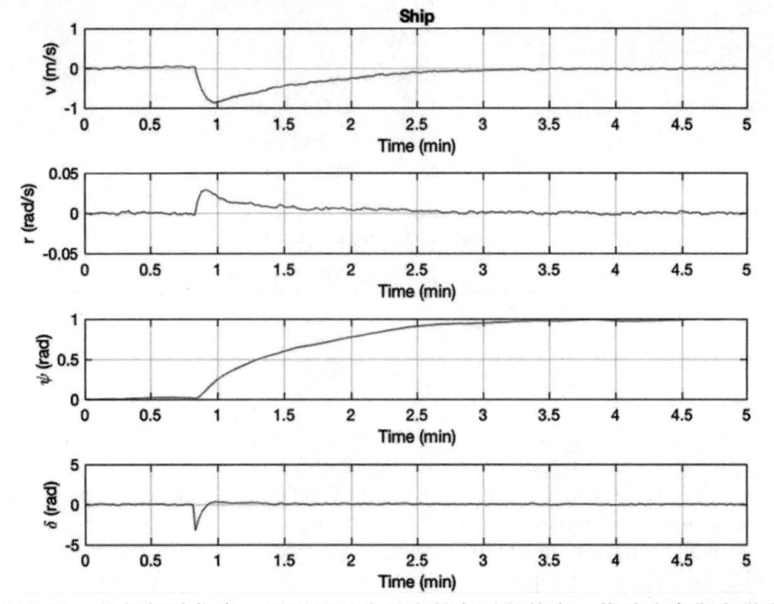

图 11-29　轮船驾驶仿真，图形显示为具有舵角时的状态，扰动为高斯白噪声

总结

本章展示了自适应控制或学习控制。我们学习了模型调整、模型参考自适应控制、自适应控制和增益调度。表 11-4 列出了本章使用的代码清单。

表 11-4　本章代码清单

函　数	功　能
AircraftSim	飞机纵向动力学仿真
AtmDensity	使用改进型指数模型的大气密度
Combinations	$1\sim n$ 共 n 个整数，每次取 k 个整数的组合数枚举
EquilibriumState	找出飞机的平衡态
FFTEnergy	使用 FFT 计算能量
FFTSim	FFT 演示
MRAC	实现 MRAC
PID	实现 PID 控制器
PitchDynamicInversion	俯仰角加速度
PitchNeuralNetTraining	训练俯仰加速度神经网络
QCR	生成全状态反馈控制器
RecursiveLearning	递归神经网络的学习过程演示
RHSAircraft	右手定则的飞机纵向动力学
RHSOscillatorControl	右手定则的具有速度增益的阻尼振荡器
RHSRotor	右手定则的转子
RHSShip	右手定则的轮船驾驶模型
RotorSim	MRAC 仿真
ShipSim	轮船驾驶仿真
ShipSimDisturbance	具有扰动的轮船驾驶仿真
SigmaPiNeuralNet	Sigma-Pi 型神经网络的实现
Sigmoid	绘制 S 形函数
SquareWave	生成方波
TuningSim	控制器的调谐演示
WrapPhase	使角度保持在 $(-\pi, \pi)$ 之间

参考文献

[1] K. J. Åström and B. Wittenmark. *Adaptive Control, Second Edition*. Addison-Wesley, 1995.

[2] A. E. Bryson Jr. *Control of Spacecraft and Aircraft*. Princeton, 1994.

[3] Byoung S. Kim and Anthony J. Calise. Nonlinear flight control using neural networks. *Journal of Guidance, Control, and Dynamics*, 20(1):26–33, 1997.

[4] Peggy S. Williams-Hayes. Flight Test Implementation of a Second Generation Intelligent Flight Control System. Technical Report NASA/TM-2005-213669, NASA Dryden Flight Research Center, November 2005.

CHAPTER 12

第12章 自动驾驶

现在将问题的考虑对象集中到一辆以可变速度沿高速公路行驶的汽车上，我们称之为主车，它载有一个用于测量方位、距离和距离变化率的雷达。许多其他车辆会超越这辆汽车，其中一些会从后面变换车道并超越至主车前。多假设系统将追踪主车周围的所有车辆。仿真开始阶段，雷达探测区域内没有汽车。然后，一辆汽车超越并变线至主车之前，另外两辆汽车则在自己的车道内超车。我们试图准确地追踪雷达可以探测到的所有车辆。

这个问题中有两个关键因素。一是使用测量数据对被追踪汽车的运动进行建模，以提高对每辆汽车的位置和速度的估计准确度。二是系统地将测量分配至不同的轨道。一条轨道应该代表一辆汽车，但雷达只返回回波测量值，它并不知道回波来源。

首先通过实现卡尔曼滤波器来追踪一辆汽车。我们需要编写测量与动力学函数以传递至卡尔曼滤波器，需要通过仿真来生成测量值。然后，将过滤器与软件组合，将测量值分配至车辆轨道，这称为多假设检验。读者在理解本章内容之前，应该首先掌握第10章中关于卡尔曼滤波器的内容。

12.1 汽车雷达建模

12.1.1 问题

本章示例使用的传感器是汽车雷达。雷达测量方位、距离和距离变化率。我们需要两个函数：一个用于实现仿真，另一个用于无迹卡尔曼滤波器（UKF）。

12.1.2 步骤

雷达模型极其简单，它假定雷达测量视线范围、距离变化率和方位，即与汽车前进方向的角度。该模型忽略雷达信号处理的全部细节，并输出上述三个数值。这种简单模型对于一个项目的开始总是最好的。之后，我们将需要添加已经针对测试数据进行过验证的细节模型，以证明系统的运行符合预期。

通过特定数据结构输入雷达的位置和速度，其中并不包括对雷达信噪比的建模。来自于雷达的接收功率为 $\frac{1}{r^4}$。在该模型中，信号在最大距离处变为0。该距离是通过雷达与目标之间的位置差异来确定的。

$$\delta = \begin{bmatrix} x - x_r \\ y - y_r \\ z - z_r \end{bmatrix} \tag{12-1}$$

则距离为

$$\rho = \sqrt{\delta_x^2 + \delta_y^2 + \delta_z^2} \tag{12-2}$$

速度变化量为

$$v = \begin{bmatrix} v_x - v_{x_r} \\ v_y - v_{y_r} \\ v_z - v_{z_r} \end{bmatrix} \tag{12-3}$$

在这两个方程中，下标 r 表示雷达。距离变化率为

$$\dot{\rho} = \frac{v^{\mathrm{T}}\delta}{\rho} \tag{12-4}$$

12.1.3　方法

AutoRadar 函数可以处理多个目标，并可以为整条轨迹生成雷达测量。这真的很方便，因为你可以给它输入你的轨迹，然后观察它的返回结果，这样就可以在不运行仿真的情况下体验到这个问题。它还允许你确保传感器模型符合预期。这一点至关重要，因为所有的模型都有自己的假设和限定，非常有可能这个模型确实不适合你的应用。例如，某个模型是二维的，而如果你担心系统对于主车上方正在通过桥梁的车辆感到困惑，则该模型将不适用于这样的测试场景。

请注意，AutoRadar 函数具有内置演示功能，因此如果没有输出，函数将绘制结果图形。在代码中添加演示功能是一种非常友好的函数使用方式，使得其他用户更加易于使用你的代码，甚至对于作者自身来说也非常有用，例如在编写代码几个月后需要再次查看和理解自己的函数。因为代码很长，所以将演示功能放在子函数中。如果演示部分只需要几行代码，则不需要子函数。在演示函数之前是用来定义数据结构的函数。

```
%% AUTORADAR - Models automotive radar for simulation
%% Form:
%   [y, v] = AutoRadar( x, d )
%
%% Description
```

```
%   Automotive (2D) radar.
%
%   Returns azimuth, range and range rate. The state vector may be
%   any order. You pass the indices for the position and velocity states.
%   The angle of the car is passed in d even though it may be in the state

function [y, v] = AutoRadar( x, d )

% Demo
if( nargin < 1 )
  if(  nargout == 0 )
    Demo;
  else
    y = DataStructure;
  end
        return
end

m     = size(d.kR,2);
n     = size(x,2);
y     = zeros(3*m,n);
v     = ones(m,n);
cFOV = cos(d.fOV);

% Build an array of random numbers for speed
ran = randn(3*m,n);

% Loop through the time steps
for j = 1:n
  i      = 1;
  s      = sin(d.theta(j));
  c      = cos(d.theta(j));
  cIToC = [c s;-s c];

  % Loop through the targets
  for k = 1:m
    xT       = x(d.kR(:,k),j);
    vT       = x(d.kV(:,k),j);
    th       = x(d.kT(1,k),j);
    s        = sin(th);
    c        = cos(th);
    cTToIT   = [c -s;s c];
    dR       = cIToC*(xT - d.xR(:,j));
    dV       = cIToC*(cTToIT*vT - cIToC'*d.vR(:,j));
    rng      = sqrt(dR'*dR);
    uD       = dR/rng;

    % Apply limits
    if( d.noLimits || (uD(1) > cFOV && rng < d.maxRange) )
      y(i  ,j)   = rng                  + d.noise(1)*ran(i  ,j);
      y(i+1,j)   = dR'*dV/y(i,j)        + d.noise(2)*ran(i+1,j);
      y(i+2,j)   = atan(dR(2)/dR(1)) + d.noise(3)*ran(i+2,j);
    else
      v(k,j)       = 0;
    end
```

```
    i   = i + 3;
  end
end

% Plot if no outputs are requested
if( nargout < 1 )
  [t, tL]       = TimeLabel( d.t );

  % Every 3rd y is azimuth
  i         = 3:3:3*m;
  y(i,:)    = y(i,:)*180/pi;
  yL        = {'Range␣(m)' 'Range␣Rate␣(m/s)', 'Azimuth␣(deg)' 'Valid␣Data'};
  PlotSet(t,[y;v],'x␣label',tL','y␣label',yL,'figure␣title','Auto␣Radar',...
          'plot␣title','Auto␣Radar');

  clear y
end

function d = DataStructure
%% Default data structure
d.kR          = [1;2];
d.kV          = [3;4];
d.kT          = 5;
d.theta       = [];
d.xR          = [];
d.vR          = [];
d.noise       = [0.02;0.0002;0.01];
d.fOV         = 0.95*pi/16;
d.maxRange    = 60;
d.noLimits    = 1;
d.t           = [];

function Demo
%% Demo
omega         = 0.02;
d             = DataStructure;
n             = 1000;
d.xR          = [linspace( 0,1000,n);zeros(1,n)];
d.vR          = [ones(1,n);zeros(1,n)];
t             = linspace(0,1000,n);
a             = omega*t;
x             = [linspace(10,10+1.05*1000,n);2*sin(a);...
                 1.05*ones(1,n); 2*omega*cos(a);zeros(1,n)];
d.theta       = zeros(1,n);
d.t           = t;

AutoRadar( x, d );
```

第二个函数是 AutoRadarUKF，与 AutoRadar 具有相同的核心代码，同时与 UKF 兼容。可以使用函数 AutoRadar，但是这个函数会更加方便。

```
%% AUTORADARUKF - radar model for the UKF
%% Form:
%   y = AutoRadarUKF( x, d )
```

```
%
%% Description
%   Automotive (2D) radar model for use with UKF.
%

function y = AutoRadarUKF( x, d )

s       = sin(d.theta);
c       = cos(d.theta);
cIToC   = [c s;-s c];
dR      = cIToC*x(1:2);
dV      = cIToC*x(3:4);

rng     = sqrt(dR'*dR);
```

尽管我们使用雷达作为传感器，但是没有理由不能使用相机、激光测距仪或声呐等作为传感器。本书提供的算法和软件的限制是只能处理一个传感器。可以通过普林斯顿卫星系统公司获取商业软件包，将其扩展至多个传感器，例如用于带有雷达和摄像头的汽车。图12-1显示了内置的雷达演示功能。目标车辆正在雷达前面穿梭行驶，并以稳定的速度下降。穿梭行驶导致了随时间变化的距离变化率。

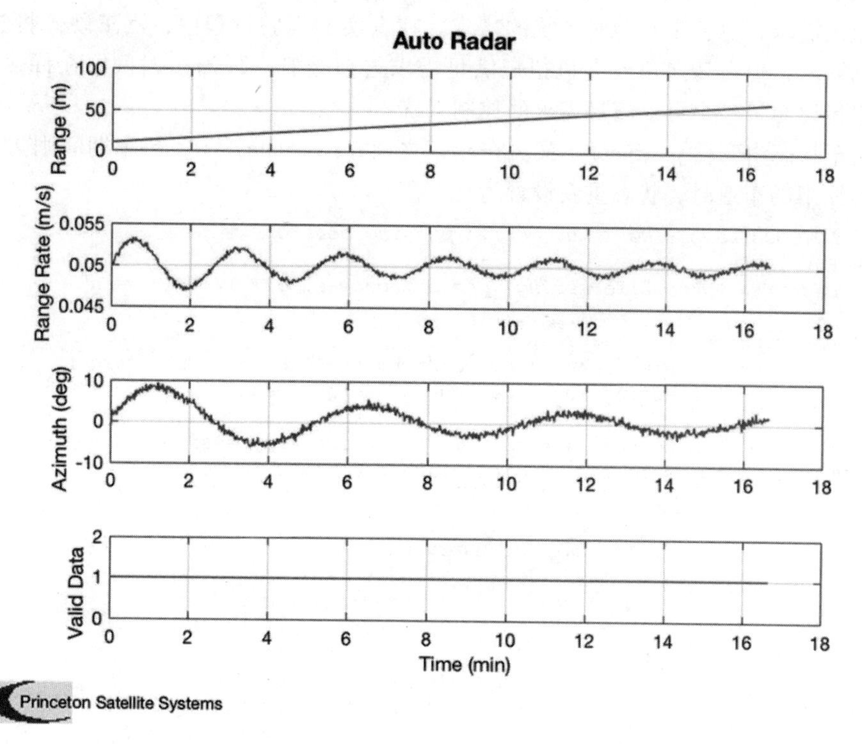

图12-1 内置雷达演示功能，目标汽车在雷达前面穿梭行驶

12.2　汽车的自主传递控制

12.2.1　问题

为了能让雷达测量一些有趣的东西，需要实现汽车在道路上的机动。为此，需要开发一个汽车变换车道的算法。

12.2.2　方法

汽车由转向控制器驱动，执行基本的汽车操控动作，例如控制油门（油门踏板）和转向角，多个操作可以链式连接在一起。这也为多假设检验（MHT）系统提供了具有挑战性的测试，其中第一个功能是自主超车，第二个功能是变换车道。

12.2.3　步骤

函数 AutomobilePassing 通过将方向盘指向目标来实现超车控制。函数产生转向角需求和扭矩需求，也就是对转向系统的需求。在真实的驾驶过程中，汽车硬件将尝试满足我们的需求，但在转向角或电机扭矩满足需求之前会有一段滞后时间。在许多情况下，将需求传递至另一个可以满足需求的控制系统。

超车状态由变量 passState 定义。在超车之前，passState 为 0；超车期间则为 1。当汽车返回原来的车道时，状态重新设置为 0。

```
%% AUTOMOBILEPASSING - Automobile passing control
%% Form:
%  passer = AutomobilePassing( passer, passee, dY, dV, dX, gain )
%
%% Description
% Implements passing control by pointing the wheels at the target.
% Generates a steering angle demand and torque demand.
%
% Prior to passing the passState is 0. During the passing it is 1.
% When it returns to its original lane the state is set to 0.
%
%% Inputs
%   passer      (1,1)  Car data structure
%                      .mass       (1,1) Mass (kg)
%                      .delta      (1,1) Steering angle (rad)
%                      .r          (2,4) Position of wheels (m)
%                      .cD         (1,1) Drag coefficient
%                      .cF         (1,1) Friction coefficient
%                      .torque         (1,1) Motor torque (Nm)
%                      .area       (1,1) Frontal area for drag (m^2)
%                      .x          (6,1) [x;y;vX;vZ;theta;omega]
%                      .errOld     (1,1) Old position error
%                      .passState  (1,1) State of passing maneuver
%   passee  (1,1)   Car data structure
```

```
%   dY       (1,1)  Relative position in y
%   dV       (1,1)  Relative velocity in x
%   dX       (1,1)  Relative position in x
%   gain     (1,3)  Gains [position velocity position derivative]
%
%% Outputs
%   passer       (1,1)  Car data structure with updated fields:
%                    .passState
%                    .delta
%                    .errOld
%                    .torque

function passer = AutomobilePassing( passer, passee, dY, dV, dX, gain )

% Default gains
if( nargin < 6 )
    gain = [0.05 80 120];
end

% Lead the target unless the passing car is in front
if( passee.x(1) + dX > passer.x(1) )
    xTarget = passee.x(1) + dX;
else
    xTarget = passer.x(1) + dX;
end

% This causes the passing car to cut in front of the car being passed
if( passer(1).passState == 0 )
    if( passer.x(1) > passee.x(1) + 2*dX )
        dY = 0;
        passer(1).passState = 1;
    end
else
    dY = 0;
end

% Control calculation
target          = [xTarget;passee.x(2) + dY];
theta           = passer.x(5);
dR              = target - passer.x(1:2);
angle           = atan2(dR(2),dR(1));
err             = angle - theta;
passer.delta    = gain(1)*(err + gain(3)*(err - passer.errOld));
passer.errOld   = err;
passer.torque   = gain(2)*(passee.x(3) + dV - passer.x(3));
```

第二个函数实现车道变换，它通过将方向盘指向目标来实现车道变换控制。该函数产生转向角需求和扭矩需求。

```
function passer = AutomobileLaneChange( passer, dX, y, v, gain )

% Default gains
if( nargin < 5 )
```

```
        gain = [0.05 80 120];
end
% Lead the target unless the passing car is in front
xTarget           = passer.x(1) + dX;

% Control calculation
target            = [xTarget;y];
theta             = passer.x(5);
dR                = target - passer.x(1:2);
angle             = atan2(dR(2),dR(1));
err               = angle - theta;
passer.delta      = gain(1)*(err + gain(3)*(err - passer.errOld));
```

12.3　汽车动力学

12.3.1　问题

我们需要建模汽车动力学。为简化问题，我们将其限定为二维空间上的平面模型，以（x，y）坐标建模汽车位置，并建模方向盘角度以允许汽车改变方向。

12.3.2　步骤

与雷达一样，需要为汽车动力学实现两个函数。函数RHSAutomobile用于实现仿真，而函数RHSAutomobileXY则用于实现卡尔曼滤波器。RHSAutomobile具有完整的动力学模型，包括发动机和转向模型。气动阻力、滚动阻力和侧向阻力（如果没有侧向阻力，汽车就不会侧滑）也都要建模。RHSAutomobile可以处理多辆汽车。另一种方法是编写处理单辆汽车的函数，并在处理每辆汽车时调用函数RungeKutta。后一种方法在几乎所有情形下也都是有效的，除非要对碰撞进行建模。在许多碰撞情形中，两辆车碰撞后固定在相同的位置，在模型中就像变成了一辆汽车。真实的追踪系统必须能够正确处理这种情况。

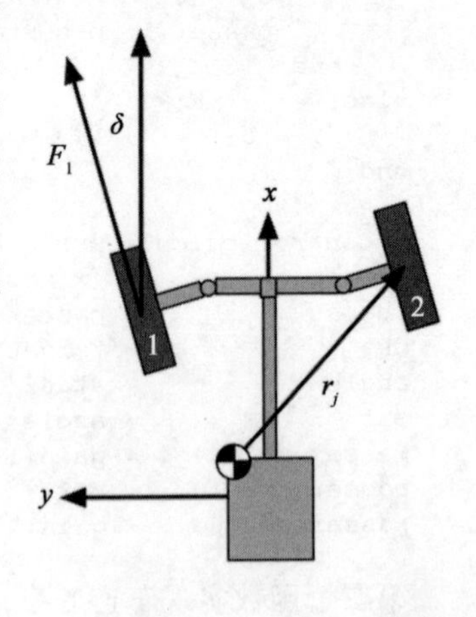

图12-2　汽车动力学的平面模型

每辆汽车有以下6个状态。

1. x位置。
2. y位置。
3. x速度。
4. y速度。
5. 垂直方向的角度。
6. 垂直方向的角速度。

速度的变化由力驱动，而角速度的变化则由扭矩驱动。

平面动力学模型如图12-2[7]所示。与参考文献中的模型不同的是，这里加入了诸如后轮固定、前轮角度相同等约束条件。

旋转参照系中的动力学方程为

$$m(\dot{v}_x - \omega v_y) = \sum_{k=1}^{d} F_{k_x} - qC_{D_x}A_x u_x \quad (12\text{-}5)$$

$$m(\dot{v}_y + \omega v_x) = \sum_{k=1}^{4} F_{k_y} - qC_{D_y}A_y u_y \quad (12\text{-}6)$$

$$I\dot{\omega} = \sum_{k=1}^{4} r_k^{\times} F_k \quad (12\text{-}7)$$

其中，动压为

$$q = \frac{1}{2}\rho \mid v \mid^2 \quad (12\text{-}8)$$

速度为

$$v = \begin{bmatrix} v_x \\ v_y \end{bmatrix} \quad (12\text{-}9)$$

单位向量为

$$u = \frac{\begin{bmatrix} v_x \\ v_y \end{bmatrix}}{\mid v \mid} \quad (12\text{-}10)$$

图12-3显示了车轮上的力与扭矩。法向力为 mg，其中 g 为重力加速度。作用于轮胎接触点（即轮胎与路面接触的位置）的力是

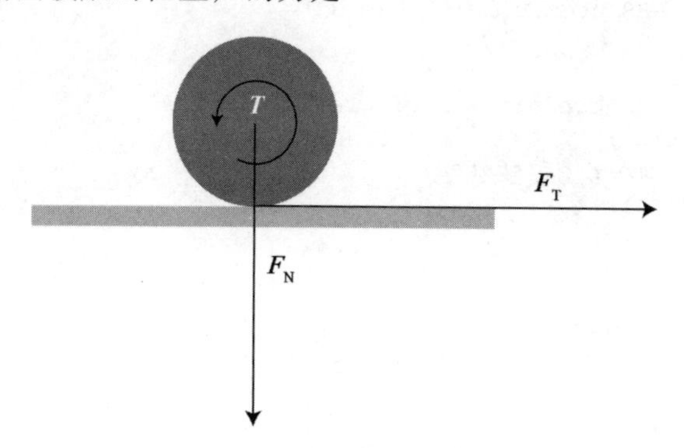

图12-3　车轮的力与扭矩

$$F_{t_k} = \begin{bmatrix} T/\rho - F_r \\ -F_c \end{bmatrix} \quad (12\text{-}11)$$

其中，F_r 是滚动摩擦力，方程为

$$F_r = f_0 + K_1 v_{t_x}^2 \quad (12\text{-}12)$$

其中，v_{t_x}是轮胎架中的 x 速度。对于前轮驱动车，后轮扭矩 T 为0。接触摩擦为

$$F_c = \mu_c mg \frac{v_{t_y}}{|v_t|} \tag{12-13}$$

其中，速度项确保摩擦力不会导致极限循环。

从轮胎到车身框架的转换方程为

$$c = \begin{bmatrix} \cos\delta & -\sin\delta \\ \sin\delta & \cos\delta \end{bmatrix} \tag{12-14}$$

因此得到

$$F_k = cF_{t_k} \tag{12-15}$$

$$v_t = C^T \begin{bmatrix} v_x \\ v_y \end{bmatrix} \tag{12-16}$$

运动学方程为

$$\dot{\theta} = \omega \tag{12-17}$$

和

$$V = \begin{bmatrix} \cos\theta & -\sin\theta \\ \sin\theta & \cos\theta \end{bmatrix} v \tag{12-18}$$

12.3.3　方法

函数 RHSAutomobile 如下所示。

```
function xDot = RHSAutomobile( ~, x, d )

% Constants
g       = 9.806; % Acceleration of gravity (m/s^2)
n       = length(x);
nS      = 6; % Number of states
xDot    = zeros(n,1);
nAuto   = n/nS;

j = 1;
% State [j j+1 j+2 j+3  j+4   j+5]
%        x  y  vX  vY  theta omega
for k = 1:nAuto
    vX          = x(j+2,1);
    vY          = x(j+3,1);
    theta       = x(j+4,1);
    omega       = x(j+5,1);

    % Car angle
    c           = cos(theta);
    s           = sin(theta);

    % Inertial frame
    v           = [c -s;s c]*[vX;vY];

    delta       = d.car(k).delta;
```

```
    c            = cos(delta);
    s            = sin(delta);
    mCToT        = [c s;-s c];

    % Find the rolling resistance of the tires
    vTire        = mCToT*[vX;vY];
    f0           = d.car(k).fRR(1);
    K1           = d.car(k).fRR(2);

    fRollingF    = f0 + K1*vTire(1)^2;
          fRollingR    = f0 + K1*vX^2;

    % This is the side force friction
    fFriction    = d.car(k).cF*d.car(k).mass*g;
    fT           = d.car(k).radiusTire*d.car(k).torque;

    fF           = [fT - fRollingF;-vTire(2)*fFriction];
    fR           = [   - fRollingR;-vY      *fFriction];


    % Tire forces
    f1           = mCToT'*fF;
    f2           = f1;
    f3           = fR;
    f4           = f3;

    % Aerodynamic drag
    vSq          = vX^2 + vY^2;
    vMag         = sqrt(vSq);
    q            = 0.5*1.225*vSq;
    fDrag        = q*[d.car(k).cDF*d.car(k).areaF*vX;...
                      d.car(k).cDS*d.car(k).areaS*vY]/vMag;

    % Force summations
    f            = f1 + f2 + f3 + f4 - fDrag;

    % Torque
    T            = Cross2D( d.car(k).r(:,1), f1 ) + Cross2D( d.car(k).r(:,2),
         f2 ) + ...
                   Cross2D( d.car(k).r(:,3), f3 ) + Cross2D( d.car(k).r(:,4),
                        f4 );

    % Right hand side
    xDot(j,  1) = v(1);
    xDot(j+1,1) = v(2);
    xDot(j+2,1) = f(1)/d.car(k).mass + omega*vY;
    xDot(j+3,1) = f(2)/d.car(k).mass - omega*vX;
    xDot(j+4,1) = omega;
    xDot(j+5,1) = T/d.car(k).inr;

    j            = j + nS;
end

function c = Cross2D( a, b )
%% Cross2D
c = a(1)*b(2) - a(2)*b(1);
```

卡尔曼滤波器方程的右侧即为差分方程

$$\dot{x} = v_x \tag{12-19}$$

$$\dot{y} = v_y \tag{12-20}$$

$$\dot{v}_x = 0 \tag{12-21}$$

$$\dot{v}_y = 0 \tag{12-22}$$

其中，字母上的点表示时间导数或随时间的变化率。这些是汽车的状态方程。这个模型表明，随着时间推移，位置变化与速度成正比。模型还表明速度是恒定的。关于速度变化的信息将只能通过测量来获得。没有对角度或角速度进行建模，这是因为我们没有从雷达得到相关信息。当然，读者可以尝试在代码中加入这些信息。

函数 RHSAutomobileXY 如下所示，它只包含两行代码。

```
function xDot = RHSAutomobileXY( ~, x, ~ )

xDot = [x(3:4);0;0];
```

12.4 汽车仿真与卡尔曼滤波器

12.4.1 问题

我们想追踪一辆汽车，通过雷达测量来追踪它在我们车辆周围的机动行为。这些汽车可能会随时出现并消失。雷达测量数据需要转换为被追踪车辆的位置和速度。而在两次雷达测量之间，需要对汽车在给定时间的位置给出最佳估计。

12.4.2 方法

实现 UKF，利用雷达测量数据来更新被追踪车辆的动力学模型。

12.4.3 步骤

本节的演示仿真与用于多假设系统追踪演示的仿真相同。仿真示例中仅仅展示了卡尔曼滤波器。由于卡尔曼滤波器是软件包的核心部分，因此在添加测量任务的功能之前，必须确保滤波器能够正常工作。

MHTDistanceUKF 使用 UKF 来得到用于门控计算的 MHT 距离。测量函数的形式为 $h(x, d)$，其中 d 为 UKF 数据结构。MHTDistanceUKF 使用 σ 点，代码与 UKFUpdate 类似。随着不确定性逐渐变小，残差也必须更小以使其保持在门限值内。

```
function [k, del] = MHTDistanceUKF( d )

% Get the sigma points
pS      = d.c*chol(d.p)';
nS      = length(d.m);
nSig    = 2*nS + 1;
```

```
mM       = repmat(d.m,1,nSig);
if( length(d.m) == 1 )
    mM = mM';
end

x        = mM + [zeros(nS,1) pS -pS];

[y, r]   = Measurement( x, d );
mu       = y*d.wM;
b        = y*d.w*y' + r;
del      = d.y - mu;
k        = del'*(b\del);

function [y, r] = Measurement( x, d )
%%       Measurement from the sigma points

nSigma   = size(x,2);
lR       = length(d.r);
y        = zeros(lR,nSigma);
r        = d.r;
iR       = 1:lR;

for j = 1:nSigma
        f             = feval( d.hFun, x(:,j), d.hData );
        y(iR,j)       = f;
        r(iR,iR)      = d.r;
```

仿真函数 UKFAutomobileDemo 使用特定的汽车数据结构来包含所有汽车信息，使用 MATLAB 函数 AutomobileInitialize 接收参数对并建立关于汽车的数据结构。这比在脚本中逐个分配各个字段要简明清晰很多。如果没有参数输入，函数将返回默认数据结构。

下面列出的演示脚本的第一部分是汽车仿真，它生成汽车位置的测量值，以用于卡尔曼滤波器中。

```
%% Initialize

% Set the seed for the random number generators.
% If the seed is not set each run will be different.
seed = 45198;
rng(seed);

% Car control
laneChange = 1;

% Clear the data structure
d = struct;

% Car 1 has the radar
d.car(1) = AutomobileInitialize( ...
             'mass', 1513,...
             'position_tires', [1.17 1.17 -1.68 -1.68; -0.77 0.77 -0.77
                 0.77], ...
             'frontal_drag_coefficient', 0.25, ...
```

```
            'side␣drag␣coefficient', 0.5, ...
            'tire␣friction␣coefficient', 0.01, ...
            'tire␣radius', 0.4572, ...
            'engine␣torque', 0.4572*200, ...
            'rotational␣inertia', 2443.26, ...
            'rolling␣resistance␣coefficients', [0.013 6.5e-6], ...
            'height␣automobile', 2/0.77, ...
            'side␣and␣frontal␣automobile␣dimensions', [1.17+1.68 2*0.77]);
% Make the other car identical
d.car(2) = d.car(1);
nAuto    = length(d.car);
% Velocity set points for the cars
vSet  = [12 13];

% Time step setup
dT          = 0.1;
tEnd        = 20*60;
tLaneChange = 10*60;
tEndPassing =  6*60;
n           = ceil(tEnd/dT);

% Car initial states
x = [140; 0;12;0;0;0;...
       0; 0;11;0;0;0];

% Radar - the radar model has a field of view and maximum range
% Range drop off or S/N is not modeled
m                  = length(x)-1;
dRadar.kR          = [ 7:6:m; 8:6:m]; % State position indices
dRadar.kV          = [ 9:6:m;10:6:m]; % State velocity indices
dRadar.kT          = 11:6:m; % State yaw angle indices
dRadar.noise       = 0.1*[0.02;0.001;0.001]; % [range; range rate; azimuth]
dRadar.fOV         = pi/4; % Field of view
dRadar.maxRange    = inf;
dRadar.noLimits    = 0; % Limits are checked (fov and range)

% Plotting
yP = zeros(3*(nAuto-1),n);
vP = zeros(nAuto-1,n);

xP = zeros(length(x)+2*nAuto,n);
s  = 1:6*nAuto;

%% Simulate
t = (0:(n-1))*dT;
fprintf(1,'\nRunning␣the␣simulation...');
for k = 1:n

    % Plotting
    xP(s,k)     = x;
    j           = s(end)+1;

    for i = 1:nAuto
        p           = 6*i-5;
```

```
    d.car(i).x     = x(p:p+5);
    xP(j:j+1,k)  = [d.car(i).delta;d.car(i).torque];
    j              = j + 2;
end

% Get radar measurements
dRadar.theta          = d.car(1).x(5);
dRadar.t              = t(k);
dRadar.xR             = x(1:2);
dRadar.vR             = x(3:4);
[yP(:,k), vP(:,k)]    = AutoRadar( x, dRadar );

% Implement Control
    % For all but the passing car control the velocity
          d.car(1).torque = -10*(d.car(1).x(3) - vSet(1));

    % The active car
    if( t(k) < tEndPassing )
        d.car(2)          = AutomobilePassing( d.car(2), d.car(1), 3, 1.3, 10
            );
    elseif ( t(k) > tLaneChange && laneChange )
        d.car(2)          = AutomobileLaneChange( d.car(2), 10, 3, 12 );
    else
        d.car(2).torque = -10*(d.car(2).x(3) - vSet(2));
    end

    % Integrate
    x             = RungeKutta(@RHSAutomobile, 0, x, dT, d );
end
fprintf(1,'DONE.\n');

% The state of the radar host car
xRadar = xP(1:6,:);

% Plot the simulation results
NewFigure( 'Auto' )
kX = 1:6:length(x);
kY = 2:6:length(x);
c  = 'bgrcmyk';
j  = floor(linspace(1,n,20));
for k = 1:nAuto
    plot(xP(kX(k),j),xP(kY(k),j),[c(k) '.']);
    hold on
end
legend('Auto␣1','Auto␣2');
for k = 1:nAuto
    plot(xP(kX(k),:),xP(kY(k),:),c(k));
end
xlabel('x␣(m)');
ylabel('y␣(m)');
set(gca,'ylim',[-5 5]);
grid
```

演示脚本的第二部分处理 UKF 中的测量值，以生成对汽车轨迹的估计，代码如下所示。

```
%% Implement UKF

% Covariances
r0      = diag(dRadar.noise.^2);     % Measurement 1-sigma
q0      = [1e-7;1e-7;.1;.1];         % The baseline plant covariance diagonal
p0      = [5;0.4;1;0.01].^2;         % Initial state covariance matrix
    diagonal

% Each step is one scan
ukf = KFInitialize( 'ukf','f',@RHSAutomobileXY,'alpha',1,...
                    'kappa',0,'beta',2,'dT',dT,'fData',struct('f',0),...
                    'p',diag(p0),'q',diag(q0),'x',[0;0;0;0],'hData',struct('
                        theta',0),...
                        'hfun',@AutoRadarUKF,'m',[0;0;0;0],'r',r0);
ukf = UKFWeight( ukf );

% Size arrays
k1 = find( vP > 0 );
k1 = k1(1);

% Limit to when the radar is tracking
n     = n - k1 + 1;
yP    = yP(:,k1:end);
xP    = xP(:,k1:end);
pUKF  = zeros(4,n);
xUKF  = zeros(4,n);
dMHTU = zeros(1,n);
t     = (0:(n-1))*dT;

for k = 1:n
    % Prediction step
    ukf.t          = t(k);
    ukf            = UKFPredict( ukf );

    % Update step
    ukf.y          = yP(:,k);
    ukf            = UKFUpdate( ukf );

    % Compute the MHT distance
    dMHTU(1,k)     = MHTDistanceUKF( ukf );

    % Store for plotting
    pUKF(:,k)              = diag(ukf.p);
    xUKF(:,k)      = ukf.m;
end

% Transform the velocities into the inertial frame
for k = 1:n
    c              = cos(xP(5,k));
    s              = sin(xP(5,k));
    cCarToI        = [c -s;s c];
    xP(3:4,k)      = cCarToI*xP(3:4,k);
```

```
    c           = cos(xP(11,k));
    s           = sin(xP(11,k));
cCarToI     = [c -s;s c];
    xP(9:10,k)  = cCarToI*xP(9:10,k);
end

% Relative position
dX = xP(7:10,:) - xP(1:4,:);

%% Plotting
[t,tL] = TimeLabel(t);

% Plot just select states
k   = [1:4 7:10];
yL      = {'p_x' 'p_y' 'p_{v_x}' 'p_{v_y}'};
pS  = {[1 5] [2 6] [3 7] [4 8]};

PlotSet(t, pUKF,        'x␣label',  tL,'y␣label', yL,'figure␣title', '
    Covariance', 'plot␣title', 'Covariance');
PlotSet(t, [xUKF;dX], 'x␣label',        tL,'y␣label',{'x' 'y' 'v_x' 'v_y'
    },...
                        'plot␣title','UKF␣State:␣Blue␣is␣UKF,␣Green␣is␣Truth',
                            'figure␣title','UKF␣State','plot␣set', pS );
PlotSet(t, dMHTU,       'x␣label',  tL,'y␣label','d␣(m)', 'plot␣title','MHT␣
    Distance␣UKF', 'figure␣title','MHT␣Distance␣UKF','plot␣type','ylog');
```

脚本运行结果分别如图 12-4、图 12-5 和图 12-6 所示。

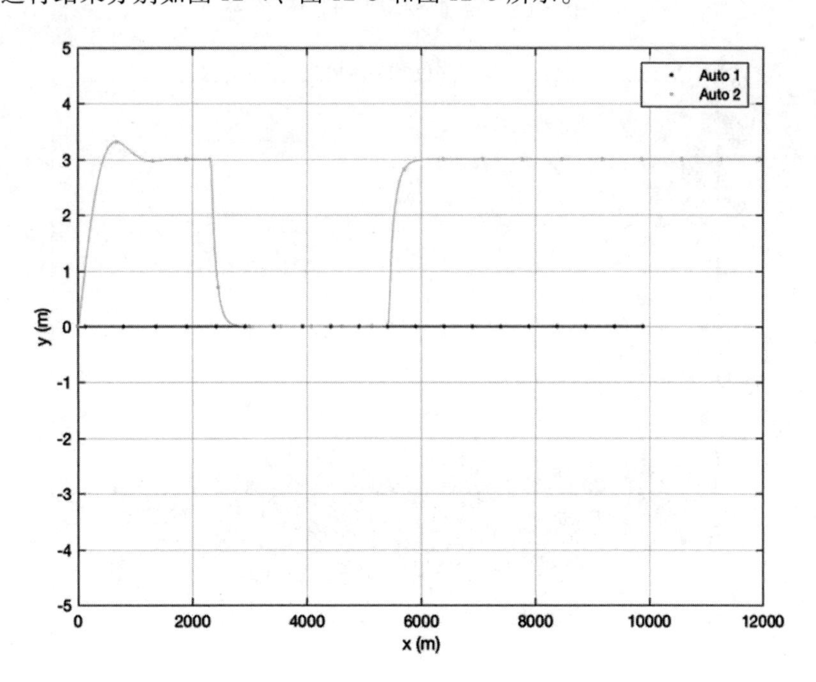

图 12-4　汽车轨迹

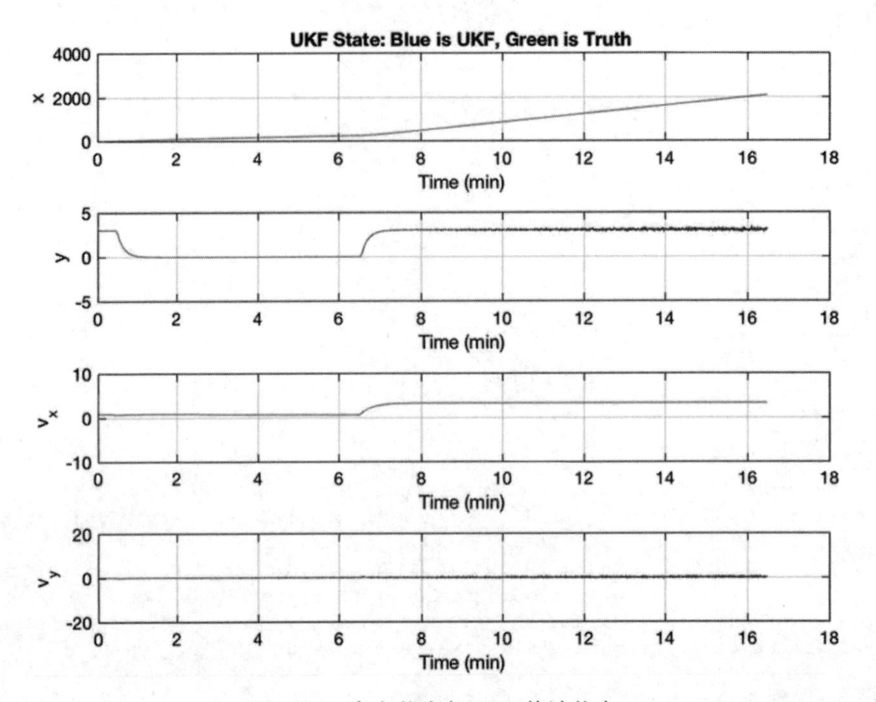

图 12-5　真实状态与 UKF 估计状态

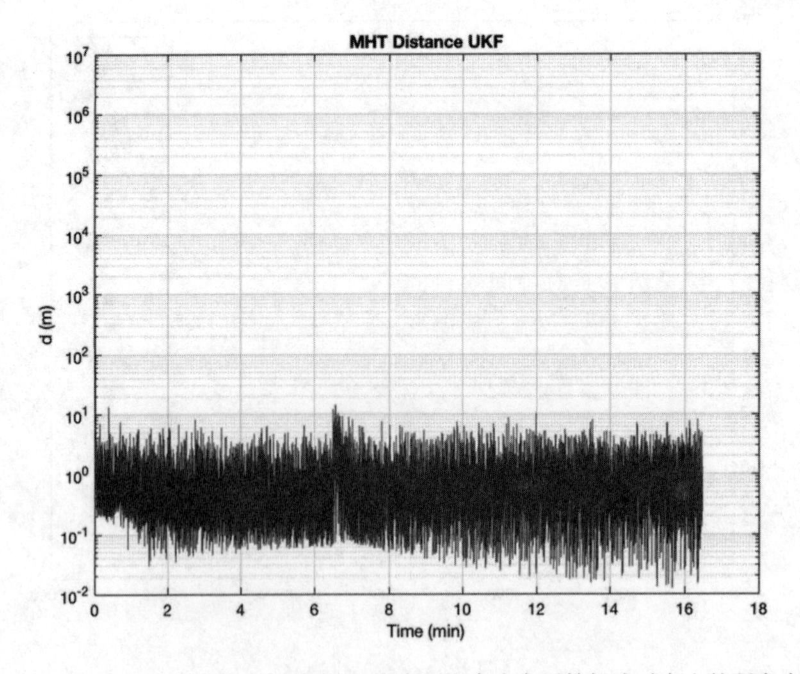

图 12-6　仿真过程中车辆之间的 MHT 距离。注意汽车开始加速时产生的距离尖峰

12.5 雷达数据的 MHT 实现

12.5.1 问题

使用假设检验来追踪多部车辆。我们需要接收雷达返回的测量值，并将其有条理地分配至车辆的状态历史中，即位置和速度的历史。雷达无法识别不同的车辆，所以需要一个可重复的方法来有序地将雷达脉冲信号与轨道对应起来。

12.5.2 方法

解决方法是实现轨道导向的 MHT，该系统将学习对雷达系统可见的所有车辆的轨道。

图 12-7 显示了一般的追踪问题，图中包括两次扫描的数据。当第一次扫描完成时，有两个轨道。轨道中的不确定性，在图中以椭圆形表示，并且基于之前的全部信息得出。在第 $k-1$ 次扫描中，观察到三个测量值。1 和 3 分别位于两个轨道各自的不确定性椭圆内，而测量值 2 位于两个椭圆的重叠区域，它可以是任一轨道的测量值，也有可能属于测量干扰。在第 k 次扫描中，则得到了 4 个测量值。只有测量值 4 位于一个不确定性椭圆之中。可能会认为测量值 3 属于测量干扰，但事实上它是来自于与中间轨道不同的第三辆车的新轨道。测量值 1 位于左侧椭圆形之外，但实际上它是对左侧轨道的一次良好测量结果，而且（如果解析准确的话）表明模型是存在误差的。测量值 4 是对中间轨道的良好测量，而且表明模型是有效的。该图展示了追踪系统应该如何工作，如果没有轨道将难以对测量值做出解释。每一次测量可能是有效的，或者属于测量干扰，甚至意味着新的轨道。

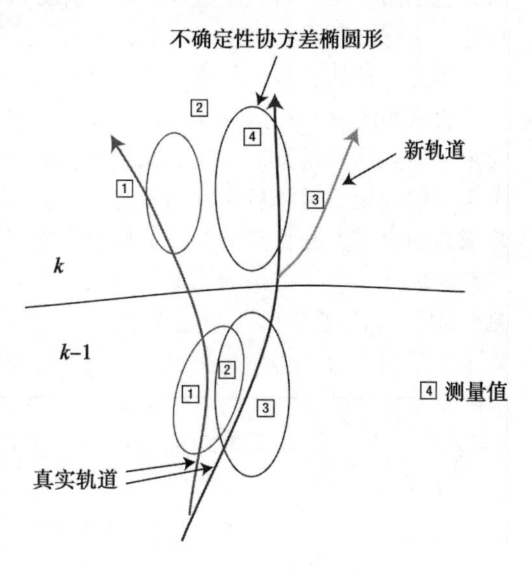

图 12-7 追踪问题

我们将接触定义为信噪比高于某一阈值的观测值。然后观测值便形成了一次测量值。低信噪比的观测值在光学和雷达系统中都有可能发生。阈值减少了需要与轨道相关联的观测值数量，但也有可能丢失有效数据。一种替代方法是将所有观测值视为有效接触，同时相应地调整测量误差。

有效的测量值必须分配至某一轨道。理想的追踪系统能够准确地对每个测量值进行分类，然后将它们分配至正确的轨道。系统还必须能够识别新的轨道，并且删除不再存在的轨道。

如果可以确保只追踪一辆汽车，则所有的数据都可以纳入到状态估计中。一个替代方案是仅仅考虑协方差椭圆形中的数据，而将其余的数据都视为异常值。如果采用后一种策略，请记住，数据在未来测量中也是“异常值”的情形是合理的。在这种情形下，过滤器可能会对历史数据进行回溯并将不同的异常值整合至解决方案中。当模型无效时，这种情形会很容易发生，例如，如果一辆已经在持续匀速行驶的汽车突然开始机动行为，而过滤器模型并不允许车辆的机动操作。

在经典的多目标跟踪问题[6]中，通常将问题分为两个步骤：关联与估计。步骤 1 将有效的观测值与目标相关联，步骤 2 对每个目标的状态进行估计。当多种合理方式可以将有效接触与目标相关联时，会使情形变得更加复杂。MHT 方法形成替代假设来解释观测来源，每个假设将观测值关联至目标或虚假警报。

有两种 MHT 实现方法[3]。第一种方法[5]在一个结构体中运行，在接收观测数据的同时，也不断地维护与更新假设。第二种方法为轨道导向的 MHT 实现方法，轨道在形成假设之前进行初始化、更新和评分。评分过程包括对真实轨道与虚警轨道集合的似然率比较。因此，在轨道假设形成的阶段之前，通常不能将轨道删除。

轨道导向方法在接收每次扫描数据之后，将使用经过更新的新轨道来重新计算假设。轨道导向方法不是按照扫描数据逐次对假设进行维护和扩展，而是放弃在第 $k-1$ 次扫描上形成的假设。剪枝后保留的轨道会传递至第 k 次扫描。在第 k 次扫描中，新的观测值形成新的轨道，并将其重新形成假设。除了有必要基于低概率或 N 扫描剪枝算法删除某些轨道之外，由于维护的轨道评分中包含所有相关的统计数据，因此并不会丢失任何信息。MHT 术语在表 12-1 中定义。

表 12-1　MHT 术语

术　语	描　述
杂项（Clutter）	追踪系统不感兴趣的瞬时目标
聚类（Cluster）	通过共同观测值链接在一起的轨道集合
家族（Family）	一组具有共同根节点的轨道。每个家族中至多只有一个轨道可以包含在一个假设中，一个家族至多可以代表一个目标
假设（Hypothesis）	一组不共享任何观测值的轨道
N 扫描剪枝（N-Scan Pruning）	使用最近 N 次扫描数据得出的轨迹评分对轨道进行剪枝。计数从根节点开始。当轨道被剪枝时，需要建立一个新的根节点
观测值（Observation）	表示目标存在的一个测量值。观测值可能来自于目标或者干扰信号
剪枝（Pruning）	删除低评分值的轨道
根节点（Root Node）	既定轨道，其上可以附加观测值，并可能产生额外的轨道
扫描（Scan）	同时采集的一组数据
目标（Target）	被追踪的对象
轨迹（Trajectory）	目标路径
轨道（Track）	传播轨道
轨道分支（Track Branch）	轨道家族中代表不同数据关联假设的轨道，只有一个分支是正确的
轨道评分（Track Score）	轨道的对数似然比

使用对数似然比进行轨道评分：

$$L(K)=\log[\mathrm{LR}(K)]=\sum_{k=1}^{K}[\mathrm{LLR}_K(k)+\mathrm{LLR}_S(k)]+\log[L_0] \tag{12-23}$$

其中，下标 K 表示基于动力学，下标 S 表示基于信号，假设这两者是统计独立的。

$$L_0=\frac{P_0(H_1)}{P_0(H_0)} \tag{12-24}$$

其中，H_1 和 H_0 分别是真实目标和虚假警报假设，log 是自然对数。动力学数据的似然比等于数据是真实目标结果的概率除以数据来自于虚假警报的概率：

$$\mathrm{LR}_K=\frac{p(D_K\mid H_1)}{p(D_K\mid H_0)}=\frac{\mathrm{e}^{-d^2/2}/((2\pi)^{M/2}\sqrt{|S|})}{1/V_C} \tag{12-25}$$

其中，M 是测量维度，V_C 是测量体积，$S=HPT^{\mathrm{T}}+R$ 是测量残差协方差矩阵，$d^2=y^{\mathrm{T}}S^{-1}y$ 是由残差 y 和协方差矩阵 S 定义的测量值的归一化统计距离，分子是多元高斯分布。

以下是关于测量值的一些规则。

- 每次测量都会创建一个新轨道。
- 在每个门控范围内的测量值都会对现有轨道进行更新。如果一个门控范围内有多个测量值，则现有轨道根据新测量值进行复制。
- 如果现有轨道使用“丢失的”测量值进行更新，则会创建一个新的轨道。

图 12-8 给出了一个示例，其中包括两个轨道和三个测量值。三个测量值都在轨道 1 的门控范围内，但是有一个测量值也同时位于轨道 2 的门控范围内。每个测量值都会产生一

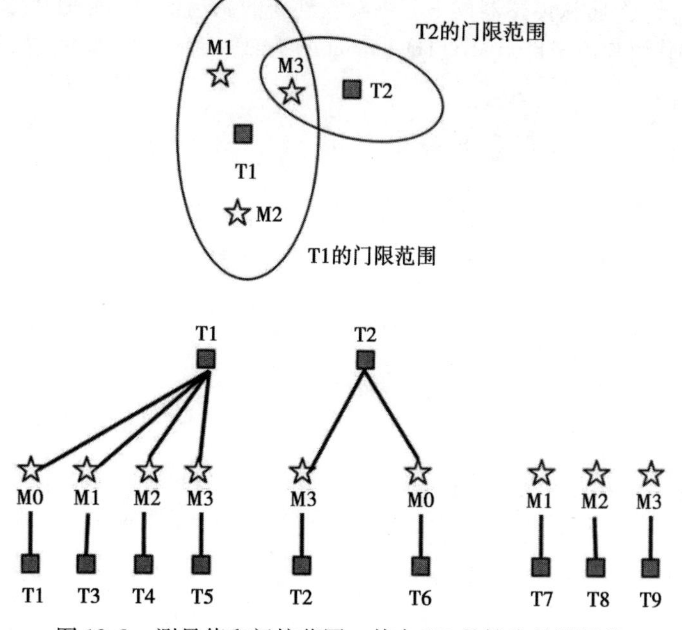

图 12-8　测量值和门控范围，其中 M0 是缺失的测量值

个的轨道。三个测量值基于轨道 1 产生三个新的轨道，其中一个测量值还基于轨道 2 产生另外一个新轨道。基于没有轨道测量值时的规则，每个已有的轨道也都将产生一个新的轨道。因此，在这种情形下，三个测量值和两个轨道共产生了 9 个新的轨道。轨道 T7 ~ T9 仅仅基于测量值而产生，它们可能不具有足够的信息以构建状态向量。否则，每个测量值都会产生无数个轨道，而不仅仅是一个新轨道。如果有雷达测量，我们会得到方位角、高程、距离和距离变化率，这些信息就可以给出所有的位置状态和一个速度状态。

12.5.3　步骤

轨道管理由函数 MHTTrackMgmt 完成，其实现了轨道导向的 MHT。MHT 在每次扫描中都会创建新的轨道。当下列任意情形发生时，会创建一个新的轨道。

1. 对于每一个测量值。
2. 对于任意轨道，存在多个测量值位于门控范围内。
3. 对于具有“空”测量值的每个现有轨道。

利用轨道剪枝算法以去除低概率轨道，并形成符合轨道一致性的假设。具有一致性的轨道不会共享任何测量值。

这些过程通常在一个循环内完成，其中每个步骤都有新的测量值，称为“扫描”。扫描是一个关于旋转天线波束的雷达术语，一次扫描即同时采集的一组传感器数据。

仿真程序可以在循环内部生成 y，或者单独运行仿真，将测量值储存在 y 中。这种方式对调试 MHT 代码来说非常有用。

对于实时系统，y 将从传感器读入。每次收到新的测量值时，MHT 代码都需要对其进行更新。下面的代码片段来自于 MHTTrackMgmt 的头部，展示了实现方法的整体框架。

```
zScan = [];

for k = 1:n

zScan = AddScan( y(:,k), [], [], [], zScan ) ;

[b, trk, sol, hyp] = MHTTrackMgmt( b, trk, zScan, trkData, k, t );

MHTGUI(trk,sol);

for j = 1:length(trk)
    trkData.fScanToTrackData.v =  myData
end

if( ~isempty(zScan) && makePlots )
    TOMHTTreeAnimation( 'update', trk );
end

t = t + dT;

end
```

参考文献［1］提供了关于轨道管理的大量背景知识，但书中示例函数的代码并未基于该文献中的方法。还有其他优秀的参考文献来自于Blackman的书籍和论文，包括文献［2］和文献［4］。

```
%% MHTTrackMgmt - manages tracks
%
%% Form:
%   [b, trk, sol, hyp] = MHTTrackMgmt( b, trk, zScan, d, scan, t )
%
%% Description
% Manage Track Oriented Multiple Hypothesis Testing tracks.
%
% Performs track reduction and track pruning.
%
% It creates new tracks each scan. A new track is created
% - for each measurement
% - for any track which has more than one measurement in its gate
% - for each existing track with a "null" measurement.
%
% Tracks are pruned to eliminate those of low probability and find the
% hypothesis which includes consistent tracks. Consistent tracks do
% not share any measurements.
%
% This is typically used in a loop in which each step has new
% measurements, known as "scans". Scan is radar terminology for a
% rotating antenna beam. A scan is a set of sensor data taken at the
% ame time.
%
% The simulation can go in ths loop to generate y or you can run the
% simulation separately and store the measurements in y. This can be
% helpful when you are debugging your MHT code.
%
% For real time systems y would be read in from your sensors. The MHT
% code would update every time you received new measurements.
%
% zScan = [];
%
% for k = 1:n
%
%  zScan = AddScan( y(:,k), [], [], [], zScan ) ;
%
%  [b, trk, sol, hyp] = MHTTrackMgmt( b, trk, zScan, trkData, k, t );
%
%  MHTGUI(trk,sol);
%
%  for j = 1:length(trk)
%    trkData.fScanToTrackData.v =  myData
%  end
%
%  if( ~isempty(zScan) && makePlots )
%    TOMHTTreeAnimation( 'update', trk );
%  end
%
```

```
%  t = t + dT;
%
%       end
%
% The reference provides good background reading but the code in this
% function is not based on the reference. Other good references are
% books and papers by Blackman.
%
%% Inputs
%   b         (m,n)   [scans, tracks]
%   trk       (:)     Track data structure
%   zScan     (1,:)   Scan data structure
%   d         (1,1)   Track management parameters
%   scan      (1,1)   The scan id
%   t         (1,1)   Time
%
%% Outputs
%   b         (m,1)   [scans, tracks]
%   trk       (:)     Track data structure
%   sol       (.)     Solution data structure from TOMHTAssignment
%   hyp       (:)     Hypotheses
%
%% Reference
% A. Amditis1, G. Thomaidis1, P. Maroudis, P. Lytrivis1 and
% G. Karaseitanidis1, "Multiple Hypothesis Tracking
% Implementation," www.intechopen.com.

function [b, trk, sol, hyp] = MHTTrackMgmt( b, trk, zScan, d, scan, t )

% Warn the user that this function does not have a demo
if( nargin < 1 )
    disp('Error: 6 inputs are required');
    return;
end

MLog('add',sprintf('============= SCAN %d ==============',scan),scan);

% Add time to the filter data structure
for j = 1:length(trk)
        trk(j).filter.t = t;
end

% Remove tracks with an old scan history
earliestScanToKeep = scan-d.nScan;
keep = zeros(1,length(trk));
for j=1:length(trk);
  if( isempty(trk(j).scanHist) || max(trk(j).scanHist)>=earliestScanToKeep )
    keep(j) = 1;
  end
end
if any(~keep)
  txt = sprintf('DELETING %d tracks with old scan histories.\n',length(find
      (~keep)));
  MLog('add',txt,scan);
end
```

```
trk = trk( find(keep) );
nTrk = length(trk);

% Remove old scanHist and measHist entries
for j=1:nTrk
  k = find(trk(j).scanHist<earliestScanToKeep);
  if( ~isempty(k) )
    trk(j).measHist(k)  = [];
    trk(j).scanHist(k)  = [];
  end
end

% Above removal of old entries could result in duplicate tracks
%------------------------------------------------------------
dup = CheckForDuplicateTracks( trk, d.removeDuplicateTracksAcrossAllTrees );
trk = RemoveDuplicateTracks( trk, dup, scan );
nTrk = length(trk);

% Perform the Kalman Filter prediction step
%-----------------------------------------
for j = 1:nTrk
        trk(j).filter   = feval( d.predict, trk(j).filter );
        trk(j).mP       = trk(j).filter.m;
        trk(j).pP       = trk(j).filter.p;
    trk(j).m        = trk(j).filter.m;
        trk(j).p        = trk(j).filter.p;
end

% Track assignment
% 1. Each measurement creates a new track
% 2. One new track is created by adding a null measurement to each existing
%    track
% 3. Each measurement within a track's gate is added to a track. If there
%    are more than 1 measurement for a track create a new track.
%
% Assign to a track. If one measurement is within the gate we just assign
% it. If more than one we need to create a new track
nNew        = 0;
newTrack        = [];
newScan     = [];
newMeas     = [];
nS          = length(zScan);

maxID = 0;
maxTag = 0;
for j = 1:nTrk
        trk(j).d = zeros(1,nS);
    trk(j).new = [];
        for i = 1:nS
        trk(j).filter.x = trk(j).m;
        trk(j).filter.y = zScan(i);
        trk(j).d(i)     = feval( d.fDistance,  trk(j).filter );

        end
```

```
trk(j).gate = trk(j).d < d.gate;
hits        = find(trk(j).gate==1);
trk(j).meas = [];
lHits       = length(hits);
if( lHits > 0 )
        if( lHits > 1)
            for k = 1:lHits-1
                newTrack(end+1) = j;
                newScan(end+1)  = trk(j).gate(hits(k+1));
                newMeas(end+1)  = hits(k+1);
            end
            nNew = nNew + lHits - 1;
        end
        trk(j).meas                = hits(1);
        trk(j).measHist(end+1)     = hits(1);
        trk(j).scanHist(end+1)     = scan;
        if( trk(j).scan0 == 0 )
            trk(j).scan0 = scan;
        end
    end
    maxID = max(maxID,trk(j).treeID);
    maxTag = max(maxTag,trk(j).tag);
end
nextID = maxID+1;
nextTag = maxTag+1;

% Create new tracks assuming that existing tracks had no measurements
%---------------------------------------------------------------------
nTrk0 = nTrk;
for j = 1:nTrk0

  if( ~isempty(trk(j).scanHist) && trk(j).scanHist(end) == scan )

    % Add a copy of track "j" to the end with NULL measurement
    %---------------------------------------------------------
    nTrk                        = nTrk + 1;
    trk(nTrk)                   = trk(j);
    trk(nTrk).meas              = [];
    trk(nTrk).treeID            = trk(nTrk).treeID; % Use the SAME track
        tree ID
    trk(nTrk).scan0             = scan;
    trk(nTrk).tag               = nextTag;

    nextTag = nextTag + 1;      % increment next tag number

    % The track we copied already had a measurement appended for this
    % scan, so replace these entries in the history
    %---------------------------------------------
    trk(nTrk).measHist(end)     = 0;
    trk(nTrk).scanHist(end)     = scan;

  end

end
```

```
% Do this to notify us if any duplicate tracks are created
%---------------------------------------------------------
dup    = CheckForDuplicateTracks( trk );
trk    = RemoveDuplicateTracks( trk, dup, scan );

% Add new tracks for existing tracks which had multiple measurements
%-----------------------------------------------------------------
if( nNew > 0 )
    nTrk = length(trk);
    for k = 1:nNew
        j                        = k + nTrk;
        trk(j)                   = trk(newTrack(k));
        trk(j).meas              = newMeas(k);
        trk(j).treeID            = trk(j).treeID;
        trk(j).measHist(end)     = newMeas(k);
        trk(j).scanHist(end)     = scan;
        trk(j).scan0             = scan;
        trk(j).tag               = nextTag;

        nextTag = nextTag + 1;

    end
end

% Do this to notify us if any duplicate tracks are created
dup    = CheckForDuplicateTracks( trk );
trk    = RemoveDuplicateTracks( trk, dup, scan );
nTrk   = length(trk);

% Create a new track for every measurement
for k = 1:nS
    nTrk                     = nTrk + 1;

    % Use next track ID
    %------------------
    trkF                     = feval(d.fScanToTrack, zScan(i), d.fScanToTrackData
        , scan, nextID, nextTag );
    if( isempty(trk) )
        trk = trkF;
    else
        trk(nTrk) = trkF;
    end
    trk(nTrk).meas           = k;
    trk(nTrk).measHist       = k;
    trk(nTrk).scanHist       = scan;
    nextID                   = nextID + 1;    % increment next track-tree ID
    nextTag                  = nextTag + 1;   % increment next tag number
end

% Exit now if there are no tracks
if( nTrk == 0 )
  b      = [];
  hyp    = [];
  sol    = [];
```

```
  return;
end

% Do this to notify us if any duplicate tracks are created
dup   = CheckForDuplicateTracks( trk );
trk   = RemoveDuplicateTracks( trk, dup, scan );
nTrk  = length(trk);

% Remove any tracks that have all NULL measurements
kDel = [];
if( nTrk > 1 ) % do this to prevent deletion of very first track
  for j=1:nTrk
    if( ~isempty(trk(j).measHist) && all(trk(j).measHist==0) )
      kDel = [kDel j];
    end
  end
  if( ~isempty(kDel) )
    keep = setdiff(1:nTrk,kDel);
    trk = trk( keep );
  end
  nTrk = length(trk);
end

% Compute track scores for each measurement
for j = 1:nTrk
   if( ~isempty(trk(j).meas ) )
        i = trk(j).meas;
        trk(j).score(scan)       = MHTTrackScore( zScan(i), trk(j).filter, d.
            pD, d.pFA, d.pH1, d.pH0 );
    else
        trk(j).score(scan)       = MHTTrackScore( [],        trk(j).filter, d.
            pD, d.pFA, d.pH1, d.pH0 );


   end
end

% Find the total score for each track
nTrk = length(trk);
for j = 1:nTrk
    if( ~isempty(trk(j).scanHist) )
      k1 = trk(j).scanHist(1);
      k2 = length(trk(j).score);
      kk = k1:k2;

      if( k1<length(trk(j).score)-d.nScan )
        error('The scanHist array spans back too far.')
      end

    else
      kk = 1;
    end
```

```
    trk(j).scoreTotal = MHTLLRUpdate( trk(j).score(kk) );

    % Add a weighted value of the average track score
    if( trk(j).scan0 > 0 )
      kk2 = trk(j).scan0 : length(trk(j).score);
      avgScore = min(0,MHTLLRUpdate( trk(j).score(kk2) ) / length(kk2));
      trk(j).scoreTotal = trk(j).scoreTotal + d.avgScoreHistoryWeight *
          avgScore;
    end

end

% Update the Kalman Filters
for j = 1:nTrk
        if( ~isempty(zScan) && ~isempty(trk(j).meas) )
        trk(j).filter.y           = zScan(trk(j).meas);
        trk(j).filter             = feval( d.update, trk(j).filter );
        trk(j).m                  = trk(j).filter.m;
        trk(j).p                  = trk(j).filter.p;
        trk(j).mHist(:,end+1)     = trk(j).filter.m;
        end
end

% Examine the tracks for consistency
duplicateScans = zeros(1,nTrk);
for j=1:nTrk
  if( length(unique(trk(j).scanHist)) < length(trk(j).scanHist))
    duplicateScans(j)=1;
  end
end

% Update the b matrix and delete the oldest scan if necessary
b = MHTTrkToB( trk );

rr = rand(size(b,2),1);
br = b*rr;
if( length(unique(br))<length(br) )
  MLog('add',sprintf('DUPLICATE␣TRACKS!!!\n'),scan);
end

% Solve for "M best" hypotheses
sol = TOMHTAssignment( trk, d.mBest );

% prune by keeping only those tracks whose treeID is present in the list of
% "M best" hypotheses
trk0 = trk;
if( d.pruneTracks )
  [trk,kept,pruned] = TOMHTPruneTracks( trk, sol, d.hypScanLast );
  b = MHTTrkToB( trk );

  % Do this to notify us if any duplicate tracks are created
  dup    = CheckForDuplicateTracks( trk );
```

```
  trk    = RemoveDuplicateTracks( trk, dup, scan );

  % Make solution data compatible with pruned tracks
  if( ~isempty(pruned) )
    for j=1:length(sol.hypothesis)
      for k = 1:length(sol.hypothesis(j).trackIndex)
        sol.hypothesis(j).trackIndex(k) = find( sol.hypothesis(j).trackIndex
            (k) == kept );
      end
    end
  end

end

if( length(trk)<length(trk0) )
  txt = sprintf('Pruning: Reduce from %d to %d tracks.\n',length(trk0),
      length(trk));
  MLog('add',txt,scan);
else
  MLog('add',sprintf('Pruning: All tracks survived.\n'),scan);
end

% Form hypotheses
if( scan >= d.hypScanLast + d.hypScanWindow )
  hyp = sol.hypothesis(1);
else
  hyp = [];
end

function trk = RemoveDuplicateTracks( trk, dup, scan )
%% Remove duplicate tracks

if( ~isempty(dup) )
  MLog('update',sprintf('DUPLICATE TRACKS: %s\n',mat2str(dup)),scan);
  kDup = unique(dup(:,2));
  kUnq = setdiff(1:length(trk),kDup);
  trk(kDup) = [];
  dup2 = CheckForDuplicateTracks( trk );
  if( isempty(dup2) )
    txt = sprintf('Removed %d duplicates, kept tracks: %s\n',length(kDup),
        mat2str(kUnq));
    MLog('add',txt,scan);
  else
    error('Still have duplicates. Something is wrong with this pruning.')
  end
end
```

MHTTrackMgmt 使用下文所述的假设形成和轨道剪枝两种方法。

12.5.4　假设形成

12.5.4.1　问题

形成关于轨道的假设。

12.5.4.2 方法

形式化为混合整数线性规划（MILP）问题，并使用GNU线性规划工具包（GLPK）进行求解。

12.5.4.3 步骤

假设是一个具有数据一致性的轨道集合，即，没有测量值同时分配至多个轨道。在每次接收到扫描数据之后，轨道导向方法都会使用更新的轨道来重新计算假设。轨道导向方法不是按照扫描数据逐次对假设进行维护和扩展，而是放弃在第 $k-1$ 次扫描上形成的假设。剪枝后保留的轨道会传递至第 k 次扫描。在第 k 次扫描中，新的观测值形成新的轨迹，并将其重新形成假设。除了有必要基于低概率或 N 扫描剪枝算法删除某些轨道之外，由于维护的轨道评分中包含所有相关的统计数据，因此并不会丢失任何信息。

在MHT中，有效的假设是互相兼容的轨道集合。为了使两个或多个轨道兼容，它们不能描述相同的目标，并且在任何一次扫描中轨道之间不能共享相同的测量值。形成假设的任务是找到一个或多个轨道组合，使得它们是兼容的，并且使某些性能函数达到最大化。

在讨论假设形成的方法之前，需要首先考虑轨道的形成以及如何将轨道与唯一的目标相关联。新轨道可以通过以下两种方式之一形成。

1. 新轨道基于某些已有轨道，加上一个新的测量值而形成。
2. 新轨道不基于任何已有轨道，它仅仅基于一个新的测量值。

回想一下，每个轨道是由多次扫描中的测量值序列形成的。除了原生的测量值历史之外，每个轨道还包含由卡尔曼滤波器计算得到的状态和协方差数据的历史记录。当新的测量值添加至现有轨道时，我们将产生一条包含所有原始轨道测量值的新轨道，以及这个新的测量值。因此，新轨道与原始轨道的描述对象相同。

新的测量值也可用于生成独立于过去测量值的全新轨道。当这样做时，可以认为该测量值没有描述任何已经被追踪的目标，因此它必须对应于一个新的或不同的目标。

因此，给每个轨道分配一个目标ID来区分它所描述的目标。在轨道树示意图的表示方法中，同一轨道树内的所有轨道具有相同的目标ID。例如，如果在某些时候有10个独立的轨道树，这意味着在MHT系统中追踪了10个单独的目标。当形成有效假设时，我们可能会发现只有少数目标具有兼容的轨道。

形成假设的步骤被形式化为MILP问题并使用GLPK工具包来解决。每个轨道都具有一个累计评分，包括从每个测量值获得的分量评分。构建MILP问题的形式化表达，以选择一组获得最高评分的轨道，使得满足以下两个条件。

1. 没有两个轨道具有相同的目标ID。
2. 任何扫描中都没有两条轨道具有相同的测量指标值。

此外，在形式化中增加了一个选项以解决多假设问题，而不仅仅是单假设。算法按照评分的降序排列返回“M个最佳”的假设，使得轨道能够从某些替代假设中保留下来，这些替代假设可能在评分上非常接近最佳假设。

以下代码示例显示了形成假设的实现过程。GLPK是免费的，其网站包含安装说明。

函数 TOMHTAssignment 生成假设。矩阵“b”表示一组堆叠的轨道树，行代表通过轨道树的不同路径，列则表示不同的扫描，矩阵中的值是该扫描的测量值指标。一个有效假设是矩阵 b 中的行组合（即轨道树路径的组合），使得其中不存在重复的相同测量值。解向量“x”是一个包含 0、1 的数组，表示对轨道树路径的一组选择，目标是找出使得总评分最大化的假设。

```
%% TOMHTASSIGNMENT - generates hypotheses
%
%% Form:
%   d = TOMHTAssignment( trk, M, glpkParams );
%
%% Description
% Track oriented MHT assignment. Generates hypotheses.
%
% The "b" matrix represents a stacked set of track-trees.
% Each row is a different path through a track-tree
% Each column is a different scan
% Values in matrix are index of measurement for that scan
%
% A valid hypothesis is a combination of rows of b (a combination of
% track-tree paths), such that the same measurement is not repeated.
%
% Solution vector "x" is 0|1 array that selects a set of track-tree-paths.
%
% Objective is to find the hypothesis that maximizes total score.
%
%
%% Inputs
%   trk         (.)       Data structure array of track information
%                         From this data we will obtain:
%   b           (nT,nS)   Matrix of measurement IDs across scans
%   trackScores (1,nT)    Array of total track scores
%   treeIDs     (1,nT)    Array of track ID numbers. A common ID across
%                         multiple tracks means they are in the same
%                         track-tree.
%   M           (1,1)     Number of hypotheses to generate.
%   glpkParams  (.)       Data structure with glpk parameters.
%
%% Outputs
%   d           (.)     Data structure with fields:
%                         .nT      Number of tracks
%                         .nS      Number of scans
%                         .M       Number of hypotheses
%                         .pairs   Pairs of hypotheses for score constraints
%                         .nPairs Number of pairs
%                         .A       Constraint matrix for optimization
%                         .b       Constraint vector for optimization
%                         .c       Cost vector for optimization
%                         .lb      lower bounds on solution vector
```

```
%                          .ub      upper bounds on solution vector
%                          .conType  Constraint type array
%                          .varType  Variable type array
%                          .x        Solution vector for optimization
%                          .hypothesis(:)  Array of hypothesis data
%
%     d.hypothesis(:)   Data strcuture array with fields:
%                      .treeID        Vector of track-tree IDs in hypothesis
%                      .trackIndex    Vector of track indices in hypothesis.
%                                     Maps to rows of "b" matrix.
%                      .tracks        Set of tracks in hypothesis. These are
%                                     the selected rows of "b" matrix.
%                      .trackScores   Vector of scores for selected tracks.
%                      .score         Total score for hypothesis.
%
%% References
%      Blackman, S. and R. Popoli, "Design and Analysis of  Modern
%      Tracking Systems," Artech House, 1999.

%% Copyright
%   Copyright (c) 2012-2013 Princeton Satellite Systems, Inc.
%   All rights reserved.

function d = TOMHTAssignment( trk, M, glpkParams )

%==================================
%     --- OPTIONS ---
%
%   Prevent tracks with all zeros
%   from being selected?
%
preventAllZeroTracks = 0;
%
%
%
%   Choose a scoring method:
%     log-LR     sum of log of likelihood ratios
%     LR         sum of likelihood ratios
%     prob       sum of probabilities
%
scoringMethod = 'log-LR';
%
%==================================

% how many solutions to generate?
if( nargin<2 )
  M = 2;
end

% GLPK parameters
if( nargin<5 )
  % Searching time limit, in seconds.
  %   If this value is positive, it is decreased each
```

```
  %   time when one simplex iteration has been performed by the
  %   amount of time spent for the iteration, and reaching zero
  %   value signals the solver to stop the search. Negative
  %   value means no time limit.
  glpkParams.tmlim = 10;

  % Level of messages output by solver routines:
  %   0 - No output.
  %   1 - Error messages only.
  %   2 - Normal output.
  %   3 - Full output (includes informational messages).
  glpkParams.msglev = 0;

end

% extract "b" matrix
b = MHTTrkToB(trk);

% the track tree IDs
treeIDs = [trk.treeID];

scans = unique([trk.scanHist]);
scan = max(scans);

% the track scores
switch lower(scoringMethod)
  case 'log-lr'
    % the "scoreTotal" field is the sum of log likelihood ratios
    trackScores = [trk.scoreTotal];
  case 'lr'
    % Redefine scores this way rather than sum of log of each scan score
    trackScores = zeros(1,nT);
    for j=1:nT
      if( ~isempty(trk(j).scanHist) )
        trackScores(j) = sum(trk(j).score(trk(j).scanHist(1):end));
      else
        trackScores(j) = sum(trk(j).score);
      end
    end
  case 'prob'
    error('Probability␣scoring␣not␣implemented␣yet.')
end

% remove occurrence of "inf"
kinf = find(isinf(trackScores));
trackScores(kinf) = sign(trackScores(kinf))*1e8;

% remove treeIDs column from b
b = b(:,2:end);

[nT,nS] = size(b);
```

```
nCon = 0;    % number of constraints not known yet. compute below
nVar = nT;   % number of variables is equal to total # track-tree-paths

% compute number of constraints
for i=1:nS
  % number of measurements taken for this scan
  nMeasForThisScan = max(b(:,i));
  nCon = nCon + nMeasForThisScan;
end

% Initialize A, b, c
d.A = zeros(nCon,nVar*M);
d.b = zeros(nCon,1);
d.c = zeros(nVar*M,1);
d.conType = char(zeros(1,nCon));
d.varType = char(zeros(1,nVar));
for i=1:M
  col0 = (i-1)*nT;
  for j=1:nT
    d.varType(col0+j) = 'B'; % all binary variables
    %d.c(col0+j) = trackProb(j);
    d.c(col0+j) = trackScores(j);
    %d.c(col0+j) = trackScoresPos(j);
  end
end

% coefficients for unique tag generation
%coeff = 2.^[0 : 1 : nT-1];

conIndex = 0;

col0 = 0;

% find set of tracks that have all zeros, if any
bSumCols = sum(b,2);
kAllZeroTracks = find(bSumCols==0);

for mm = 1:M

  % for each track-tree ID
  treeIDsU = unique(treeIDs);
  for i=1:length(treeIDsU)
    rows = find(treeIDs==treeIDsU(i));

    % for each row of b with this track ID
    conIndex = conIndex+1;
    for j=rows
      d.A(conIndex,col0+j) = 1;
      d.b(conIndex)        = 1;
      d.conType(conIndex)   = 'U'; % upper bound: A(conIndex,:)*x <= 1
    end
  end

  % for each scan
```

```
  for i=1:nS

    % number of measurements taken for this scan
    nMeasForThisScan = max(b(:,i));

    % for each measurement (not 0)
    for k=1:nMeasForThisScan

      % get rows of b matrix with this measurement index
      bRowsWithMeasK = find(b(:,i)==k);

      conIndex = conIndex+1;

      % for each row
      for j = bRowsWithMeasK

        d.A(conIndex,col0+j)  = 1;
        d.b(conIndex)         = 1;
        d.conType(conIndex)   = 'U'; % upper bound: A(conIndex,:)*x <= 1

      end
    end
  end

  % prevent tracks with all zero measurements from being selected
  if( preventAllZeroTracks )
    for col = kAllZeroTracks
      conIndex = conIndex+1;
      d.A(conIndex,col) = 1;
      d.b(conIndex) = 0;
      d.conType(conIndex) = 'S';
    end
  end

  col0 = col0 + nT;

end

% variable bounds
d.lb = zeros(size(d.c));
d.ub = ones(size(d.c));

% add set of constraints / vars for each pair of solutions
if( M>1 )
  pairs = nchoosek(1:M,2);
  nPairs = size(pairs,1);

  for i=1:nPairs
    k1 = pairs(i,1);
    k2 = pairs(i,2);
    xCol1 = (k1-1)*nT+1 : k1*nT;
    xCol2 = (k2-1)*nT+1 : k2*nT;
```

```
      % enforce second score to be less than first score
      % c1*x1 - c2*x2 >= tol
      conIndex = conIndex + 1;
      d.A(conIndex,xCol1) = d.c(xCol1);
      d.A(conIndex,xCol2) = -d.c(xCol2);
      d.b(conIndex)       = 10;          % must be non-negative and small
      d.conType(conIndex) = 'L';

    end
  else
    pairs = [];
    nPairs = 0;
  end

  if( nT>1 )

    % call glpk to solve for optimal hypotheses
    %glpkParams.msglev = 3; % use this for detailed GLPK printout

    d.A( abs(d.A)<eps ) = 0;
    d.b( abs(d.b)<eps ) = 0;

    [d.x,~,status] = glpk(d.c,d.A,d.b,d.lb,d.ub,d.conType,d.varType,-1,
       glpkParams);
    switch status
      case 1
        MLog('add',sprintf('GLPK:␣1:␣solution␣is␣undefined.\n'),scan);
      case 2
        MLog('add',sprintf('GLPK:␣2:␣solution␣is␣feasible.\n'),scan);
      case 3
        MLog('add',sprintf('GLPK:␣3:␣solution␣is␣infeasible.\n'),scan);
      case 4
        MLog('add',sprintf('GLPK:␣4:␣no␣feasible␣solution␣exists.\n'),scan);
      case 5
        MLog('add',sprintf('GLPK:␣5:␣solution␣is␣optimal.\n'),scan);
      case 6
        MLog('add',sprintf('GLPK:␣6:␣solution␣is␣unbounded.\n'),scan);
      otherwise
        MLog('add',sprintf('GLPK:␣%d\n',status),scan);
    end

  else

    d.x = ones(M,1);

  end

  d.nT = nT;
  d.nS = nS;
  d.M = M;
  d.pairs = pairs;
  d.nPairs = nPairs;
  d.trackMat = b;
```

```
for mm=1:M
  rows = (mm-1)*nT+1 : mm*nT;
  sel = find(d.x(rows));
  d.hypothesis(mm).treeID        = treeIDs(sel);
  d.hypothesis(mm).tracks        = b(sel,:);
  for j=1:length(sel)
    d.hypothesis(mm).meas{j}  = trk(sel).measHist;
    d.hypothesis(mm).scans{j} = trk(sel).scanHist;
  end
  d.hypothesis(mm).trackIndex    = sel;
  d.hypothesis(mm).trackScores   = trackScores(sel);
  d.hypothesis(mm).score         = sum(trackScores(sel));
end
```

12.5.5　轨道剪枝

12.5.5.1　问题

对轨道进行剪枝以防止轨道激增。

12.5.5.2　方法

实现 N 扫描轨道剪枝算法。

12.5.5.3　步骤

N 扫描轨道剪枝算法的实现是在每次计算步骤中使用最近 n 次扫描的数据。在剪枝算法中，保留以下轨道。

- 具有“N”个最高评分的轨道。
- 包含在“M 个最佳”假设中的轨道。
- 同时具有在“M 个最佳”假设中的目标 ID 和前“P”次扫描中测量值的轨道。

我们利用形成假设步骤的结果来指导轨道剪枝。可以调整参数 N、M、P 以提高性能。剪枝的目的是尽可能减少轨道数量，而同时也不会删除那些属于真实假设的轨道。

上面列出的第二项是为了保留“M 个最佳”假设中包含的所有轨道，这些都是通过轨道树的完整且清晰的路径。第三项与此类似，但是限制更少。考虑“M 个最佳”假设中的一个轨道，我们将保留完整的轨道。此外，我们将保留根节点源自该轨道第“P”次扫描的所有轨道。

图 12-9 展示了轨道树中可能会保留下来的轨道示例。图示中包括 5 次扫描中的 17 个不同轨道。深色粗线轨道代表了从假设形成步骤得出的“M 个最佳”假设集合中的一个轨道，该轨道将保留。浅色粗线轨道全部来源于深色粗线轨道在第 2 次扫描中的节点。如果设置 $P=2$，这些轨道将保留。下面的代码示例显示了如何进行轨道剪枝。

```
function [tracksP,keep,prune,d] = TOMHTPruneTracks( tracks, soln, scan0,
    opts )

% default value for starting scan index
if( nargin<3 )
  scan0 = 0;
end
```

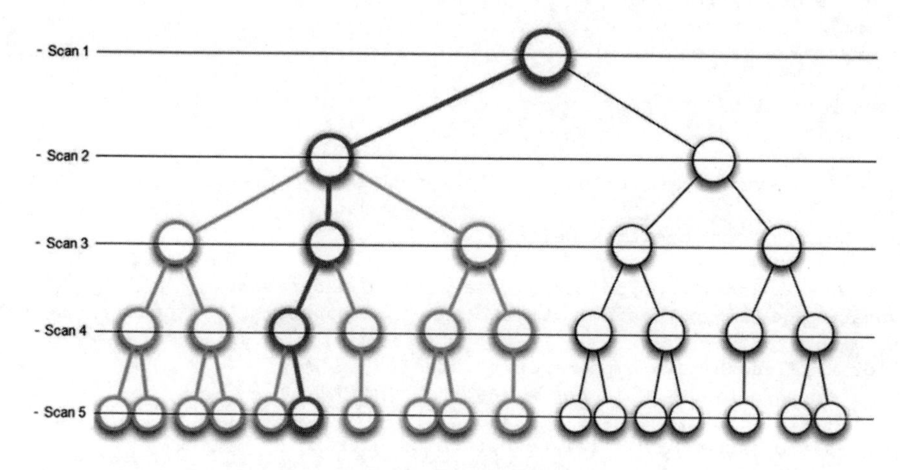

图 12-9　轨道剪枝示例

```
% default algorithm options
if( nargin<4 )
  opts.nHighScoresToKeep  = 5;
  opts.nFirstMeasMatch    = 3;
end

% increment the # scans to match
opts.nFirstMeasMatch = opts.nFirstMeasMatch + scan0;

% output structure to record which criteria resulted in preservation of
% which tracks
d.bestTrackScores        = [];
d.bestHypFullTracks      = [];
d.bestHypPartialTracks   = [];
% number of hypotheses, tracks, scans
nHyp    = length(soln.hypothesis);
nTracks = length(tracks);
nScans  = size(soln.hypothesis(1).tracks,2);

% must limit # required matching measurements to # scans
if( opts.nFirstMeasMatch > nScans )
  opts.nFirstMeasMatch = nScans;
end

% if # high scores to keep equals or exceeds # tracks
% then just return original tracks
if( opts.nHighScoresToKeep > nTracks )
  tracksP = tracks;
  keep    = 1:length(tracks);
  prune   = [];
```

```
  d.bestTrackScores = keep;
  return
end

% get needed vectors out of trk array
scores    = [tracks.scoreTotal];
treeIDs   = [tracks.treeID];

% get list of all treeIDs in hypotheses
treeIDsInHyp = [];
for j=1:nHyp
  treeIDsInHyp = [treeIDsInHyp, soln.hypothesis(j).treeID];
end
treeIDsInHyp = unique(treeIDsInHyp);

% create a matrix of hypothesis data with ID and tracks
hypMat = [soln.hypothesis(1).treeID', soln.hypothesis(1).tracks];
for j=2:nHyp
  for k=1:length(soln.hypothesis(j).treeID)
    % if this track ID is not already included,
    if( all(soln.hypothesis(j).treeID(k) ~= hypMat(:,1)) )
      % then append this row to bottom of matrix
      hypMat = [hypMat; ...
        soln.hypothesis(j).treeID(k), soln.hypothesis(j).tracks(k,:)];
    end
  end
end

% Initialize "keep" array to all zeros
keep    = zeros(1,nTracks);

% Keep tracks with the "N" highest scores
if( opts.nHighScoresToKeep>0 )

  [~,ks] = sort(scores,2,'descend');
  index = ks(1:opts.nHighScoresToKeep);
  keep( index ) = 1;

  d.bestTrackScores = index(:)';
end

% Keep tracks in the "M best" hypotheses
for j=1:nHyp
  index = soln.hypothesis(j).trackIndex;
  keep( index ) = 1;

  d.bestHypFullTracks = index(:)';
end

% If we do not require any measurements to match,
% then include ALL tracks with an ID contained in "M best hypotheses"
if( opts.nFirstMeasMatch == 0 )

  % This means we include the entire track-tree for those IDs in included
```

```
  % in the set of best hypotheses.
  for k = 1:length(trackIDsInHyp)
    index = find(treeIDs == trackIDsInHyp(k));
    keep( index ) = 1;

    d.bestHypPartialTracks = index(:)';
  end

  % If the # measurements we require to match is equal to # scans, then
  % this is equivalent to the set of tracks in the hypothesis solution.
elseif( opts.nFirstMeasMatch == nScans )
  % We have already included these tracks, so nothing more to do here.

else
  % Otherwise, we have some subset of measurements to match.
  % Find the set of tracks that have:
  %     1. track ID and
  %     2. first "P" measurements
  % included in "M best" hypotheses
  nTracksInHypSet = size(hypMat,1);
  tagMap = rand(opts.nFirstMeasMatch+1,1);
  b = MHTTrkToB2( tracks );
  trkMat = [ trackIDs', b ];
  trkTag = trkMat(:,1:opts.nFirstMeasMatch+1)*tagMap;
  for j=1:nTracksInHypSet
    hypTrkTag = hypMat(j,1:opts.nFirstMeasMatch+1)*tagMap;
    index = find( trkTag == hypTrkTag );
    keep( index ) = 1;

    d.bestHypPartialTracks = [d.bestHypPartialTracks, index(:)'];
  end
  d.bestHypPartialTracks = sort(unique(d.bestHypPartialTracks));

end
% prune index list is everything not kept
prune = ~keep;

% switch from logical array to index
keep  = find(keep);
prune = find(prune);
```

12.5.5.4 仿真

本节的仿真示例用于汽车动力学的二维模型。示例中的主车沿着高速公路以可变速度行驶，并带有雷达。许多其他车辆超越主车，其中一些车辆从后面改变车道，并在超车后切换车道至主车前。MHT 系统追踪所有车辆。在仿真开始时，没有车辆位于雷达探测范围内。然后，一辆汽车超越并变道至雷达主车前面，另外两辆汽车只在它们自己的车道上进行超越。这是对追踪系统的一个很好的初始测试场景。

本章第一个示例中所涵盖的雷达会对雷达车辆的距离、距离变化率和方位角进行测量。模型会直接根据目标与追踪车辆的相对速度和位置来生成这些值。我们没有对雷达信号处理进行建模，但是雷达具有探测范围和距离限定，请参考 AutoRadar。

汽车由执行基本汽车操控的转向控制器驱动，可以控制油门（加速踏板）和转向角。多个操控动作可以链式连接在一起。这对MHT系统提出了一个具有挑战性的测试。可以尝试不同的操作，也可以添加自己的操控功能。

示例中使用了第10章描述的UKF，因为雷达是一种高度非线性的测量方式。UKF动力学模型RHSAutomobileXY是相对于雷达汽车惯性坐标系中的双重积分器。该模型通过使协方差（包括位置和速度）大于相对加速度分析预期值的方式来适应转向和油门变化。另一种选择是使用具有“转向”模型和“加速度”模型的交互式多模型（IMM），但这也会增加不必要的复杂性。而且，即使使用IMM模型，也依然会保留相当大的不确定性，因为转向模型将被限定在一个或两个转向角。

使用MHT实现仿真的脚本为MHTAutomobileDemo。仿真中有4辆车，编号为4的车辆将被超越，车辆的机动行为如图12-10所示。

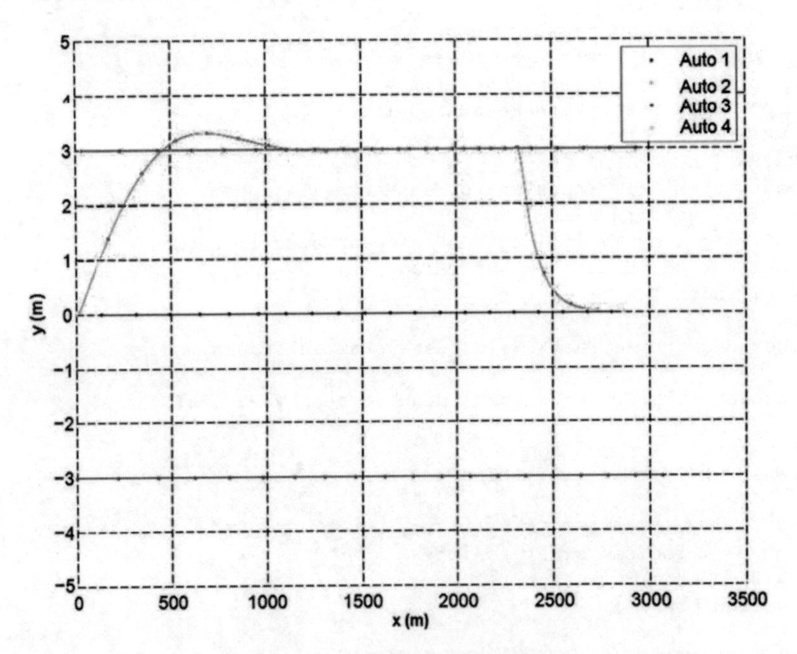

图12-10　汽车演示：车辆轨道

```
% Set the seed for the random number generators.
% If the seed is not set each run will be different.
seed = 45198;
rng(seed);

% Control screen output
% This demo takes about 4 minutes with the graphics OFF.
% It takes about 10 minutes with the graphics on.
printTrackUpdates    = 0; % includes a pause at every MHT step
graphicsOn           = 0;
treeAnimationOn      = 0;
```

```
% Car 1 has the radar

% 'mass' (1,1)
% 'steering angle'  (1,1) (rad)
% 'position tires' (2,4)
d.car(1) = AutomobileInitialize(  'mass', 1513,...
                                  'position␣tires', [  1.17 1.17 -1.68
                                     -1.68; -0.77 0.77 -0.77 0.77], ...
                                  'frontal␣drag␣coefficient', 0.25, ...
                                  'side␣drag␣coefficient', 0.5, ...
                                  'tire␣friction␣coefficient', 0.01, ...
                                  'tire␣radius', 0.4572, ...
                                  'engine␣torque', 0.4572*200, ...
                                  'rotational␣inertia', 2443.26, ...
                                  'rolling␣resistance␣coefficients', [0.013
                                     6.5e-6], ...
                                  'height␣automobile', 2/0.77, ...
                                  'side␣and␣frontal␣automobile␣dimensions',
                                     [1.17+1.68 2*0.77]);

% Make the other cars identical
d.car(2) = d.car(1);
d.car(3) = d.car(1);
d.car(4) = d.car(1);
nAuto    = length(d.car);

% Velocity set points for cars 1-3. Car 4 will be passing
vSet                   = [12 13 14];

% Time step setup
dT     = 0.1;
tEnd   = 300;
n      = ceil(tEnd/dT);

% Car initial state
x   = [140; 0;12;0;0;0;...
       30; 3;14;0;0;0;...
       0;-3;15;0;0;0;...
       0; 0;11;0;0;0];

% Radar
m                      = length(x)-1;
dRadar.kR              = [7:6:m;8:6:m];
dRadar.kV              = [9:6:m;10:6:m];
dRadar.kT              = 11:6:m;
dRadar.noise           = [0.1;0.01;0.01]; % [range; range rate; azimuth]
dRadar.fOV             = pi/4;
dRadar.maxRange        = 800;
dRadar.noLimits        = 0;

figure('name','Radar␣FOV')
range = tan(dRadar.fOV)*5;
fill([x(1) x(1)+range*[1 1]],[x(2) x(2)+5*[1 -1]],'y')
iX = [1 7 13 19];
```

```
l = plot([[0;0;0;0] x(iX)]',(x(iX+1)*[1 1])','-');
hold on
for k = 1:length(l)
  plot(x(iX(k)),x(iX(k)+1)','*','color',get(l(k),'color'));
end
set(gca,'ylim',[-5 5]);
grid
range = tan(dRadar.fOV)*5;
fill([x(1) x(1)+range*[1 1]],[x(2) x(2)+5*[1 -1]],'y')
legend(l,'Auto␣1','Auto␣2', 'Auto␣3', 'Auto␣4');
title('Initial␣Conditions␣and␣Radar␣FOV')

% Plotting
yP = zeros(3*(nAuto-1),n);
vP = zeros(nAuto-1,n);
xP = zeros(length(x)+2*nAuto,n);
s  = 1:6*nAuto;

%% Simulate
t                     = (0:(n-1))*dT;

fprintf(1,'\nRunning␣the␣simulation...');
for k = 1:n

  % Plotting
  xP(s,k)     = x;
  j           = s(end)+1;

  for i = 1:nAuto
    p             = 6*i-5;
    d.car(i).x    = x(p:p+5);
    xP(j:j+1,k)   = [d.car(i).delta;d.car(i).torque];
    j             = j + 2;
  end

  % Get radar measurements
  dRadar.theta          = d.car(1).x(5);
  dRadar.t              = t(k);
  dRadar.xR             = x(1:2);
  dRadar.vR             = x(3:4);
  [yP(:,k), vP(:,k)]    = AutoRadar( x, dRadar );

  % Implement Control

  % For all but the passing car control the velocity
  for j = 1:3
      d.car(j).torque = -10*(d.car(j).x(3) - vSet(j));
  end

  % The passing car
  d.car(4)      = AutomobilePassing( d.car(4), d.car(1), 3, 1.3, 10 );

  % Integrate
  x           = RungeKutta(@RHSAutomobile, 0, x, dT, d );
```

```
end
fprintf(1,'DONE.\n');

% The state of the radar host car
xRadar = xP(1:6,:);

% Plot the simulation results
figure('name','Auto')
kX = 1:6:length(x);
kY = 2:6:length(x);
c  = 'bgrcmyk';
j  = floor(linspace(1,n,20));
[t, tL] = TimeLabel( t );
for k = 1:nAuto
    plot(xP(kX(k),j),xP(kY(k),j),[c(k) '.']);
    hold on
end
legend('Auto␣1','Auto␣2', 'Auto␣3', 'Auto␣4');

for k = 1:nAuto
    plot(xP(kX(k),:),xP(kY(k),:),c(k));
end
xlabel('x␣(m)');
ylabel('y␣(m)');
set(gca,'ylim',[-5 5]);
grid

kV = [19:24 31 32];
yL = {'x␣(m)' 'y␣(m)' 'v_x␣(m/s)' 'v_y␣(m/s)' '\theta␣(rad)' '\omega␣(rad/s)
    ' '\delta␣(rad)' 'T␣(Nm)'};
PlotSet( t,xP(kV,:), 'x␣label',tL, 'y␣label', yL,'figure␣title','Passing␣car
    ');

% Plot the radar results but ignore cars that are not observed
for k = 1:nAuto-1
        j   = 3*k-2:3*k;
        sL  = sprintf('Radar:␣Observed␣Auto␣%d',k);
        b   = mean(yP(j(1),:));
        if( b ~= 0 )
    PlotSet(t,[yP(j,:);vP(k,:)],'x␣label',tL,'y␣label', {'Range␣(m)' 'Range␣
        Rate␣(m/s)' 'Azimuth␣(rad)' 'Valid'},'figure␣title',sL);
        end
end

%% Implement MHT

% Covariances
r0      = dRadar.noise.^2;          % Measurement 1-sigma
q0      = [1e-7;1e-7;.1;.1];      % The baseline plant covariance diagonal
p0      = [5;0.4;1;0.01].^2;      % Initial state covariance matrix diagonal

% Adjust the radar data structure for the new state
```

```
dRadar.noise    = [0;0;0];
dRadar.kR       = [1;2];
dRadar.kV       = [3;4];
dRadar.noLimits = 1;

ukf         = KFInitialize('ukf','x',xRadar(1:4,1),'f',@RHSAutomobileXY,...
                          'h', {@AutoRadarUKF},'hData',{dRadar},'alpha'
                             ,1,...
                          'kappa',2,'beta',2,'dT',dT,'fData',[],'p',diag(p0
                             ),...
                          'q',diag(q0),'m',xRadar(1:4,1),'r',{diag(r0)});
ukf         = UKFWeight( ukf );

[mhtData, trk] = MHTInitialize( 'probability␣false␣alarm', 0.01,...
                               'probability␣of␣signal␣if␣target␣present',
                                  1,...
                               'probability␣of␣signal␣if␣target␣absent',
                                  0.01,...
                               'probability␣of␣detection', 1, ...
                               'measurement␣volume', 1.0, ...
                               'number␣of␣scans', 5, ...
                               'gate', 20,...
                               'm␣best', 2,...
                               'number␣of␣tracks', 1,...
                               'scan␣to␣track␣function',@ScanToTrackAuto
                                  ,...
                               'scan␣to␣track␣data',dRadar,...
                               'distance␣function',@MHTDistanceUKF,...
                               'hypothesis␣scan␣last', 0,...
                               'remove␣duplicate␣tracks␣across␣all␣trees'
                                  ,1,...
                               'average␣score␣history␣weight',0.01,...
                               'prune␣tracks', 1,...
                               'create␣track', 1,...
                               'filter␣type','ukf',...
                               'filter␣data', ukf);

% Size arrays
%------------
m       = zeros(5,n);
p       = zeros(5,n);
scan    = cell(1,n);
b       = MHTTrkToB( trk );

t       = 0;

% Parameter data structure for the measurements
sParam  = struct( 'hFun', @AutoRadarUKF, 'hData', dRadar, 'r', diag(r0) );

TOMHTTreeAnimation( 'initialize', trk );
MHTGUI;
MLog('init')
MLog('name','MHT␣Automobile␣Tracking␣Demo')
```

```
fprintf(1,'Running␣the␣MHT...');
for k = 1:n

  % Assemble the measurements
      zScan = [];
  for j = 1:size(vP,1)
    if( vP(j,k) == 1 )
      tJ      = 3*j;
      zScan     = AddScan( yP(tJ-2:tJ,k), [], [], sParam, zScan );
    end
  end

  % Add state data for the radar car
  mhtData.fScanToTrackData.xR      = xRadar(1:2,k);
  mhtData.fScanToTrackData.vR      = xRadar(3:4,k);
  mhtData.fScanToTrackData.theta        = xRadar(5,k);

  % Manage the tracks
  [b, trk, sol, hyp, mhtData] = MHTTrackMgmt( b, trk, zScan, mhtData, k, t )
    ;

  % A guess for the initial velocity of any new track
  for j = 1:length(trk)
    mhtData.fScanToTrackData.x =  xRadar(:,k);
  end

  % Update MHTGUI display
  if( ~isempty(zScan) && graphicsOn )
    if (treeAnimationOn)
      TOMHTTreeAnimation( 'update', trk );
    end
    if( ~isempty(trk) )
      MHTGUI(trk,sol,'hide');
    end
    drawnow
  end

  % Update time
  t = t + dT;
end
fprintf(1,'DONE.\n');

% Show the final GUI
if (~treeAnimationOn)
  TOMHTTreeAnimation( 'update', trk );
end
if (~graphicsOn)
  MHTGUI(trk,sol,'hide');
end
MHTGUI;

PlotTracks(trk)
```

图 12-11 显示了对汽车 3 的雷达测量，这是被追踪的最后一辆车。MHT 系统能够很好

地处理车辆采集问题。

MHT 图形用户界面如图 12-12 所示，界面中显示了在仿真结束时包含三个轨道的假设，这正是我们期望的结果。

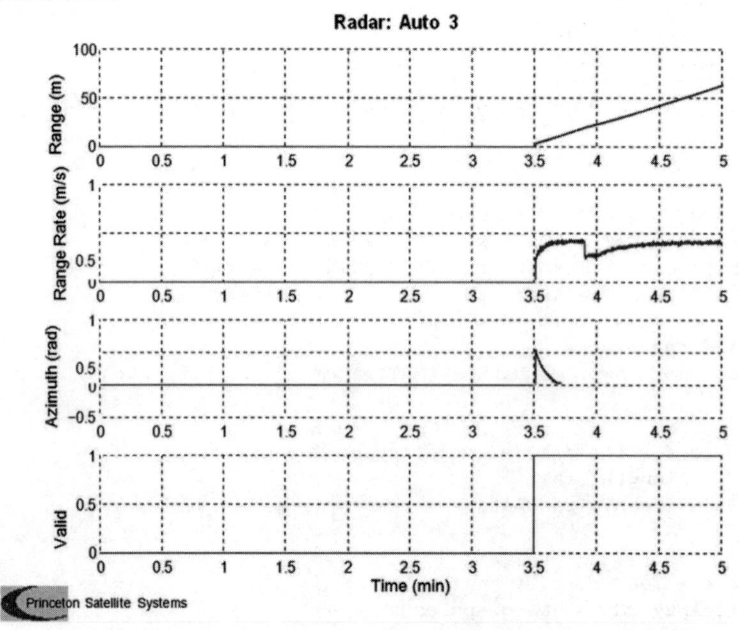

图 12-11　汽车演示：对车辆 3 的雷达测量

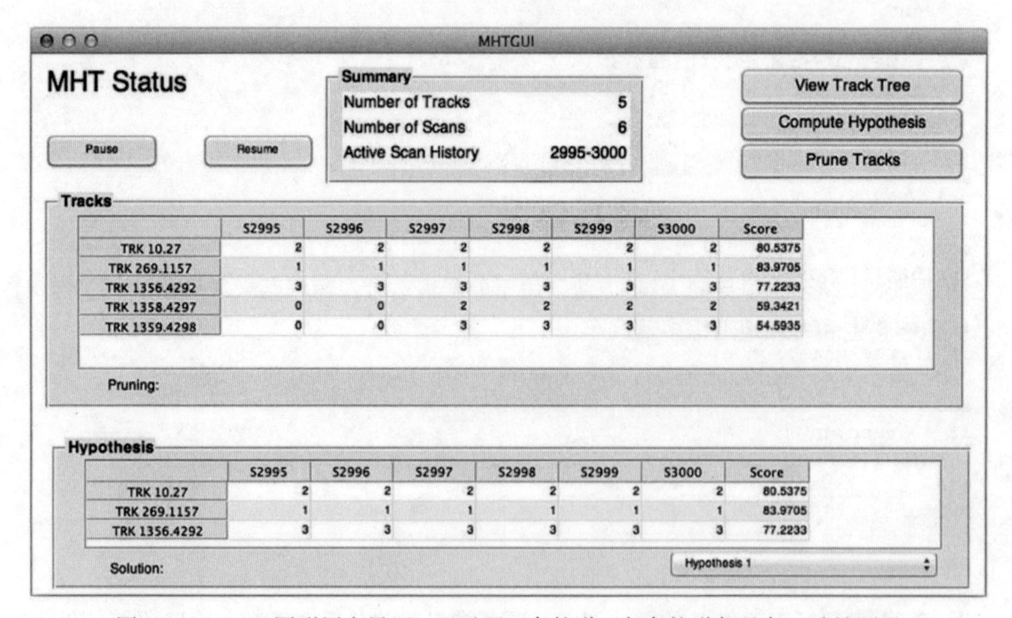

	S2995	S2996	S2997	S2998	S2999	S3000	Score
TRK 10.27	2	2	2	2	2	2	80.5375
TRK 269.1157	1	1	1	1	1	1	83.9705
TRK 1356.4292	3	3	3	3	3	3	77.2233
TRK 1358.4297	0	0	2	2	2	2	59.3421
TRK 1359.4298	0	0	3	3	3	3	54.5935

	S2995	S2996	S2997	S2998	S2999	S3000	Score
TRK 10.27	2	2	2	2	2	2	80.5375
TRK 269.1157	1	1	1	1	1	1	83.9705
TRK 1356.4292	3	3	3	3	3	3	77.2233

图 12-12　MHT 图形用户界面：显示了三条轨道，每条轨道都具备一致性测量

图 12-13 显示了最终的轨道树结果，其中存在冗余轨道。这些轨道可以删除，因为它们是其他轨道的副本，并不会影响假设的生成。

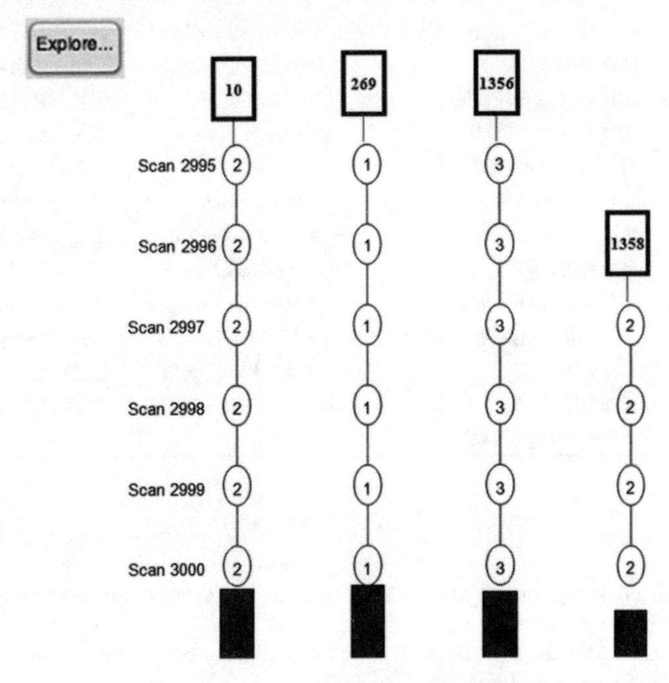

图 12-13 汽车演示：最终的轨道树

总结

本章讨论了汽车追踪的问题。汽车具有雷达系统，可以在雷达视野内探测其他车辆。该系统准确地将测量值分配至对应轨道，并成功地学习出每一辆相邻汽车的轨迹。我们从建立 UKF 来建模汽车的运动开始，结合雷达系统的测量值，在仿真脚本中演示 UKF。然后，构建脚本，结合轨道导向 MHT 方法，用于分配雷达对多辆汽车采集的测量值。这使雷达系统能够自主和可靠地追踪多辆汽车。

我们还学习了如何建立简单的汽车控制器，包括使用两个控制器对车辆进行操控，并允许它们超越其他车辆。表 12-2 列出了本章中使用的代码清单。

表 12-2 本章代码清单

函 数	功 能	函 数	功 能
AddScan	添加一次扫描的数据	AutomobileInitialize	初始化汽车数据结构
AutoRadar	用于仿真的汽车雷达模型	AutomobileLaneChange	变换车道的汽车控制算法
AutoRadarUKF	用于 UKF 的汽车雷达模型	AutomobilePassing	超车的汽车控制算法

(续)

函 数	功 能	函 数	功 能
CheckForDuplicateTracks	查看轨道记录中的重复轨道	MHTTrackScoreKinematic	计算运动学部分的轨道评分
MHTAutomobileDemo	展示 MHT 在汽车雷达系统中的应用	MHTTrackScoreSignal	计算信号部分的轨道评分
MHTDistanceUKF	计算 MHT 距离	MHTTreeDiagram	绘制 MHT 树状示意图
MHTGUI. fig	MHT GUI 的布局数据	MHTTrkToB	将轨道转换为 b 矩阵
MHTGUI	MHT GUI	PlotTracks	绘制目标轨道
MHTHypothesisDisplay	在 GUI 中显示假设	Residual	计算残差
MHTInitialize	MHT 算法的初始化	RHSAutomobile	用于仿真的汽车动力学模型
MHTInitializeTrk	轨道初始化	RHSAutomobileXY	用于 UKF 的汽车动力学模型
MHTLLRUpdate	更新对数似然比	ScanToTrackAuto	将扫描分配至汽车问题中的轨道
MHTMatrixSortRows	MHT 中的矩阵行排序	TOMHTTreeAnimation	轨道导向 MHT 的树状图动画
MHTMatrixTreeConvert	MHT 数据与轨道树格式的互相转换	TOMHTAssignment	将扫描分配至轨道
MHTTrackMerging	合并 MHT 轨道	TOMHTPruneTracks	轨道剪枝
MHTTrackMgmt	管理 MHT 轨道	UKFAutomobileDemo	汽车的 UKF 功能演示
MHTTrackScore	计算轨道的累计评分		

参考文献

[1] A. Amditis, G. Thomaidis, P. Maroudis, P. Lytrivis, and G. Karaseitanidis. Multiple hypothesis tracking implementation. www.intechopen.com, 2016.

[2] S. S. Blackman. Multiple hypothesis tracking for multiple target tracking. *Aerospace and Electronic Systems Magazine, IEEE*, 19(1):5–18, Jan. 2004.

[3] S. S. Blackman and R. F. Popoli. *Design and Analysis of Modern Tracking Systems*. Artech House, 1999.

[4] S. S. Blackman, R. J. Dempster, M. T. Busch, and R. F. Popoli. Multiple hypothesis tracking for multiple target tracking. *IEEE Transactions on Aerospace and Electronic Systems*, 35(2):730–738, April 1999.

[5] D. B. Reid. An algorithm for tracking multiple targets. *IEEE Transactions on Automatic Control*, AC=24(6):843–854, December 1979.

[6] L. D. Stone, C. A. Barlow, and T. L. Corwin. *Bayesian Multiple Target Tracking*. Artech House, 1999.

[7] Matthew G. Villella. *Nonlinear Modeling and Control of Automobiles with Dynamic Wheel-Road Friction and Wheel Torque Inputs*. PhD thesis, Georgia Institute of Technology, April 2004.

推荐阅读

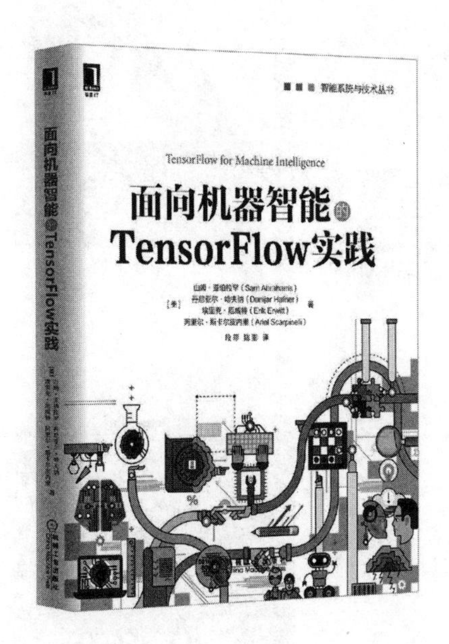

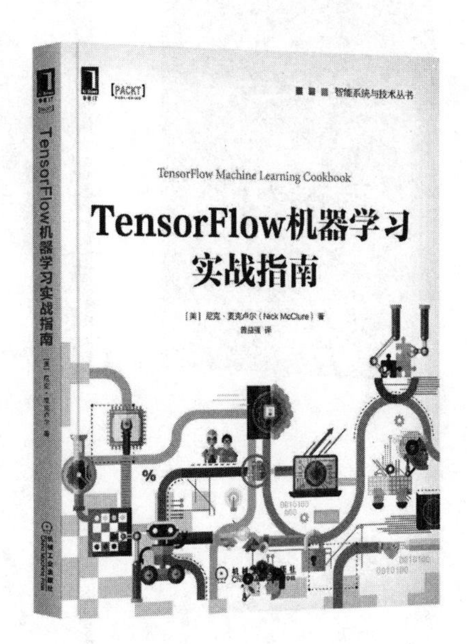

面向机器智能的TensorFlow实践

作者：Sam Abrahams，Danijar Hafner，Erik Erwitt，Dan Becker ISBN：978-7-111-56389-1 定价：69.00元

本书是一本绝佳的TensorFlow入门指南。几位作者都来自谷歌研发一线，他们用自己的宝贵经验，结合众多高质量的代码，生动讲解TensorFlow的底层原理，并从实践角度介绍如何将两种常见模型——深度卷积网络、循环神经网络应用到图像理解和自然语言处理的典型任务中。此外，还介绍了在模型部署和编程中可用的诸多实用技巧。

TensorFlow机器学习实战指南

作者：Nick McClure ISBN：978-7-111-57948-9 定价：69.00元

本书由资深数据科学家撰写，从实战角度系统讲解TensorFlow基本概念及各种应用实践。真实的应用场景和数据，丰富的代码实例，详尽的操作步骤，带你由浅入深系统掌握TensorFlow机器学习算法及其实现。